兵器科学与技术丛书

本书由“武器系统与工程”江苏省品牌专业建设经费资助出版

Principle and application of Projectile Flight

弹箭飞行原理与应用

高旭东　编著

北京理工大学出版社
BEIJING INSTITUTE OF TECHNOLOGY PRESS

内 容 简 介

本书全面、简要地介绍了弹箭飞行的基本原理、基础理论和工程应用，包括弹箭飞行的基础知识，弹箭阻力形成机理与弹箭飞行的质点弹道理论，弹箭飞行弹道的一般特性，非标准条件下弹箭飞行的质点弹道及非标准条件对弹箭飞行的影响，弹箭有攻角飞行的气动力特性，弹箭飞行的刚体弹道理论，弹箭飞行的稳定性原理，弹箭飞行的散布特性，新型弹药飞行力学，弹箭射表的编拟和使用，弹箭飞行的试验与测试方法。本书着重对弹箭飞行原理的物理概念的揭示和理解，兼顾弹药与武器系统工程设计和分析的实用性。

本书可作为高等院校相关专业的教材，也可作为相关领域科研、设计和试验人员的参考资料。

图书在版编目（CIP）数据

弹箭飞行原理与应用 / 高旭东编著. —北京：北京理工大学出版社，2018.12
ISBN 978-7-5640-9806-3

Ⅰ. ①弹…　Ⅱ. ①高…　Ⅲ. ①枪炮外弹道学　Ⅳ. ①TJ012.3

中国版本图书馆 CIP 数据核字（2018）第 267359 号

出版发行 / 北京理工大学出版社有限责任公司
社　　址 / 北京市海淀区中关村南大街 5 号
邮　　编 / 100081
电　　话 / （010）68914775（总编室）
（010）82562903（教材售后服务热线）
（010）68948351（其他图书服务热线）
网　　址 / http://www.bitpress.com.cn
经　　销 / 全国各地新华书店
印　　刷 / 保定市中画美凯印刷有限公司
开　　本 / 787 毫米×1092 毫米　1/16
印　　张 / 12.25
字　　数 / 273 千字
版　　次 / 2018 年 12 月第 1 版　2018 年 12 月第 1 次印刷
定　　价 / 46.00 元

责任编辑 / 张海丽
文案编辑 / 张海丽
责任校对 / 周瑞红
责任印制 / 李志强

前言

PREFACE

弹箭飞行原理与应用是武器系统特别是枪、炮、弹、箭等军事工程领域的一门基础理论和实用学科，涉及武器系统的论证、设计、加工、试验、作战指挥、战斗使用等各个环节。

本书特色是在侧重弹箭飞行原理概念理解的基础上，兼顾弹药与武器系统工程设计与分析的实用性。内容体系包括：介绍弹箭飞行的基础知识，包括地球和大气的相关知识以及弹箭飞行的标准气象条件；从空气动力学的概念解释弹箭飞行阻力的形成机理；在建立标准条件下的弹箭飞行的质点弹道方程基础上，进一步给出弹道、气象以及地形等非标准条件下的质点弹道方程；从加深对弹箭飞行弹道特性理解的角度，分析射角、弹道系数、初速、气象条件、地形条件等因素对弹箭飞行的影响；基于坐标转换和受力分析，建立弹箭飞行的刚体弹道方程，并基于物理概念的理解讨论陀螺稳定、尾翼稳定、动态稳定和追随稳定的原理；讨论弹箭飞行落点散布的影响因素；介绍智能、灵巧弹药及制导炮弹的飞行力学模型；介绍弹箭射表编拟和使用方法；简单介绍了几种弹箭飞行弹道的典型试验及测试方法。

由于时间仓促、水平有限，书中疏漏和不妥之处在所难免，恳请读者批评指正。

编 著 者

2018 年 10 月

目 录

CONTENTS

第 1 章　基础知识……001
1.1　弹箭飞行原理的研究范畴与发展历史……001
1.2　弹箭飞行原理在弹箭研制中的作用……003
1.2.1　弹箭飞行弹道的计算与射表编制……003
1.2.2　弹箭及武器系统设计……003
1.2.3　弹箭及武器系统测试与试验……004
1.3　重力与科氏惯性力……004
1.4　大气的特性……005
1.4.1　大气状态方程与虚拟温度……005
1.4.2　气压随高度的变化……006
1.4.3　气温随高度的变化……007
1.4.4　声速随高度的变化……007
1.5　标准气象条件……008
1.5.1　标准大气……008
1.5.2　我国炮兵标准气象条件……009
1.5.3　我国空军标准气象条件……010
1.5.4　我国海军标准气象条件……011
1.6　弹箭飞行原理中的部分术语和符号……011
第 2 章　弹箭飞行的质点弹道理论……013
2.1　弹箭的气动外形……013
2.2　空气阻力的组成……014
2.2.1　旋转弹的零升阻力……015
2.2.2　尾翼弹的零升阻力……024
2.3　阻力系数、阻力定律、弹形系数……025
2.3.1　阻力系数曲线的特点……025
2.3.2　阻力定律和弹形系数……025
2.3.3　弹形系数的计算方法……027
2.4　阻力加速度、弹道系数和阻力函数……029

2.5 弹箭质心运动矢量方程……030
2.6 笛卡儿坐标系的弹箭质心运动方程……031
2.7 自然坐标系的弹箭质心运动方程组……032
2.8 以水平射程为自变量的弹箭质心运动方程组……033
2.9 火箭弹主动段的质心运动方程组……034
第3章 弹箭质点弹道的一般特性及解法……035
3.1 抛物线弹道的特点……035
3.1.1 抛物线弹道诸元公式……035
3.1.2 抛物线弹道的特点……036
3.2 空气弹道的一般特性……038
3.2.1 速度沿全弹道的变化……038
3.2.2 空气弹道的不对称性……041
3.2.3 空气弹道基本参数及外弹道表……041
3.3 直射弹道特性……044
3.3.1 弹道刚性原理及炮–目高低角对瞄准角的影响……044
3.3.2 直射射程与有效射程……045
3.4 外弹道解法……046
3.4.1 弹道表解法……046
3.4.2 弹道方程的数值解法……047
第4章 非标准条件时的弹箭质点弹道……049
4.1 非标准弹道条件时的弹箭质心运动微分方程……049
4.2 非标准气象条件时的弹箭质心运动微分方程……049
4.2.1 非标准条件时气温和气压的处理……049
4.2.2 纵风、横风和垂直风的处理……050
4.2.3 非标准气象条件时的弹箭质心运动微分方程……051
4.3 非标准地形条件时的弹箭质心运动微分方程……052
4.3.1 考虑科氏效应时的弹箭质心运动微分方程……052
4.3.2 考虑地球表面曲率和重力加速度变化时的弹箭质心运动微分方程……054
4.4 考虑所有非标准条件时的弹箭质心运动微分方程……056
第5章 非标准条件对弹箭飞行的影响……057
5.1 概述……057
5.2 射角对弹箭飞行的影响……057
5.2.1 射角对射程的影响及最大射程角……057
5.2.2 射程对射角的敏感程度……059
5.3 弹道系数对弹箭飞行的影响……059
5.4 初速对弹箭飞行的影响……060
5.5 气象条件对弹箭飞行的影响……061
5.6 地形条件对弹箭飞行的影响……063

第 6 章　弹箭有攻角飞行时的气动力特性 ······ 065

6.1　概述 ······ 065

6.2　弹箭有攻角飞行时的空气动力和空气动力矩 ······ 065

6.3　与自转和角运动有关的弹箭空气动力和力矩 ······ 067

6.4　推力、喷管导转力矩和推力偏心力矩 ······ 070

第 7 章　弹箭飞行的刚体弹道理论 ······ 074

7.1　坐标系及坐标系的转换 ······ 074

7.1.1　坐标系 ······ 074

7.1.2　各坐标系间的转换关系 ······ 076

7.2　弹箭运动方程的一般形式 ······ 080

7.2.1　速度坐标系上的弹箭质心运动方程 ······ 080

7.2.2　弹轴坐标系上弹箭绕质心转动的动量矩方程 ······ 081

7.2.3　弹箭绕质心转动的动量矩计算 ······ 082

7.2.4　有动不平衡时的惯性张量和动量矩 ······ 083

7.2.5　弹箭绕质心转动的方程组 ······ 086

7.2.6　弹箭刚体运动方程组的一般形式 ······ 086

7.3　有风情况下的气动力和力矩分量的表达式 ······ 086

7.3.1　相对气流速度和相对攻角 ······ 087

7.3.2　有风时的空气动力 ······ 087

7.3.3　有风时的空气动力矩 ······ 089

7.4　弹箭的六自由度刚体弹道方程 ······ 092

第 8 章　弹箭飞行的稳定性原理 ······ 095

8.1　概述 ······ 095

8.2　尾翼弹飞行稳定的原理及必要条件 ······ 096

8.3　高速旋转弹飞行稳定的原理及陀螺稳定条件 ······ 097

8.4　弹箭飞行的动态稳定条件 ······ 100

8.5　动力平衡角、偏流和追随稳定条件 ······ 101

8.5.1　动力平衡角和偏流产生的原因 ······ 101

8.5.2　追随稳定条件 ······ 102

8.6　低速旋转尾翼弹的共振不稳定性 ······ 103

第 9 章　弹箭飞行的散布特性 ······ 105

9.1　概述 ······ 105

9.2　弹箭飞行散布的主要影响因素 ······ 106

9.2.1　射角对散布的影响 ······ 106

9.2.2　弹道系数对散布的影响 ······ 107

9.2.3　初速对散布的影响 ······ 108

9.2.4　气象条件对散布的影响 ······ 108

9.3　射程散布的计算方法与特性 ······ 109

9.4 方向散布的计算方法与特性……110
9.5 立靶散布的特性……112
9.6 射击误差及其与散布的相互关系……113
第 10 章 智能/灵巧弹药飞行原理……115
10.1 弹道修正弹的概念……115
10.2 一维弹道修正弹飞行力学模型……116
10.3 固定鸭舵式二维弹道修正弹飞行力学模型……118
10.3.1 固定鸭舵式二维弹道修正弹……118
10.3.2 弹箭受力分析……118
10.3.3 二体运动分析……121
10.3.4 飞行力学建模……121
10.4 末制导脉冲二维弹道修正尾翼弹飞行力学模型……122
10.4.1 脉冲发动机弹道修正原理……122
10.4.2 弹箭有控飞行弹道模型……123
10.4.3 脉冲推力控制仿真算法……124
10.5 滑翔增程弹飞行力学模型……125
第 11 章 制导弹箭飞行原理……129
11.1 制导弹箭常用坐标系及其转换……129
11.1.1 坐标系定义……129
11.1.2 坐标系的转换关系……130
11.2 作用在制导弹箭上的力和力矩……133
11.2.1 作用在制导弹箭上的力……133
11.2.2 作用在制导弹箭上的力矩……134
11.3 制导弹箭的控制力和控制力矩……136
11.3.1 控制力……136
11.3.2 控制力矩……137
11.3.3 滚转弹体的等效控制……137
11.4 制导弹箭飞行动力学模型……139
11.4.1 动力学方程……139
11.4.2 运动学方程……140
11.4.3 质量变化方程……140
11.4.4 控制关系方程……141
11.4.5 制导弹箭刚体外弹道方程组……141
11.4.6 纵向平面内的质点弹道方程组……142
第 12 章 弹箭射表的编拟与使用……143
12.1 射表的基本知识……143
12.1.1 射表的作用与用途……143
12.1.2 标准射击条件……143

12.1.3　射表的内容与格式 …… 145
12.1.4　射表体系 …… 148
12.2　射表的编拟方法 …… 149
12.2.1　概述 …… 149
12.2.2　数学模型与试验方案 …… 150
12.2.3　射表编拟过程 …… 151
12.2.4　射表编拟的一般程序 …… 152
12.3　射表使用方法 …… 154
12.4　射表误差分析 …… 156
第 13 章　弹箭飞行试验及测试方法 …… 159
13.1　弹箭飞行速度的测量 …… 159
13.2　阻力系数的试验测量 …… 161
13.3　弹箭空间坐标与飞行时间的测量 …… 162
13.4　弹箭转速的测量 …… 163
13.5　立靶密集度试验与地面密集度试验 …… 164
附表 …… 166
附表 1　饱和水蒸汽气压表 …… 166
附表 2　虚拟温度随高度变化表 …… 167
附表 3　气压函数表 …… 167
附表 4　空气密度函数表 …… 168
附表 5　声速随高度数值表 …… 169
附表 6　43 年阻力定律 $c_{xon}(Ma)$ …… 170
附表 7　$F(v)$函数表（43 年阻力定律） …… 171
附表 8　$G(v)$函数表（43 年阻力定律） …… 171
附表 9　火炮直射距离表（43 年阻力定律） …… 172
附表 10　火炮直射射角表（43 年阻力定律） …… 173
附表 11　最大射程表（43 年阻力定律） …… 174
附表 12　最大射角表（43 年阻力定律） …… 175
习题 …… 176
参考文献 …… 182

第1章
基础知识

1.1　弹箭飞行原理的研究范畴与发展历史

弹箭飞行原理是研究弹箭在空气中运动规律、飞行特性、相关现象及其应用的一门学科，这里的弹箭一般泛指无控的子弹、炮弹、炸弹、火箭弹以及各种发射投掷类的弹药等，近些年来又发展出以弹道修正弹、制导炮弹、末敏弹等为代表的灵巧/智能弹药。

从飞行力学和弹箭飞行的空间自由度维数来看，弹箭飞行的基本理论可分为以质点飞行弹道和刚体飞行弹道为基础理论的两大部分。

弹箭飞行的质点弹道理论就是在一定的假设下，略去对弹箭运动影响较小的一些力和全部力矩，把弹箭当成一个质点，研究其在重力、空气阻力以及火箭推力作用下的运动规律。质点弹道学的作用在于研究在此简化条件下的飞行弹道计算问题，分析影响飞行弹道的诸因素，并初步分析形成散布和产生射击误差的原因。

弹箭飞行的刚体弹道理论就是考虑弹箭所受的一切力和力矩，把弹箭当作刚体，研究其围绕质心的运动（也称角运动），及其对质心运动的影响。刚体弹道学的作用在于解释飞行中出现的各种复杂现象，研究稳定飞行的条件、形成散布的机理及减小散布的途径，还可以用来精确计算飞行弹道。

早在17世纪初叶，弹箭的飞行弹道研究开始形成一门学科，著名的意大利物理学家伽利略（Galileo，1564—1642）发现了投掷体运动的某些规律，他在威泥汀（Venetian）兵工厂曾经担任顾问，推导出了弹箭运动的抛物线方程，同时他指出存在与空气密度及弹形等有关的空气阻力。著名的英国物理学家牛顿在其《自然哲学的数学原理》一书的第2卷（共9章）中，有4章全部讨论了外弹道学理论。牛顿所确立的力学定律和微分学，是解决外弹道学问题的理论基础。他还发现了空气阻力与速度平方成比例的定律。牛顿在弹道学上的继承人是瑞士数学家欧拉（Leonhard Euler，1707—1783），他建立了比较完整的弹箭质心运动方程，并给出了著名的弹道欧拉分弧解法。

在此时期内，出现了一些飞行弹道的修正计算公式以及用试验的方法研究了阻力与速度的关系。如弹道摆的发明，对空气阻力的进一步研究具有重大意义。由于当时的弹速大都在亚声速范围内，对阻力的形成原因尚无全面的认识。

1851年，军事上开始使用线膛枪炮发射的长圆形弹箭以提高射程，同时还必须保证射弹能足够精确地命中目标。枪炮射击的准确性、射程和威力等技术要求，以及编制高精度的射表等都是飞行弹道学必须研究解决的主要课题。同时，由于航空技术，特别是跨声速条件下关于空气阻力的研究、气象学的成就等，给外弹道学发展创造了有利的条件，并取得了相当巨大的成就。首先是弹箭质心运动问题的解法，此时期内的研究已达完善成熟的阶段。风洞、火花照相、阴影照相、纹影照相及测速雷达等设备仪器，在外弹道测试中被相继使用，使人们深刻地认识了弹箭空气阻力的形成原因，对阻力的处理和计算日益完善准确，各种近似的弹道解法不断出现。19 世纪末，意大利弹道学者西亚切（Siacci）提出的西亚切近似分析解法，至今仍有一定的实用价值。在我国，清代数学家李善兰（1811—1882）首先应用数学理论研究外弹道学。20 世纪 30 年代末，我国外弹道学家张述祖教授，在弹道解法上进行了比较深入的研究。

世界上第一台电子计算机于 1946 年在美国马里兰州阿伯汀试验场（Aberdeen Proving Ground）弹道研究所研制成功，并首先为弹道计算服务，弹道修正理论及计算方面的研究日益完善。由于数值积分法可达到理想的精度，因而认为该方法是精确解法，此解法中的龙格–库塔（Runge-Kutta）法是目前应用计算机求解弹道的主要数学基础。

关于刚体弹箭的角运动问题，21 世纪初俄国弹道学家马也夫斯基（Маиевский）研究了小章动角时的情况，导出了具有较大实用价值的膛线缠度公式。德国外弹道学家克朗茨（Cranz），英国的福勒（Fowler）、盖洛卜（Gallop）、利彻蒙（Richmond）和劳克（Leek）等弹道学家，对刚体弹箭角运动方程的研究和应用，均做出了较大的贡献。

美国弹道学肯特（Kent）在第二次世界大战后领导设计、发展并完善了美国弹道研究所靶道，由射击试验获得了弹箭全飞行过程中的闪光照片。英、法、德、瑞典及苏联等国家也都建立了较完善的靶道，由试验得出弹箭的飞行姿态以及测定作用在飞行弹箭上的全部空气动力和力矩，特别是对马格努斯（Magnus）力及力矩的研究不断深入。美国弹道学戴维斯（Davis）、福林（Follin）及布利哲（Blitzer）等确定了新的空气阻力定律。

自 20 世纪 50 年代初，美国弹道学家麦克沙恩（McShane）在考虑全部空气动力及力矩的条件下，首先提出了动态稳定性的概念。戴维斯、墨菲（Murphy）、尼可拉狄斯（Nicolardes）及布加乔夫（Пугадев）等弹道学家，对大章动角条件下的非线性外弹道理论的研究都做出了一定的贡献。

在弹道测试中，各种类型的雷达、摄影经纬仪、电影经纬仪、高速摄影机及遥测装置等设备仪器被相继应用并不断更新。这些仪器加强了对全弹道的测试，它们可准确地测定弹箭飞行时间、质心坐标、速度、转速、飞行姿态，对稳定性及密集度的研究具有十分重要的意义。

随着科学技术的飞速发展，新型兵器及飞行器不断出现，外弹道学的研究领域也日益广泛，出现了本学科的各种分支，如枪炮外弹道学、实验外弹道学、无控的火箭外弹道学、导弹飞行力学、灵巧与智能弹药弹道学等。

1.2 弹箭飞行原理在弹箭研制中的作用

1.2.1 弹箭飞行弹道的计算与射表编制

弹箭飞行弹道的计算是根据一定的已知条件，计算描述弹箭在空中运动规律的有关参量。

以质点飞行弹道计算为例，是指根据弹炮（枪）系统的有关特征参数和条件，如弹箭质量、弹径、弹形、炮身仰角、初速（近似为弹箭质心在枪炮口的速度）以及气象条件等，计算出描述弹箭质心在空中运动规律的参量——任意时刻质心坐标、速度大小和方向，这是飞行弹道计算的正面问题。飞行弹道计算的反面问题，是给定描述弹箭质心在空中运动规律的某些参量，如坐标、飞行时间等，再利用其他某些初始值，如仰角、初速等，反算出某些特征量，如弹箭质量、弹形等。

弹箭飞行弹道计算在武器研制中有着广泛的应用。例如，编制射表就需进行大量的弹道计算。在一定条件下，枪炮发射仰角与射程或射高对应的数值表，就是所谓射表的基本内容。射表是实施准确有效射击的必备资料。对于枪炮瞄准具、指挥仪或射击指挥计算器等火控系统的设计，也必须有计算弹道的数学模型作为基本依据，并使弹道计算结果与射击中的实际弹道足够准确地符合，或使计算结果与射表一致。实际上，早期的外弹道学曾经被称为射表编制学。射击中的一些系统偏差量，如气温、气压的均匀变化，平均风的影响以及地形条件的差异等，都必须进行相应的弹道修正计算，否则，弹箭就难以命中目标。

采用计算机进行飞行弹道计算或修正计算，能迅速地得到准确的结果。但是，近似解析计算法便于从中分析一些因素之间的关系，对某些特定问题可能计算简便，并可吸取一些简化和处理问题的方法，不应忽视其重要性。

1.2.2 弹箭及武器系统设计

弹箭飞行原理在武器研制中的另一个应用，是寻求武器系统设计中与飞行弹道有关参数的最佳值问题，使武器系统设计更加合理、先进。武器系统设计中与飞行弹道有关的参数很多。例如，弹形、弹箭质量及质量分布、初速、飞行稳定性及射击密集度等，它们都直接地确定武器系统的优劣。所谓飞行稳定性，就是弹箭在飞行中受到外界的干扰作用时，引起运动状态变化，当干扰去掉以后，弹箭自身能够恢复到预期运动状态的能力。就物理意义而言，保证弹箭飞行稳定性的必要条件，就是由弹尾至弹顶的弹轴指向，与弹箭质心速度矢量之间的夹角（攻角δ，对旋转弹又称为章动角），必须在足够小的范围内变化。

保证弹箭稳定飞行的方法目前有两种：使弹箭绕纵轴高速旋转（旋转法）或在弹上安装尾翼（尾翼法）。自 20 世纪 50 年代以来，在同一发弹上兼用旋转法及尾翼法解决稳定问题的研究也用之于实际，此种弹称为气动陀螺弹。

实质上，寻求武器系统设计中与飞行弹道有关参数的最佳值问题，即飞行弹道设计的全部内容，它直接或间接地确定了整个武器系统设计质量的优劣。

1.2.3 弹箭及武器系统测试与试验

关于武器系统飞行弹道性能的试验项目，均需要由弹箭飞行原理提供原理和方法。很多需要测量得出的参数，既是飞行弹道性能指标又是武器本身的性能指标。试验不仅是检验理论和获得某些必要数据的必备手段，而且是发展理论必不可少的重要环节。

研究弹箭飞行原理应用试验和理论相结合的方法。试验方法主要是射击法和风洞法。理论分析方法一般来说是按照弹箭在飞行中的受力情况，建立所取定坐标系中弹箭的运动方程并求解，然后研究解的实际应用。由此可见，力学及数学是弹箭飞行原理的基础理论，气象学知识也将会被用到。

1.3 重力与科氏惯性力

关于重力，人们自然会想起地心引力，有人还可能把二者误为等同。实际上二者是有差别的，此差别来自地球的旋转。

由于地球的自转和绕太阳的公转，它自然不是一个惯性参考系。研究弹箭的运动又是在地球上进行的，所观察的运动速度和加速度当然是相对于地球的，所以用牛顿第三定律直接研究弹箭相对于地球的运动就会产生误差。为此必须首先研究弹箭相对地球的加速度和其绝对加速度之间的关系。

忽略地球绕太阳的公转，地球可以近似看成是定轴转动的球体。设弹箭在地心引力 $\boldsymbol{F}$ 作用下产生的绝对加速度为 $\boldsymbol{a}$，它可以看作是由相对加速度、牵连加速度和科里奥利（简称科氏）加速度的合成，即

$$\boldsymbol{a}=\boldsymbol{a}_{\mathrm{r}}+\boldsymbol{a}_{\mathrm{e}}+\boldsymbol{a}_{\mathrm{k}} \tag{1-1}$$

式中：$\boldsymbol{a}_{\mathrm{r}}$ 为相对地球的加速度；$\boldsymbol{a}_{\mathrm{e}}$ 为牵连加速度，即弹箭所在位置随同地球旋转时的向心加速度；$\boldsymbol{a}_{\mathrm{k}}$ 为由地球旋转和弹箭相对地球运动产生的科氏加速度。

设弹箭质量为 m，由牛顿第二定律可得

$$\boldsymbol{F}=m\boldsymbol{a}=m\boldsymbol{a}_{\mathrm{r}}+m\boldsymbol{a}_{\mathrm{e}}+m\boldsymbol{a}_{\mathrm{k}} \tag{1-2}$$

由于需要的是相对地球的加速度，故式（1－2）可改写为

$$m\boldsymbol{a}_{\mathrm{r}}=(\boldsymbol{F}-m\boldsymbol{a}_{\mathrm{e}})-m\boldsymbol{a}_{\mathrm{k}}=\boldsymbol{G}+\boldsymbol{F}_{\mathrm{k}} \tag{1-3}$$

式中：$\boldsymbol{G}$ 为重力，它是地心引力 $\boldsymbol{F}$ 与离心惯性力 $-m\boldsymbol{a}_{\mathrm{e}}$ 的矢量和，即

$$\boldsymbol{G}=\boldsymbol{F}-m\boldsymbol{a}_{\mathrm{e}}=m\boldsymbol{g} \tag{1-4}$$

在地球上用弹簧秤或其他设备所测的永远是地心引力与离心惯性力的合力，不可能将它们分别测出。重力 $\boldsymbol{G}$ 与质量的比值就是重力加速度 $\boldsymbol{g}$。

$\boldsymbol{F}_{\mathrm{k}}$ 是科氏惯性力，当物体与地球的相对速度为零时此力为零，其表达式为

$$\boldsymbol{F}_{\mathrm{k}}=-m\boldsymbol{a}_{\mathrm{k}} \tag{1-5}$$

离心惯性力随地理纬度的不同而变化，重力加速度的地面值也是随纬度变化的，见

表 1–1。由于重力加速度变化不大，所以在弹道计算中可将其当作常数。重力加速度的国际标准值为 9.806 65 m/s^2。

表 1–1　重力加速度地面值随纬度变化

纬度/（°）	0	15	30	45	60	75	90
g/（m·s^{-2}）	9.780	9.784	9.793	9.806	9.819	9.829	9.833

重力加速度随高度也是变化的。由于地心引力远大于离心惯性力，而地心引力的大小是与物体距地心距离的平方成反比的，所以某高度处的重力加速度 g 与地面重力加速度 g_0 的关系为

$$\frac{g}{g_0}=\frac{R^2}{(R+y)^2} \tag{1–6}$$

式中：R 为地球半径，在计算中取 $R=6\ 356\ 766$ m（相当于北纬 45° 的值）；g 为重力加速度，随高度的变化也是很小的，在 30 000 m 高处的 g 值比地面的 g 值只减小约 1%。所以只有在编拟远程火炮射表时才考虑 g 随高度的变化。

由式（1–3）知，只需要将地球旋转所产生的惯性力当作外力，即可将地球当作惯性参考系，应用牛顿第二定律研究弹箭运动，对地球的相对速度和相对加速度即可当作绝对速度和绝对加速度。后面所述绝对速度和绝对加速度，即指相对地球的速度和加速度。

1.4　大气的特性

包围在地球周围的空气就是一般所说的大气。弹箭在其中运动，大气的特性对弹箭的受力大小有重大影响，因此先研究大气特性。

空气密度是决定弹箭受力大小的主要因素，而空气密度又取决于空气的压强和温度等。必须首先研究空气密度与气压、气温的关系；然后研究气压和气温随高度的变化规律。此外，声音在空气中传播的速度反映空气的可压缩性，对弹箭的受力大小也有一定影响，所以还需要研究声速随高度的变化规律。

1.4.1　大气状态方程与虚拟温度

由物理学可知，对于理想气体来说，一定质量的气体，其压强 p、体积 V 和热力学温度 T 三个状态参量之间满足以下关系：

$$\frac{pV}{T}=\text{常数}$$

对于单位质量的气体，其压强 p 与密度 ρ 的关系为倒数关系，由此可得

$$\frac{p}{\rho}=RT \tag{1–7}$$

式中：T 为气体温度；R 为气体常数，与该气体的摩尔质量成反比。对于不同的气体，R

有不同的数值。

当密度不太大时，空气和水蒸汽都可看作理想气体。根据空气的平均摩尔质量可计算出气体常数 $R_1 = 287\ \mathrm{J/(kg \cdot K)}$，水蒸汽的气体常数 $R_2 = 462\ \mathrm{J/(kg \cdot K)}$，$R_2 \approx 8/5R_1$。

大气是干空气和少量水蒸汽组合而成的混合气体，设干空气和水蒸汽在温度 T 下单独存在时的密度和压强分别为 ρ_1、p_1 和 ρ_2、p_2，则由式（1－7），可得

$$\rho_1 = \frac{p_1}{R_1 T}, \quad \rho_2 = \frac{p_2}{R_2 T} \tag{1-8}$$

式中：ρ_1 与 ρ_2 之和即为大气的密度 ρ。

根据式（1－8）及 R_1 和 R_2 数值间的关系 $\left(R_2 = \frac{8}{5}R_1\right)$，可得

$$\rho = \rho_1 + \rho_2 = \left(p_1 + \frac{5}{8}p_2\right)\frac{1}{R_1 T} = \left(p_1 + p_2 - \frac{3}{8}p_2\right)\frac{1}{R_1 T}$$

根据分压定理，$p_1 + p_2$ 即为大气压强 p，由此可得

$$\rho = \left(p - \frac{3}{8}p_2\right)\frac{1}{R_1 T} = \frac{p}{R_1 T \Big/ \left(1 - \frac{3}{8}\frac{p_2}{p}\right)}$$

定义虚拟温度（简称虚拟温度）

$$\tau = T \Big/ \left(1 - \frac{3}{8}\frac{p_2}{p}\right)$$

则

$$\rho = \frac{p}{R_1 \tau} \tag{1-9}$$

由式（1－9）可见，在引入虚拟温度 τ 以后，湿空气的状态方程具有与干空气相同的形式。式（1－9）就是大气状态方程，可用来计算弹箭运动中周围大气的密度。外弹道学中所用的都是虚拟温度，因而通常所讲的气温都是指虚拟温度。

空气中水蒸汽压强的表达式为 $p_2 = \varphi p_\mathrm{b}$，其中，$p_\mathrm{b}$ 为某温度时的饱和水蒸汽压，也称为绝对湿度，其值见本书附表 1；φ 为相对湿度，定义为某温度时的水蒸汽压与该温度时的饱和水蒸汽压之比。

1.4.2　气压随高度的变化

气压随高度的变化取决于空气在铅直方向的受力情况。在空中任意高度 y 处取一个气体微团，其厚度为 $\mathrm{d}y$（图 1－1），上、下底面积为 S，则其体积为 $S\mathrm{d}y$，其所受重力为 $\rho g S\mathrm{d}y$。设其下底面处压强为 p，上底面处压强为 $p + \mathrm{d}p$，则该气体微团所受相邻大气压强的合力，下底面上为 Sp，上底面上为 $S(p + \mathrm{d}p)$。

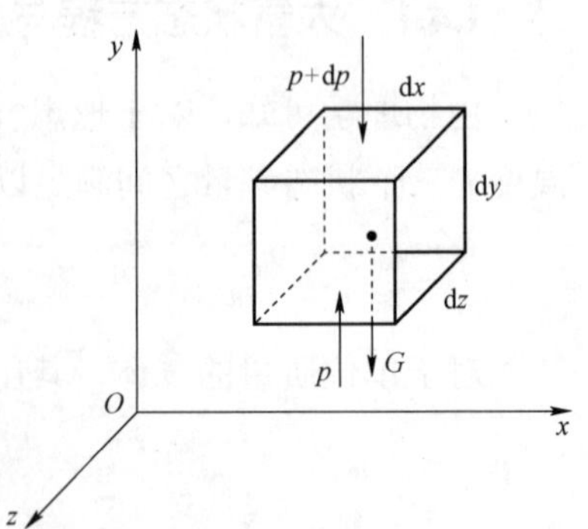

图 1－1　大气在铅直方向受力情况

由于大气在铅直方向运动的加速度很小，与重力

加速度相比可以忽略不计，所以可以认为该微团在这些力作用下处于平衡状态。由此可以得到各力的关系为

$$Sp - S(p + \mathrm{d}p) - \rho g S\mathrm{d}y = 0$$

上式化简后可得

$$\mathrm{d}p / \mathrm{d}y = -\rho g \tag{1-10}$$

将式（1－9）代入式（1－10），可得

$$\mathrm{d}p / \mathrm{d}y = -\frac{pg}{R_1 \tau} \tag{1-11}$$

式（1－10）、式（1－11）决定了气压对高度的变化率，称为大气铅直平衡方程。由式（1－11），只要知道了虚拟温度 τ 随高度的变化规律，即可得到气压随高度的变化规律。

1.4.3　气温随高度的变化

根据温度变化规律的不同，大气可分为若干层。最下面一层称为对流层，在这一层中，气温随高度的升高而下降。气温与高度的关系可以近似认为是直线关系。

对流层形成的原因是由于大气直接吸收太阳辐射热量的能力小，太阳辐射的热量大部分被地球表面吸收，地球表面温度升高后反过来向大气辐射，因而使大气越靠近地表部分温度越高。下层空气受热上升，膨胀过程中温度逐渐降低；而上面冷空气逐渐下降，受压缩而温度逐渐升高。这样就形成了空气的上、下对流，此对流过程处于不停的动态平衡之中。对流层顶的高度随地理纬度和季节的不同而变化，在纬度 45° 左右的年平均高度为 11～12 km。

对流层之上为同温层，在同温层内气温不随高度而变化。在对流层与同温层之间有一个过渡区间，称为亚同温层。

在同温层内空气没有上、下的对流，只有水平方向流动，因而又称平流层。同温层顶的高度约为 80 km。一般炮弹和无控火箭的最大弹道高都不会超过这个高度。

1.4.4　声速随高度的变化

由物理学可知，声音在空气中传播的速度 c_s 与空气中压强对空气密度的导数有关，即

$$c_s = \sqrt{\mathrm{d}p / \mathrm{d}\rho} \tag{1-12}$$

由式（1－12）可以看出，声速的大小能反映出空气的可压缩性。声速大表示空气的可压缩性小，此时需要有较大的压强变化才能有很小的密度变化；相反，声速小表示空气的可压缩性大，此时只需很小的压强变化即可产生比较大的密度变化。

在声音的传播过程中，空气的压缩和膨胀是在很短的时间中进行的，来不及进行热量的传递，可以看作是绝热过程。因此，利用绝热过程状态方程，可得

$$p / \rho^k = p_0 / \rho_0^k \tag{1-13}$$

式中：k 为绝热指数，对于空气绝热指数取 1.404。

对式（1－13）求导，可得

$$\frac{\mathrm{d}p}{\mathrm{d}\rho}=k\frac{p_0}{\rho_0^k}\rho^{k-1}=k\frac{p}{\rho^k}\rho^{k-1}=k\frac{p}{\rho} \tag{1-14}$$

将式（1－14）代入式（1－12），可得

$$c_s=\sqrt{kp/\rho} \tag{1-15}$$

由式（1－9）和式（1－15），可得

$$c_s=\sqrt{kR_1\tau} \tag{1-16}$$

由式（1－16）可知，声速是温度的函数。将 $k=1.404$、$R_1=287\ \mathrm{J/(kg\cdot K)}$ 和 $\tau_{0n}=288.9\ \mathrm{K}$ 代入式（1－16）可得声速的地面标准值，即

$$c_{s0n}=341.1\ \mathrm{m/s}$$

1.5 标准气象条件

各种火炮、火箭、炸弹等武器，最重要的指标是射程和侧偏。但是弹箭在大气中飞行，其射程的远近和侧偏的大小将随大气情况而变化，而大气条件又是随地域、时间千变万化的。因此，在武器的飞行弹道设计、弹道表和射表的编制中，必须统一选定某一种标准气象条件计算弹道，而在应用射表时，必须对实际气象条件与标准气象条件的偏差进行修正。

世界气象组织（World Meteorological Organization，WMO）对标准大气的定义是："所谓标准大气，就是能够粗略地反映出周年、中纬度情况的，得到国际上承认的假设大气温度、压力和密度的垂直分布。"标准大气在气象、军事、航空和航天等部门中有着广泛的应用，它的典型用途是作为压力高度计校准，飞机性能计算，火箭、导弹和弹箭的外弹道计算，弹道表和射表编制，以及一些气象制图的基准。标准气象条件是根据各地、各季节多年的气象观测资料统计分析得出的，使用标准大气能使实际大气与它所形成的气象要素偏差平均而言比较小，这将有利于对非标准气象条件进行修正。

所有的标准大气都规定风速为零。

1.5.1 标准大气

目前，国际标准化组织（International Organization for Standardization，ISO）、世界气象组织、国际民用航空组织及一些国家都采用 1976 年美国标准大气（30 km 以下），因而这一标准大气已经作为国际标准大气。

我国在 1980 年公布了 30 km 以下标准大气，直接采用了 1976 年美国标准大气，并作为国家标准使用，即 GB/T 1920—1980。目前，有些常规武器的飞行高度已经超过了 30 km，如 150 km 和 300 km 火箭的最大弹道高度可达 50～100 km。目前，尚未建立 30 km 以上的炮兵军用标准大气，正在研究之中，对这些武器的飞行弹道计算暂时可直接借用

国际标准大气，或暂用国家军用标准。

1.5.2 我国炮兵标准气象条件

我国现用的炮兵标准气象条件规定如下。

1. 地面（海平面）标准气象条件

气温 $t_{0n}=15$ ℃，密度 $\rho_{0n}=1.206\ 3\ \text{kg}/\text{m}^3$

气压 $p_{0n}=100\ \text{kPa}$，地面虚拟温度 $\tau_{0n}=288.9\ \text{K}$

相对湿度 $\varphi=50\%$（水蒸汽分压 $(p_b)_{0n}=846.6\ \text{Pa}$）

声速 $c_{s0n}=341.1\ \text{m/s}$，无风

2. 空中标准气象条件（30 km 以下）

在所有高度上无风。

对流层($y<y_d=9\ 300\ \text{m}$，y_d 为对流层高度)，虚拟温度函数为

$$\tau=\tau_{0n}-G_1y=288.9-0.006\ 328y \tag{1-17}$$

式中，

$$G_1=-6.328\times10^{-3}$$

亚同温层（9 300 m≤y<12 000 m），虚拟温度函数为

$$\tau=A_1-G_1(y-9\ 300)+B_1(y-9\ 300)^2 \tag{1-18}$$

式中，

$$A_1=230.0,\quad B_1=1.172\times10^{-6}$$

同温层（30 000 m> $y\geqslant y_T=12\ 000$ m，y_T 为同温层起点高度），虚拟温度函数为

$$\tau_T=221.5 \tag{1-19}$$

虚拟温度函数 $\tau(y)$、气压函数 $\pi(y)$ 和密度函数 $H(y)$ 随高度变化的标准定律如图 1-2 所示。

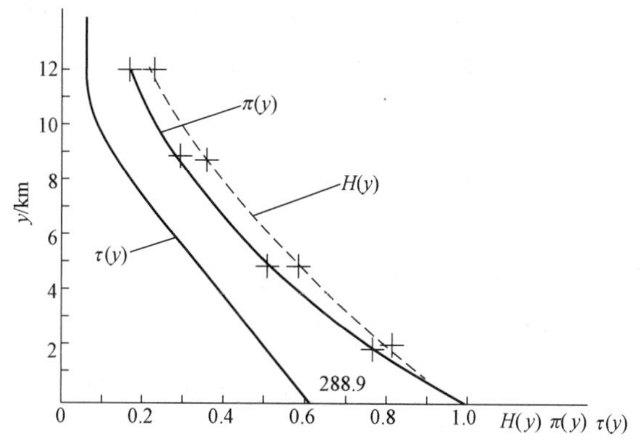

图 1-2 虚拟温度函数、气压函数和密度函数随高度变化的标准定律

在计算弹道时，为了方便，可事先将气压函数 $\pi(y)$ 计算出来。

在对流层内（y<9 300 m），气压函数为

$$\pi(y)=(1-2.190\,4\times10^{-5}y)^{5.4} \tag{1-20}$$

在亚同温层（9 300 m≤y＜12 000 m），气压函数为

$$\pi(y)=0.292\,257\,5\times\exp\left\{-2.120\,642\left(\arctan\frac{2.344(y-9\,300)-6\,328}{32\,221.057}+0.193\,925\,20\right)\right\} \tag{1-21}$$

在同温层内（y≥12 000 m），气压函数为

$$\pi(y)=0.193\,725\,4\times\exp[-(y-12\,000)/6\,483.305] \tag{1-22}$$

对于密度函数$H(y)$，有时采用下列公式计算：

对于y＜9 300 m，有

$$H(y)=(1-2.1904\times10^{-5}y)^{4.4} \tag{1-23}$$

对于y＜10 000 m，有

$$H(y)=\exp(-1.059\times10^{-4}y) \tag{1-24}$$

对于y＜12 000 m，有

$$H(y)=(20\,000-y)/(20\,000+y) \tag{1-25}$$

在一般情况下，计算弹道时，可以直接应用式（1－23），但是一般不直接用式（1－24）和式（1－25）。

除了应用上述公式之外，虚拟温度随高度的变化、气压函数、空气密度函数、声速随高度的变化都可以查阅本书的附表2～附表5。

1.5.3 我国空军标准气象条件

空军根据航弹和航空武器作战空区域的平均气象条件制定了空军标准气象条件。

1. 地面标准气象条件

气压$p_{0n}=101.333$ kPa，气温$t_{0n}=15$ ℃，空气密度$\rho_{0n}=1.225$ kg/m^3

虚拟温度$\tau_{0n}=288.34$ K，相对湿度70%（水蒸汽分压$(p_b)_{0n}=1\,123.719$ Pa）

声速$c_{s0n}=340.4$ m/s，无风

2. 空中标准气象条件

在y＜13 000 m时，有

$$\begin{cases}\tau=\tau_{0n}-0.006y\\ \pi(y)=(1-2.032\,3\times10^{-5}y)^{5.830}\\ H(y)=\dfrac{\rho}{\rho_{0n}}=(1-2.032\,3\times10^{-5}y)^{4.830}\end{cases} \tag{1-26}$$

在y＞13 000 m以上的同温层内，有

$$\tau=212.2\text{K} \tag{1-27}$$

$$c_s = \sqrt{kR_d\tau} = 20.05\sqrt{\tau} \tag{1-28}$$

式中：k 为绝热指数；R_d 为气体常数。

空军取 $k = 1.4$，$R_d = 287.14\ \text{J/(kg·K)}$，则地面标准声速为 $c_{s0n} = 340.4\ \text{m/s}$。

1.5.4　我国海军标准气象条件

海军规定海平面上标准气象条件如下：

$$p_{0n} = 100\ \text{kPa},\quad \tau_{0n} = 20\ ℃$$

其他同炮兵标准气象条件。

1.6　弹箭飞行原理中的部分术语和符号

为了学习的方便，介绍一些弹箭飞行原理中常用的术语、定义以及符号。

（1）弹道：弹箭质心在空中的运动轨迹，实际上是一条空间螺线，在一定条件下简化成如图 1－3 所示的平面曲线 OSC，称为理想弹道。

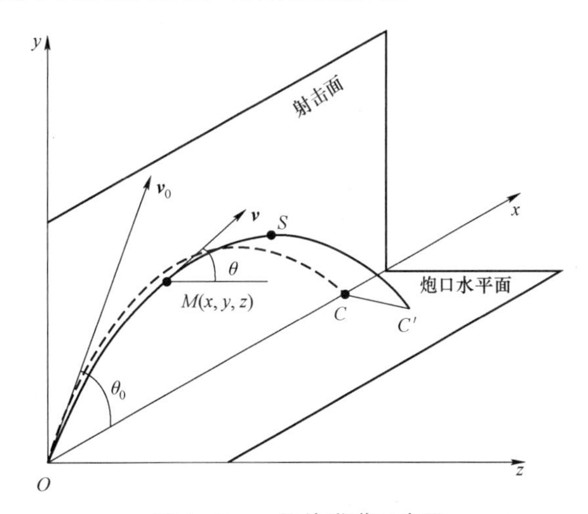

图 1－3　一般外弹道示意图

（2）射出点：炮（枪）口的中心 O，是弹箭飞行弹道计算的起点。

（3）炮（枪）口水平面：过射出点 O 的水平面 xOz。

（4）弹道顶点：全弹道的最高点 S，该点至炮口水平面的距离称为弹道顶点高。

（5）弹道落点：弹箭自射出点飞出后再回到炮口水平面的点 C。

（6）着点：弹箭飞离射出点后与目标相碰撞的点。

（7）升弧和降弧：OS 为弹道升弧，SC 为弹道降弧。

（8）弹道诸元：自射出点开始计算的弹箭的飞行时间、弹箭质心在地面坐标系中的坐标（x,y,z）、质心速度的大小 v、矢量 $\boldsymbol{v}$ 与 x 轴的正向夹角 θ（弹道倾角），统称为弹道诸元。在弹道上的任意点（如 M 点）、射出点 O、顶点 S 和落点 C 则分别称为任意点诸元、射出点诸元、顶点诸元和落点诸元。

（9）初速：外弹道学中炮（枪）口的初速 v_0，是为了简化问题而定义的一个虚拟速度，并非是弹箭质心在炮（枪）口位置的真实速度。因为弹箭刚出炮（枪）口时继续受到膛内流出的火药气体的作用，这一段时期称为后效期，此时期对应的距离因炮（枪）及弹箭的情况不同而不同，数量级为 20～40 倍的口径。弹箭在后效期末才达到最大速度。为了方便在外弹道中计算，假设一个虚拟速度作为初速，这个虚拟的初速满足的条件是：当仅仅考虑重力和空气阻力对弹箭运动的影响，而不考虑后效期内火药气体对弹箭的作用时，在后效期终了瞬时的速度与实际弹道在该瞬时的真实弹速相等。

（10）密位（mil）：测量角度的单位，在炮兵中经常使用。换算关系为 360° = 6 000 mil，也有些国家使用的换算关系为 360° = 6 400 mil。

第 2 章
弹箭飞行的质点弹道理论

2.1 弹箭的气动外形

弹箭的气动外形和气动布局是各种各样的，根据对称性分为轴对称型、面对称型和非对称型。轴对称型又可分为完全旋成体型和旋转对称面型。例如，普通线膛火炮弹箭即是完全旋成体型（图 2－1（b）），其外形由一条母线绕弹轴旋转形成，尾翼或弹翼沿圆周均布的弹箭具有旋转对称外形（图 2－1（a））。若翼面数为 n，则弹箭每绕纵轴旋转 $2\pi/n$，其气动外形又回复到原来的状态。

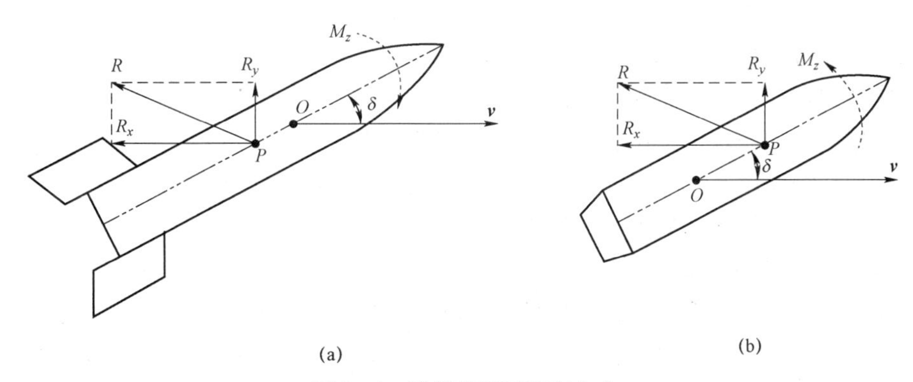

图 2－1　弹箭的两种稳定方式

（a）尾翼稳定；（b）旋转稳定

弹箭在空气中飞行将受到空气动力和空气动力矩的作用。空气动力直接影响质心的运动，使速度大小、方向和质心坐标改变；空气动力矩则使弹箭产生绕质心的转动并进一步改变空气动力，影响到质心的运动。这种转动有可能使弹箭翻滚造成飞行不稳定而达不到飞行的目的。因此，保证弹箭飞行稳定是外弹道学、飞行力学、弹箭设计和飞行控制系统最基本、最重要的问题。

目前，使弹箭飞行稳定有两种基本方式：一是安装尾翼实现风标式稳定；二是采用高速旋转的方法形成陀螺稳定。

图 2－1（a）所示为尾翼弹飞行时的情况，其中弹轴与质心速度方向间的夹角 δ 称为攻角。由于尾翼空气动力大，使全弹总空气动力 R 位于质心和弹尾之间，总空气动力 R 与弹轴的交点 P 称为压力中心。总空气动力 R 可分解为平行于速度反方向的阻力 R_x 和垂直于速度的升力 R_y。显然，此时总空气动力 R 对质心的力矩 M_z 力图使弹轴向速度线方

向靠拢，起到稳定飞行的作用，称为稳定力矩。这种弹称为静稳定弹，这种稳定原理与风标稳定原理相同。

图 2-1（b）所示为无尾翼的旋成体弹箭。这时主要的空气动力在头部，因而总空气动力 R 和压力中心 P 在质心之前，可以将 R 分解为平行于速度反方向的阻力 R_x 和垂直于速度方向的升力 R_y。这时的力矩 M_z 是使弹轴离开速度线，使夹角 δ 增大。如果不采取措施，弹箭就会翻转造成飞行不稳定，故称为翻转力矩，这种弹称为静不稳定弹。使静不稳定弹飞行稳定的办法就是令其绕弹轴高速旋转（如线膛火炮弹箭或涡轮式火箭），利用其陀螺定向性保证弹头向前稳定飞行。

目前，获得弹箭空气动力的方法有三种：风洞吹风法、计算法和实弹射击试验法。

风洞吹风法是将弹箭模型或者缩比模型首先以天平杆支撑在风洞试验段中，高压气瓶中的空气通过整流装置，然后经过拉瓦尔喷管以一定的马赫数吹向模型，形成作用于弹箭模型的力，并通过测力天平杆，由六分力测力装置测得三个方向的分力和力矩；最后整理出弹箭的气动力参数。气流的马赫数用更换形状不同的喷管实现，攻角用可以转动模型状态的机构（称为 α 机构）实现。以相似理论为基础，由模型吹风获得的气动力参数就是弹箭的气动力参数（一般要根据试验条件做些修正）。吹风中模型不动时可获得弹箭的升力、阻力、静力矩，称为静态空气动力参数；吹风中模型摆动或自转时可获得弹箭的动态空气动力参数。

计算法又分为数值计算法和工程计算法两种。

数值计算法是用空气流动所满足的流体力学方程（如 Naver-Stoks 方程）、来流性质及弹箭外形的边界条件，采用有限差分法或有限体积法，将流场分成许多网格进行数值积分运算，获得作用在弹体表面每一微元上的压强，再进行全弹积分求得各个气动力和力矩分量。此种方法计算量大、耗用机时多。

工程计算法是将流体力学方程简化，建立不同情况下的解法，如源汇法、二次激波膨胀法等，再加上一些吹风试验数据、经验公式等，同样也可以计算气动力。并且由于它的计算时间很短，因而特别适用于在弹箭方案设计及方案寻优过程中的气动力反复计算。目前，由计算法获得的气动力精度是：对于旋成体的阻力和升力误差约为5%，对静力矩误差约为10%。但是，对于尾翼弹，计算所得气动力精度要稍低一些，动导数的计算误差更大一些。

实弹射击试验法通常在靶场或靶道里进行，首先将弹箭发射出去，用各种测试仪和方法（如测速雷达、坐标雷达、闪光照相、弹道摄影、高速录像、攻角纸靶等）测得弹箭飞行运动的弹道数据（如速度、坐标随时间的变化、攻角变化等）；然后再用参数辨识技术，从中提取气动力系数。实弹射击试验法因包含了所有实际情况，因此所测得的气动力往往与弹箭实际飞行符合得很好。

2.2 空气阻力的组成

本节只研究轴对称弹箭当弹轴与速度矢量重合（攻角 $\delta=0°$）时的情况。此时作用于弹箭的空气动力沿弹轴向后，它就是一般所说的空气阻力或迎面阻力。因为这时没有升力，因而此时的阻力称为零升阻力。空气作用在弹箭上的阻力与弹箭相对于空气的运动速度有很大的关系。

2.2.1　旋转弹的零升阻力

（1）当速度很小时，气流流线均匀、连续绕过弹箭（图 2-2（a）），此时如用测力天平可以测出弹箭受有一个不大的、与来流方向相反的阻力。如果是理想流体（不考虑气体黏性），在此情况下应该没有阻力（所谓的达朗伯疑题）。但是，由于空气是非理想流体，具有黏性，由空气黏性（内摩擦）产生的这部分阻力称为摩擦阻力（简称摩阻）。

（2）如将气流速度增大到某一个数值，则弹尾部附近的流线与弹体分离，并在弹尾部出现许多旋涡（图 2-2（b））。此时，如果再用测力天平测量弹箭所受的阻力，发现在旋涡出现后阻力显著增大，对于伴随旋涡出现的那一部分阻力称为涡流阻力（简称涡阻）。

上述两种情况下的弹箭速度（或风洞中气流速度）总是亚声速的。如果在跨声速或超声速情况下做类似试验，则所见到的现象将有很大的不同。

（3）如将弹箭或其模型置于超声速气流中，用纹影照相法可以得到如图 2-2（c）所示的情况。除尾部有大量旋涡外，在弹头部与弹尾部附近有近似为锥状的、强烈的压缩空气层存在。这就是空气动力学中所说的激波（在弹道学中把弹头附近的激波称为弹头波，弹尾附近的激波称为弹尾波），此时空气阻力突然增大。

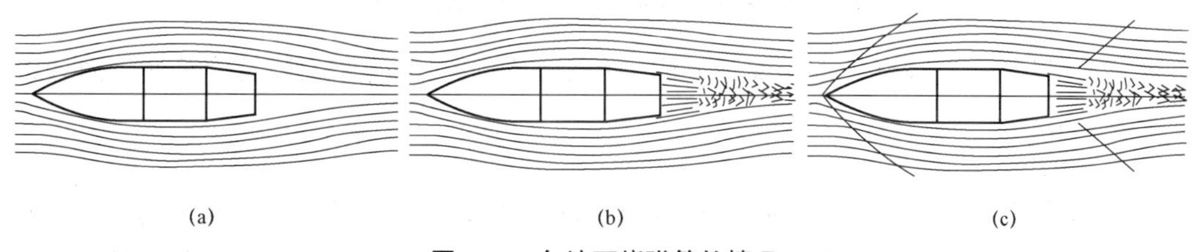

图 2-2　气流环绕弹箭的情况

（a）层流；（b）涡流；（c）弹道波

由此可见，对于跨声速和超声速弹箭，除受到上述的摩阻和涡阻作用外，还必然受到伴随激波出现而产生的激波阻力（简称波阻）的作用。此后速度如再增大，在出现头部烧蚀现象之前不会有其他的特殊变化。

由此可见，在超声速与跨声速时，弹箭的空气阻力应包括上述的摩阻、涡阻和波阻三个部分；而在亚声速时则没有波阻。由空气动力学可知，空气阻力的表达式为

$$\begin{cases} R_x = \dfrac{\rho v^2}{2} S C_{x_0}(Ma) \\ q = \dfrac{\rho v^2}{2} \end{cases} \tag{2-1}$$

式中：q 为速度头或动压头，它是单位体积中气体质量的动能；v 为弹箭相对于空气的速度；ρ 为空气密度；S 为特征面积，通常取弹箭的最大横截面积，此时 $S=\pi d^2/4$；Ma 为飞行马赫数，$Ma=v/c_s$，c_s 为当地声速，$Ma<1$ 时，$v<c_s$ 为亚声速；$Ma>1$ 时，$v>c_s$

为超声速；$C_{x_0}(Ma)$为阻力系数，下标“0”指攻角$\delta=0°$的情况。

如将摩阻、涡阻和波阻分开，只需要将阻力系数$C_{x_0}(Ma)$分开，即将其分为摩阻系数C_{xf}、涡阻系数（或底阻系数）C_{xb}和波阻系数C_{xw}，则

$$C_{x_0}(Ma)=C_{xf}+C_{xb}+C_{xw} \tag{2-2}$$

旋转弹的空气阻力系数曲线如图 2-3 所示。

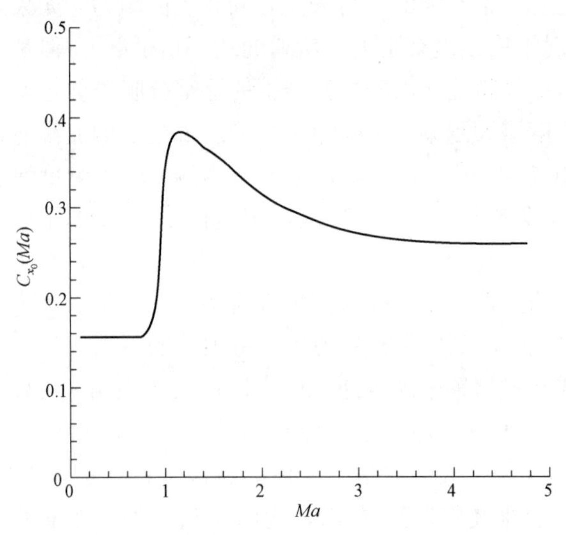

图 2-3 某旋转稳定弹箭的空气阻力系数曲线

在亚声速时$C_{xw}=0$。下面简述摩阻、涡阻和波阻产生的原因以及旋转弹阻力系数的计算方法。

1. 摩阻

当弹箭在空气中飞行时，弹箭表面常常附有一层空气，伴随弹箭一起运动。其外相邻的一层空气因黏性作用而被带动，但其速度比弹箭低；这一层空气又因黏性带动更外一层空气运动，同样，这更外一层空气的速度又要比内层空气低一些。如此下去，在距弹箭表面不远处，总会有一个不被带动的空气层存在，在此层外的空气就与弹箭运动无关，好像空气是理想的气体没有黏性似的。此层空气接近弹箭（或其他运动着的物体）表面、受空气黏性影响的一薄层空气称为附面层（或边界层）。由于运动着的弹箭表面附面层不断形成，即弹箭飞行途中不断地带动一薄层空气运动，消耗着弹箭的动能，使弹箭减速，与此相当的阻力就是摩阻。

考虑弹箭运动、空气静止时，附面层内空气速度变化如图 2-4（a）所示。在弹箭表面处，空气速度与弹箭速度相等。图 2-4（b）所示为弹箭静止，空气吹向弹箭时附面层内速度分布情况。附面层内的空气流动常因条件不同而不同，有成平行层状流动、彼此几乎不相渗混的，称为层流附面层；也有在附面层内不成层状流动而有较大旋涡扩及数层，形成强烈渗混者，称为紊流附面层。层流附面层内各点的流动速度等（如压力、密度、温度等）不随时间改变，这就是一般所说的定常流。但是，在紊流附面层内各点的速度随时间变化而不是定常流，因此，研究紊流附面层内某点的速度，常指其平均速度。紊流附面层内近弹箭表面的平均速度，由于强烈渗混的缘故，变化激烈，离开弹表

面以后变化趋缓，如图 2－5（a）所示；而层流附面层则相反，如图 2－5（b）所示。一般在弹尖附近很小区域内常为层流附面层，向后逐渐转化成紊流附面层。这种层流与紊流共存的附面层称为混合附面层，如图 2－5（c）所示。

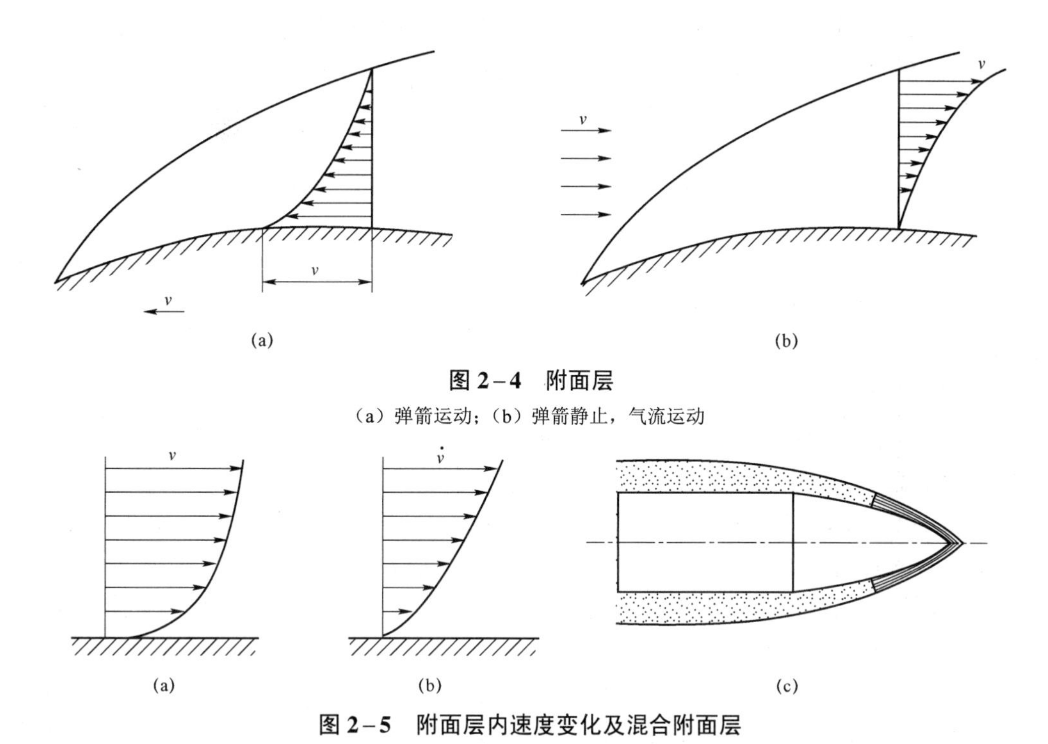

图 2－4　附面层

（a）弹箭运动；（b）弹箭静止，气流运动

图 2－5　附面层内速度变化及混合附面层

（a）紊流附面层；（b）层流附面层；（c）混合附面层

附面层从层流向紊流的转变（或转捩），常与一个无因次量雷诺数 Re 有关：

$$Re=\frac{\rho vl}{\mu}=\frac{vl}{\nu} \tag{2-3}$$

式中：ρ 为气体（或流体）密度；v 为气体（或流体）速度；l 为平板长度，对于弹箭来说，为一相当平板的长度（弹长），有时也可用弹箭的直径表示；μ 为气体（或流体）的黏度，空气的黏度可查标准大气表；ν 为气体的动力黏度，它与黏度 μ 的关系为

$$\nu=\mu/\rho \tag{2-4}$$

根据试验，当雷诺数小于某定值时为层流，大于这个值时为紊流。由层流转变为紊流的雷诺数，称为临界雷诺数。在紊流附面层内，由于各层空气的强烈渗混，使空气黏度增大，消耗弹箭更多的动能。在弹尖处的层流附面层与其后的紊流附面层相比是微不足道的，因此计算弹箭摩阻时应以紊流附面层为主。由附面层理论可知，在紊流附面层条件下，弹箭的摩阻系数为

$$\begin{cases} C_{xf}=\dfrac{0.072}{Re^{0.2}}\dfrac{S_s}{S}\eta_m\eta_\lambda \qquad (Re<10^6); \\ C_{xf}=\dfrac{0.032}{Re^{0.145}}\dfrac{S_s}{S}\eta_m\eta_\lambda \qquad (2\times10^6<Re<10^{10}) \end{cases} \tag{2-5}$$

式中：S_s为弹箭的侧表面积；S为弹箭的特征面积，普通弹箭S常取最大横截面积；η_λ为形状修正系数，长细比λ_B（弹长与弹径之比）为6左右的弹箭，$\eta_\lambda=1.2$，当$\lambda_B>8$时，$\eta_\lambda\approx1.08$。

式（2-5）中，η_m为考虑到空气的压缩性后采用的修正系数，其表达式为

$$\eta_m=\frac{1}{\sqrt{1+aMa^2}}\quad\begin{matrix}(a=0.12,\ \ Re\approx10^6)\\(a=0.18,\ \ Re\approx10^8)\end{matrix}\tag{2-6}$$

式中：$Ma=v/c_s$为当地马赫数，是弹箭飞行速度v与当地声速c_s之比。

在弹箭空气动力学中，C_{xf}、η_m、η_λ均有图表可查。

另外，摩阻还与弹箭表面粗糙度有关，表面粗糙可使摩阻增加2～3倍。在实践中常用弹箭表面涂漆的方法来改善表面粗糙度（同时可以防锈），这样可使射程增加0.5%～2.5%。

2. 涡阻

在弹头部附面层中流体由A点向B点流动时，由于物体断面增大，由一圈流线所围成的流管的断面积S必然减小（图2-6）。根据连续方程$\rho Sv=$常数，流速v将增大；再根据伯努利方程$\rho v^2/2+p=\text{const}$，压强$p$将减小。在物体的最大断面处$B$以后，流管的横断面积$S$又将增加，压强$p$也将增大。因此，在最大断面$B$点以后，流体将被阻滞。物体的横断面减小得越快，$S$增大得越快，因而$p$也增大得越快，附面层中的流体被阻滞得也越烈。在一定条件下，这种阻滞作用可使流体流动停止。在流体流动停止点后，由于反压的继续作用，流体可能形成与原方向相反的逆流。图2-6中的BC线位于顺流和逆流的边界，流速为零，因而BC线为零流速线。当有逆流出现时，附面层就不可能再贴近物体表面而与其分离，形成旋涡。在旋涡区内，由于附面层分离使压力降低形成低压区。这种由于附面层分离，形成旋涡而使物体（或弹箭）前后有压力差出现，所形成的阻力称为涡阻。

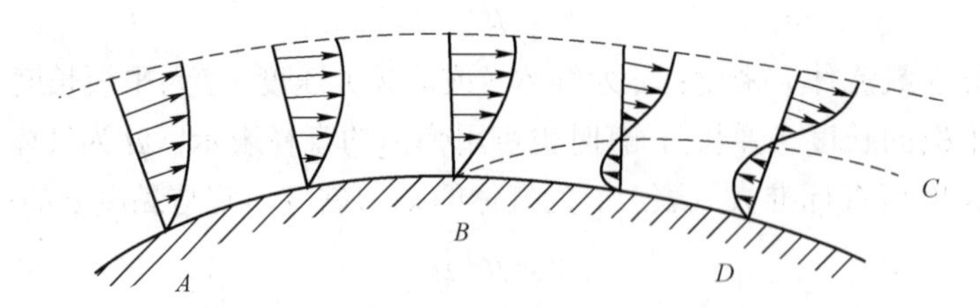

图2-6　涡流的形成

影响附面层与弹体分离形成涡阻的原因有两种。

（1）流速一定，最大断面后断面变化越剧烈，旋涡区越大，涡阻也越大，如图2-7（a）～（c）所示。

（2）如弹箭最大断面后形状不变（均为流线形），气流速度越大，旋涡区越大，阻力也越大，如图2-7（d）～（f）所示。

根据上面的讨论可知道，为了减小涡阻，在设计弹箭时，必须正确选择弹箭最大断面后的形状。对于速度较小的迫击炮弹常采用流线形尾部，如图2-8所示。

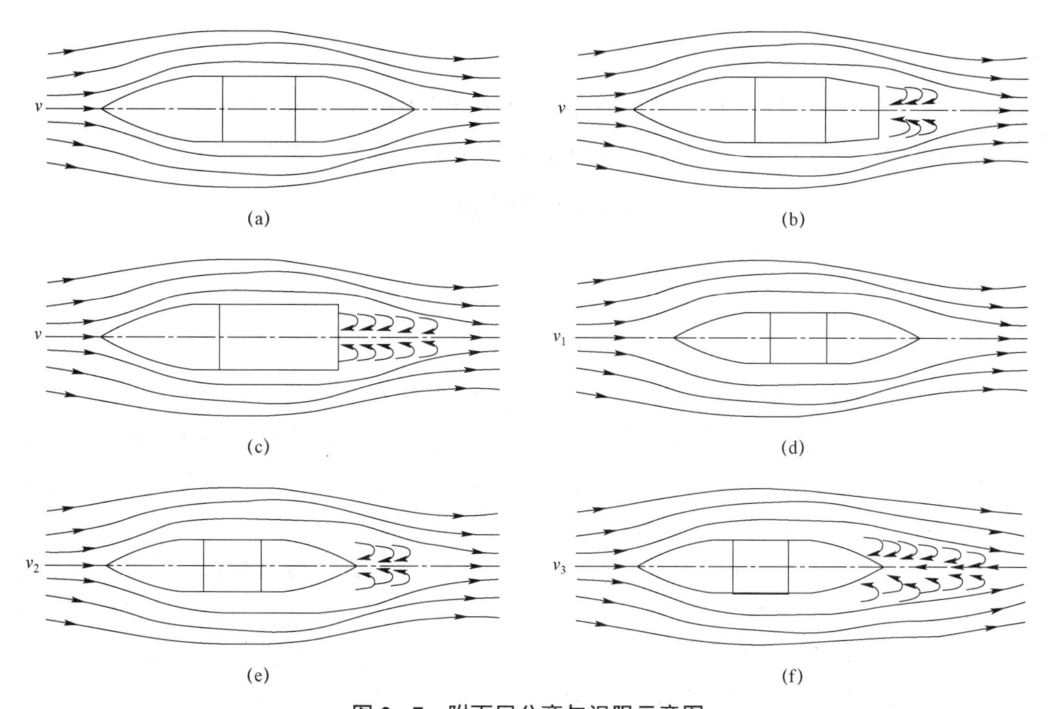

图 2－7　附面层分离与涡阻示意图

（a）、（b）、（c）最大断面后形状与涡流区；（d）、（e）、（f）速度与涡流区大小 $v_1 < v_2 < v_3$

对于旋转稳定弹箭，为了保证膛内的稳定，必须具有一定长度的圆柱部。又由于稳定性的要求，弹体不宜过长。因此为了减小涡阻，通常采用截头形尾锥部（船尾形弹尾）。其尾锥角 α_k 的大小，根据经验以 $\alpha_k = 6^\circ \sim 9^\circ$ 较好，尾锥部越长，其端面积 S_b 越小，在保证附面层不分离的条件下，底部阻力也越小。但是，由于尾部不能过长，因而可根据所设计弹种的其他要求适当地选取弹的相对尾锥部长度 E（图 2－9）。

图 2－8　迫击炮弹流线形尾部

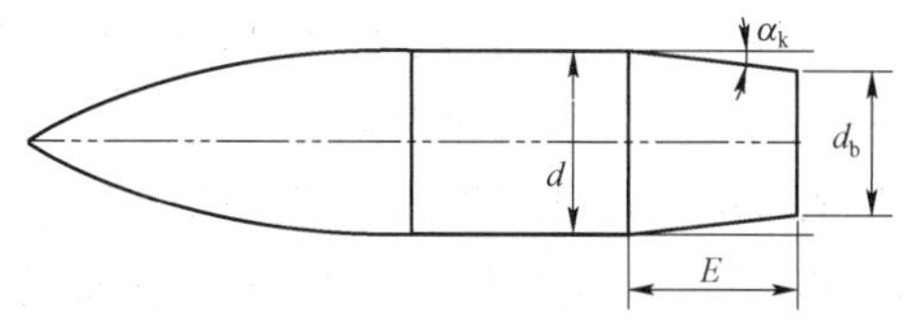

图 2－9　旋转弹的船尾部（尾锥）

目前，还没有一个准确计算涡阻的理论方法。因此，涡阻通常由风洞试验测定底部压力来确定。在附面层不分离的条件下，涡阻即等于底阻：

$$R_b = | p_b - p_\infty | S_b = \Delta p S_b$$

式中：R_b 为底阻；Δp 为底部压力 p_b 与周围大气压 p_∞ 的压差；S_b 为尾锥底部端面积。

当底部出现分离时，应取分离处的断面积，此时涡阻大于底阻。在工程计算中，把弹体侧表面上产生的压差阻力系数 C_{xp} 与摩阻系数 C_{xf} 合在一起计算，而把底阻系数 C_{xb} 单独计算，即

$$C_{xf} + C_{xp} = AC_{xf} + C_{xb} \tag{2-7}$$

式中：

$$A = 1.865 - 0.175\lambda_{\rm B}\sqrt{1-Ma^2} + 0.01\lambda_{\rm B}^2(1-Ma^2)$$

根据试验，在亚声速和跨声速情况下，底阻系数的经验公式为

$$C_{xb} = 0.029\zeta^3\sqrt{C_{xf}} \tag{2-8}$$

而在超声速下，底阻系数的经验公式为

$$C_{xb} = 1.14\frac{\zeta^4}{\lambda_{\rm B}}\left(\frac{2}{Ma} - \frac{\zeta^2}{\lambda_{\rm B}}\right) \tag{2-9}$$

式中：$\lambda_{\rm B}$为弹箭长细比，$\lambda_{\rm B}=l/d$；ζ为尾锥收缩比，$\zeta=d_{\rm b}/d$，$d_{\rm b}$为底部直径。

对于超声速弹箭，底阻约占总阻的15%；而对于中等速度飞行的弹箭，底阻占总阻的40%～50%。因而设法减小底阻（涡阻）来增程是有实际意义的，现在许多新的弹箭都在努力减小底阻，提出了各种减小底阻的方法。

例如，美国的155 mm远程榴弹就将弹头部和弹尾部都做得很细长，使弹形成了枣核状的流线形，俗称为枣核弹，其底阻明显降低，射程随之增大。为了使这种弹在膛内运动稳定，必须在弹上加装稳定舵片，这种舵片还能起到抗马格努斯效应的作用。

另外，设法增大底部涡流区内气体压力也是一种减小底阻的方法。因此，有一种空心船尾部弹箭，称为底凹弹。在亚声速时，有保存底部气体不被带走，提高底压的作用；在超声速时，还在底凹侧壁开孔，将前方压力高的空气引入底凹以提高底压。用这种方法可提高射程7%～10%。

一种最有效的方法是采用底部排气的方法，即底排弹，在弹底凹槽中装上低燃速火药，火药燃烧生成的气体源源不断地补充底部气体的流失，提高了底压，可提高射程近30%。

3. 波阻

空气具有弹性，当受到扰动后即以疏密波的形式向外传播，扰动传播速度记为$v_{\rm B}$，微弱扰动传播的速度即为声速，记为$c_{\rm s}$。当扰动源静止（如静止的弹尖）时，由于连续产生的扰动将以球面波的形式向四面八方传播。对于在空中迅速运动着的扰动源（如运动着的弹尖），其扰动传播的形式将因扰动源运动速度v小于、等于或大于扰动传播速度$v_{\rm B}$的不同而异。

（1）$v<v_{\rm B}$。扰动源永远追不上在各时刻产生的波，如图2-10（a）所示。图中O为弹尖现在的位置，三个圆依次是1 s以前、2 s以前、3 s以前所产生的波现在到达的位置。由图可见，当$v<v_{\rm B}$时，弹尖所给空气的压缩扰动向空间的四面八方传播，并不重叠，只是弹尖的前方由于弹箭不断往前追赶，各波面相对弹箭而言传播速度慢一些而已。

（2）$v=v_{\rm B}$。弹箭正好追上各时刻发出的扰动波，各个扰动波前形成一组与弹尖O相切的、直径大小不等的球面波。也就是说，在$v=v_{\rm B}$时，弹尖所给空气的扰动，只向弹尖后方传播。在弹尖处，由于无数个球面波相叠加，形成一个压力、密度和温度突变的正切面，如图2-10（b）所示。

（3）$v>v_{\rm B}$。这时弹箭总是处在各时刻发出波的前面，该扰动波形成一个以弹尖O

为顶点的圆锥形包络面，其扰动只能向锥形包络面的后方传播。此包络面是空气未受扰动与受扰动部分的分界面，在包络面处前后有压力、温度和密度的突变，如图 2－10（c）所示。

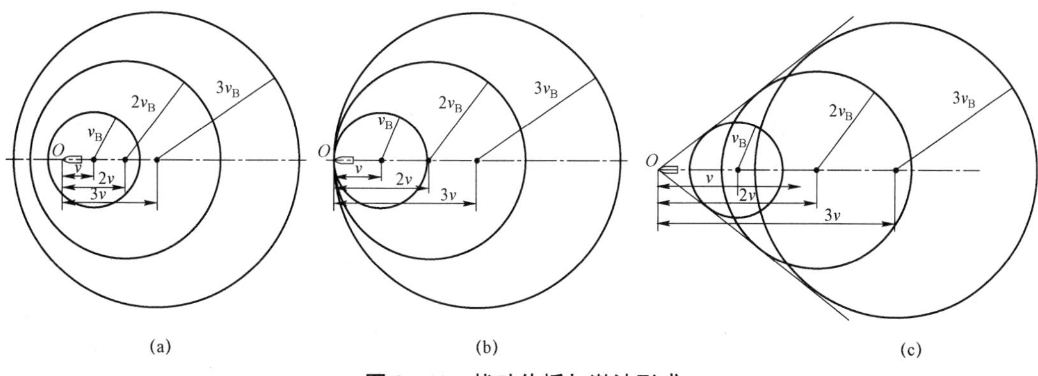

图 2－10　扰动传播与激波形成

（a）$v<v_B$；（b）$v=v_B$；（c）$v>v_B$

在上述（2）和（3）两种情况下所造成的压力、密度和温度突变的分界面，就是外弹道学上所说的弹头波，也就是空气动力学上所说的激波。前者（$v=v_B$ 时）称为正激波；后者（$v>v_B$ 时）称为斜激波。由以上分析可知，斜激波的强度小于正激波。

在弹箭的任何不光滑处，尤其是弹带处，当 $v \geqslant v_B$ 时也将产生激波，称为弹带波。

根据弹箭在超声速条件下飞行时的纹影照片可以看出，在弹尾区产生了弹尾波，如图 2－11 所示。这是因为流线进入弹尾部低压区先向内折转，而后又因距弹尾较远，压力渐大，又向外折转。这种迫使气流绕内钝角的折转，必然产生压缩扰动。当 $v>v_B$ 时，形成激波，称为弹尾波。

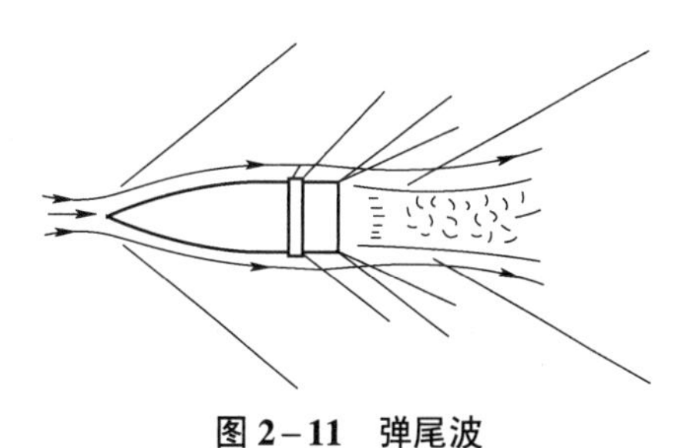

图 2－11　弹尾波

弹头波、弹带波、弹尾波在弹道学中统称为弹道波。在弹道波出现处，总是形成空气的强烈压缩，压强增高，其中尤以弹头波最大。弹头越钝，扰动越强，产生的激波越强，消耗的动能越多，前后压差大；弹头越锐，扰动越弱，产生的激波越弱，消耗的动能越少，前后压差小。由激波形成的阻力称为波阻。

只要弹箭的速度 v 超过声速 c_s，就一定会产生弹道波，这是因为虽然扰动传播速度 v_B 开始可能很大，超过了弹箭的飞行速度，即 $v_B>v>c_s$。但是，v_B 在传播中会迅速减小而向声速接近，在离扰动源不远处就出现 $v \geqslant v_B=c_s$，因而在 $v>c_s$ 的条件下，弹道波就一定会出现。这种情况正好解释了分离波出现的原因。

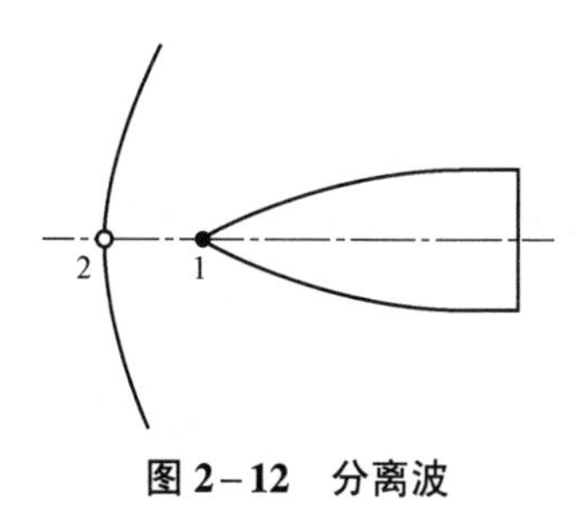

图 2－12　分离波

由图 2－12 可以看出，当 $v>c_s$ 时，如果弹头较钝，其在弹顶附近造成的扰动传播速度 v_{B_1} 可能大于弹速 v，即 $v<v_{B_1}$，因而弹顶“1”处不会产生弹头波。但是，因为传播速度迅速减小，设当扰动传至“2”处时，此时即形成与

如图 2－10（b）所示相同的情况，各扰动波前在点“2”处相切。因此，在离弹顶处有与弹顶分离但与飞行方向垂直的正激波出现，离弹顶越远激波越弯曲。

与分离波相对应，凡是与弹顶密接的弹头波称为密接波。密接波总是斜激波，斜激波与速度方向间的夹角β称为激波角，它与弹速及扰动传播速度间的关系为

$$\sin\beta = v_{\mathrm{B}} / v \tag{2-10}$$

如图 2－10（c）所示，当$v = v_{\mathrm{B}}$时，$\sin\beta = 1$，因而正激波的激波角为直角（$\beta = 90°$）。当v_{B}越小时，v_{B} / v也越小，因而斜激波的激波角就越小，于是随着v_{B}减小，斜激波逐渐弯曲。

当扰动无限减弱时，$v_{\mathrm{B}} = v$，斜激波就转变成无限微弱扰动波，即马赫波。此时，激波角β就变为马赫角β_0，并且$\sin\beta_0 = c_{\mathrm{s}} / v = 1 / Ma$。

在弹速v稍小于声速c_{s}的条件下，在弹体附近仍可能出现局部激波。这是由于在靠近弹表的某一个区域内的空气流速可能等于或大于该处气温所对应的声速，就产生了局部超声速区，如图 2－13 所示。产生局部激波的弹箭飞行马赫数称为临界马赫数。

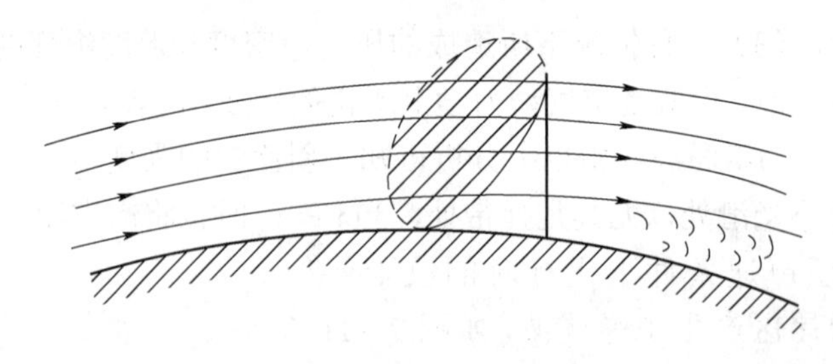

图 2－13　局部超声速区

对于中等速度的弹箭，波阻占总阻力的 40%～50%，波阻的理论计算方法在弹箭空气动力学中有介绍。根据理论和试验，可以获得计算各种头部形状的头部波阻系数公式。

锥形头部：

$$C_{xw}^{\mathrm{c}} = \left(0.001\,6 + \frac{0.002}{Ma^2}\right)\psi_{\mathrm{c}}^{1.7} \tag{2-11}$$

卵形头部：

$$C_{xw}^{\mathrm{o}} = \frac{0.08(15.5 + Ma)}{3 + Ma}\left(0.001\,6 + \frac{0.002}{Ma^2}\right)\psi_{\mathrm{o}}^{1.7} \tag{2-12}$$

抛物线头部：

$$C_{xw}^{\mathrm{p}} = \frac{0.3}{\chi}\frac{1 + 2Ma}{\sqrt{Ma^2 + 1}} \tag{2-13}$$

式中：ψ_{c}为锥形弹头半顶角；ψ_{o}为卵形弹头半顶角；χ为相对弹头部长，$\chi = h_{\mathrm{t}} / d$。

对于截锥尾部的波阻，有

$$C_{xwb} = \left(0.001\,6 + \frac{0.002}{Ma^2}\right)\alpha_{\mathrm{k}}^{1.7}\sqrt{1 - \zeta^2} \tag{2-14}$$

式中：ζ 为相对底径，$\zeta = d_b / d$；α_k 为尾锥角。

由上述公式可以看出，为了减小波阻应当尽量使弹头部锐长（令半顶角 ψ 较小或相对头部长 χ 较大）。由上述定性分析也可以看出，弹头部越锐长，对空气的扰动越弱，弹头波也越弱。

对于头部母线形状，由理论和试验证明，指数为 0.7～0.75 的抛物线头部波阻较小。

值得注意的是，弹箭外形并不是由理想的光滑曲线旋成的，如有弹带凸起部，头部引信顶端有小圆平台，有的火箭弹侧壁上还有导旋钮等，这些部位产生的阻力一般很难用理论计算，通常是由试验整理成的曲线或经验公式计算。

4. 钝头体的附加阻力

对于带有引信的弹体头部，前端面近似平头或半球头，前端面的中心部分与气流方向垂直，其压强接近滞点压强。钝头部分的附加阻力系数可按钝头体的头部阻力系数计算，即

$$\Delta C_{xn} = \frac{(C_{xn})_d S_n}{S} \tag{2-15}$$

式中：S_n 为钝头部分最大横截面积；S 为弹箭最大横截面积；$(C_{xn})_d$ 为按 S_n 定义的钝头体的头部阻力系数，其变化曲线如图 2－14 所示。

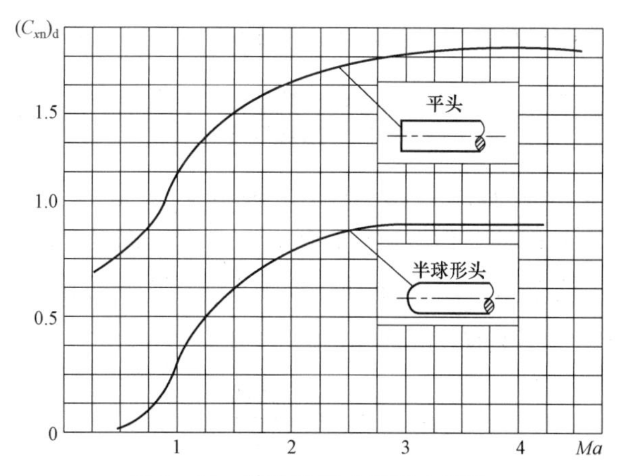

图 2－14　钝头体的头部阻力系数

5. 定心带阻力

由于膛内发射要求，弹体上常有定心带或弹带，如图 2－15 所示。根据定心带 $H = 0.026d$ 模型的风洞试验，由定心带产生的阻力系数为

$$C_{xh} = \frac{\Delta C_{xh} H}{0.01d} \tag{2-16}$$

式中：ΔC_{xh} 为 $H = 0.01d$ 时定心带的阻力系数。

图 2－15 所示为 ΔC_{xh} 随 Ma 的变化曲线（图中 d 为弹径）。

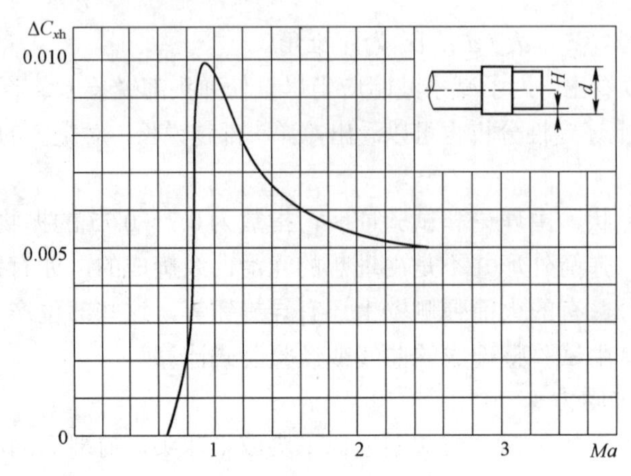

图 2-15　当 $H=0.01d$ 时，定心带的阻力系数

2.2.2　尾翼弹的零升阻力

对于尾翼弹，除弹体要产生阻力外，尾翼部分也要产生阻力。尾翼气动力的计算方法与弹翼相同，而弹翼的零升阻力系数由摩阻系数 C_{xf}、波阻系数 C_{xw}、钝前缘阻力系数 C_{xu} 和钝后缘阻力系数 C_{xb} 组成。它们形成的机理与弹体阻力形成的机理相同，其计算方法在弹箭空气动力学中有详细叙述。

波阻系数 C_{xw} 与翼面相对厚度有较大关系，按线化理论，可得

$$C_{xw}=\frac{4(\bar{c})^2}{\sqrt{Ma^2-1}} \tag{2-17}$$

式中：$\bar{c}$ 为上、下翼表面间的最大厚度与平均几何弦 b_{av} 之比。因此，采用薄弹翼可以显著减小波阻；在厚度 $\bar{c}$ 相同的条件下，对称的菱形剖面弹翼具有最小的零升波阻。

尾翼弹的零升阻力系数 $(C_{x_0})_{B_w}$ 为单独弹体的零升阻力系数 $(C_{x_0})_B$ 与 N 对尾翼（两片尾翼为一对）的零升阻力系数 $(C_{x_0})_w$ 之和，即

$$(C_{x_0})_{B_w}=(C_{x_0})_B+\frac{N(C_{x_0})_w S_w}{S} \tag{2-18}$$

式中：S_w 为计算尾翼阻力时的特征面积；S 为计算全弹阻力用的特征面积。

尾翼弹的零升阻力系数 C_{x_0} 随马赫数变化的曲线如图 2-16 所示。由图可见，该曲线上有两个极值点：一个极值点在 $Ma=1.0$ 附近；另一个极值点只有当来流马赫数在弹翼前缘法向上的分量超过 1，弹翼的主要部分产生激波时才出现。这个极值点所对应的来流马赫数随弹翼前缘后掠角 χ（弹翼前边缘线与垂直于弹箭纵对称面的直线间的夹角）变化而变化。χ 增大，需要更大的来流马赫数才能使其在前缘法线上的分量大于 1，故第二个极值点向后移动。

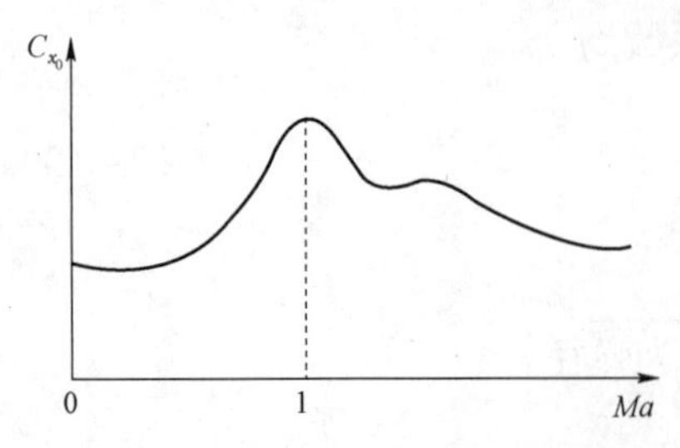

图 2-16　尾翼弹的零升阻力系数曲线

除简单的旋成体阻力有近似计算公式外，大

多数尾翼弹和异形弹，如头部为酒瓶状的杆式弹、带卡瓣槽的长杆穿甲弹、弧形尾翼弹、圆柱平头面或凹形抛物面的末敏子弹等都没有什么简单的理论计算公式，只能借助试验曲线、经验公式进行计算。如果需要获得更准确的阻力系数，还可以利用风洞试验或者射击试验的方法。

2.3　阻力系数、阻力定律、弹形系数

2.3.1　阻力系数曲线的特点

图 2－17 所示为弹箭阻力系数随马赫数变化的曲线。该曲线的特点是：马赫数在亚声速阶段（$Ma<0.7$），C_{x_0} 几乎为常数；在跨声速阶段（$Ma=0.7\sim1.2$），起初出现局部激波，阻力系数逐渐上升，随后在 $Ma=1.0$ 附近出现头部激波，阻力系数几乎呈直线急剧上升，在 $Ma=1.1\sim1.2$ 时取极大值。头部越锐长的弹箭，阻力系数 C_{x_0} 最大值的位置越接近于 $Ma=1.1$；当马赫数继续增大时，头部激波由脱体激波变为附体激波，并且激波倾角 β 随马赫数增大而减小。这使得气流速度垂直于波面的分量 $v_\perp$ 相对减小，空气流经激波的压缩程度也相对减弱，所以 $C_{x_0}-Ma$ 曲线开始下降，直到 $Ma=3.5\sim4.5$ 又渐趋平缓而接近于常数。

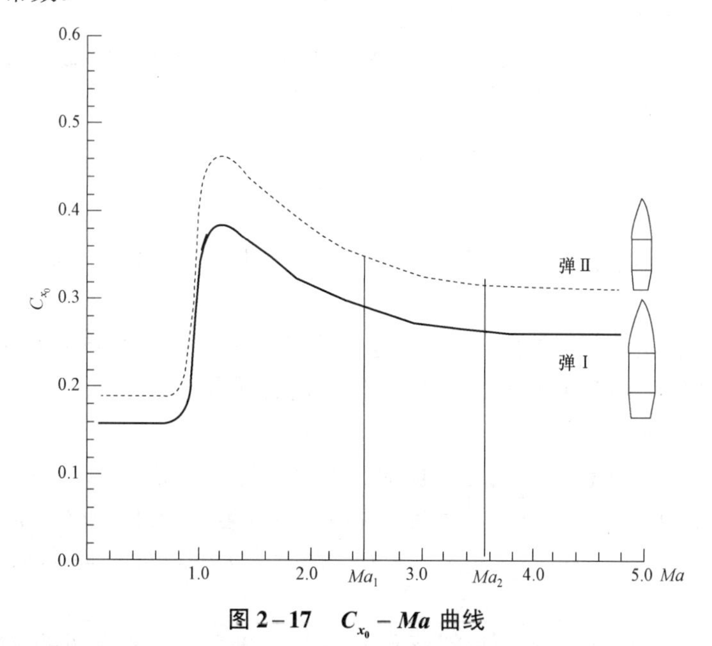

图 2－17　$C_{x_0}-Ma$ 曲线

需要指出的是，超声速时阻力系数 C_{x_0} 随马赫数增大而减小并不意味着阻力也减小，这是因为空气阻力除与 C_{x_0} 成正比外，还与速度 v 的平方成正比，而马赫数越大，速度 v 也越大。

2.3.2　阻力定律和弹形系数

要计算弹道，必须先知道各个马赫数上弹箭的阻力系数，即作出 $C_{x_0}-Ma$ 曲线。但

是，在过去试验条件和计算工具都十分落后的情况下，要获得这样一条曲线是极其困难的，需要花费大量的人力和财力，因而希望有一个简便的方法能迅速算出各个马赫数上的阻力系数。

上面所讲的阻力系数随马赫数变化的规律是一般性规律。数值计算和试验表明，由两个形状相似的弹箭所测出的两条 C_{x_0}-Ma 曲线，尽管它们不重合，但相差不大，而且在同一个马赫数下，如 Ma_1 处两个不同弹箭的 C_{x_0} 比值与另外同一个马赫数，如 Ma_2 处的两弹箭的 C_{x_0} 比值近似相等（图 2－17 中的弹Ⅰ和弹Ⅱ），即

$$\frac{C_{x_0\mathrm{II}}(Ma_1)}{C_{x_0\mathrm{I}}(Ma_1)}=\frac{C_{x_0\mathrm{II}}(Ma_2)}{C_{x_0\mathrm{I}}(Ma_2)}=\cdots \tag{2-19}$$

根据这一个性质，就可以得到计算空气阻力的简便方法。预先选定一个特定形状的弹箭作为标准弹箭，将它的阻力系数曲线仔细测定出来（一组的，测出其平均阻力系数曲线）。与此相似的其他弹箭，只需要测出任意一个马赫数时的阻力系数 C_{x_0} 的值，将其与标准弹箭在同一个马赫数处的 $C_{x_{0n}}$ 值相比得出其比值 i，比值 i 定义为该弹箭相对于某标准弹的弹形系数，即

$$i=\frac{C_{x_0}(Ma)}{C_{x_{0n}}(Ma)} \tag{2-20}$$

既然比值 i 在各个马赫数处均近似相等，那么其他任意马赫数处的阻力系数，就可以近似地利用弹形系数 i 估算出来：

$$C_{x_0}(Ma)=iC_{x_{0n}}(Ma) \tag{2-21}$$

这在实际应用中是十分方便的。

标准弹的阻力系数 $C_{x_{0n}}$ 与马赫数的关系，就是习惯上所说的空气阻力定律（简称阻力定律）。

历史上最早的阻力定律是由意大利弹道学家西亚切于 1896 年针对弹头部长为 1.2～1.5 倍口径的弹箭，用多种弹的 C_{x_0}-Ma 曲线平均后确定的，这就是著名的西亚切阻力定律。

但是，以后由于弹箭形状改善、长细比加大，与西亚切阻力定律相应的标准弹形相差过大，再使用西亚切阻力定律就会产生较大的误差。于是，1943 年苏联炮兵工程学院外弹道教研室重新制定了新的阻力定律。这就是人们熟悉的 43 年阻力定律，这个阻力定律一直沿用至今。

43 年阻力定律所用标准弹的头部长为 3～3.5 倍口径，与目前常见的旋转稳定弹的弹形相近，如图 2－18 所示。图 2－19 所示为 43 年阻力定律的 C_{x_0}-Ma 曲线，在该图中还给出了西亚切阻力定律的 C_{x_0}-Ma 曲线。本书附表 6 给出了 43 年阻力定律的阻力系数值。

对于现代旋转稳定弹，就 43 年阻力定律来说，弹形系数 $i_{43}\approx 0.85$～1.0；对于特别好的弹形，弹形系数 $i_{43}=0.7$。

在使用弹形系数时，必须注明其相应的阻力定律，否则容易引起混乱。

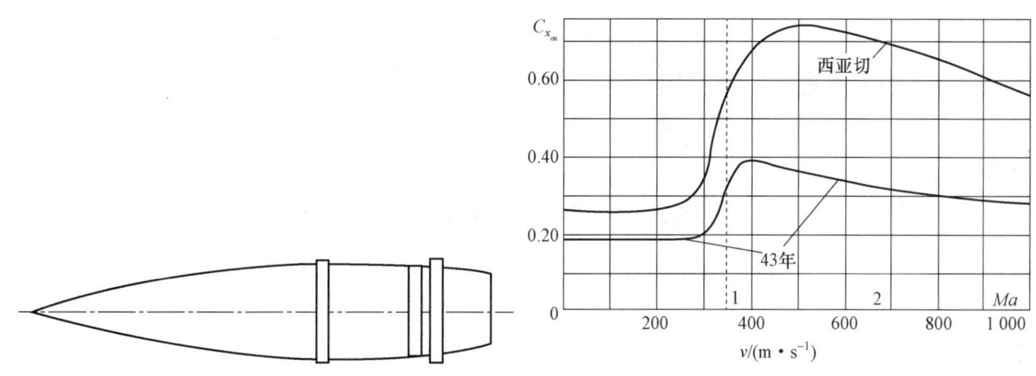

图 2－18　43 年阻力定律的标准弹外形　　**图 2－19　43 年阻力定律和西亚切阻力定律曲线**

另外，各种形状弹箭的阻力系数，也并不是很准确地遵守式（2－19），尤其是当弹形与标准弹相差较大时更是如此。因此，弹形系数 i 实际上也在随马赫数变化而变化。尾翼弹与旋转弹的弹形相差很大，则尾翼弹要采用 43 年阻力定律是十分勉强的。过去曾有过对尾翼弹专门建立一个阻力定律的设想，但是，由于各种尾翼弹的弹形相差过大，即使有这么一个尾翼弹阻力定律，效果也同样不好。但是，对于亚声速尾翼弹，因为阻力系数随马赫数变化不大，因而还可以利用弹形系数的概念。

由于阻力系数随攻角 δ 的增大而增大，这使得弹形系数 i 也随着弹箭摆动的攻角变化而变化，这就会造成使用上的困难。

在实际应用中，常常采取平均弹形系数代替变化的弹形系数来确定弹道诸元，这样可以使弹道计算大为简化。如果某弹的初速 v_0 一定时，用某一个射角 θ_0（如 $\theta_0 = 45^\circ$）进行射击试验，经过各种修正得到在标准条件下的射程 X_{0n}，由此就可以反算得出一个平均的弹形系数。用此弹形系数计算 $\theta_0 = 45^\circ$ 附近其他弹道也能得到基本准确的射程。

2.3.3　弹形系数的计算方法

由于旋转稳定弹的阻力系数（或弹形系数）主要取决于头部长度 $\chi(d)$ 和尾锥长度 $E(d)$，这里 χ 和 E 以口径为单位，如图 2－20 所示。根据我国经验，这两个参量可以合并成一个参数 $E(d)$，则

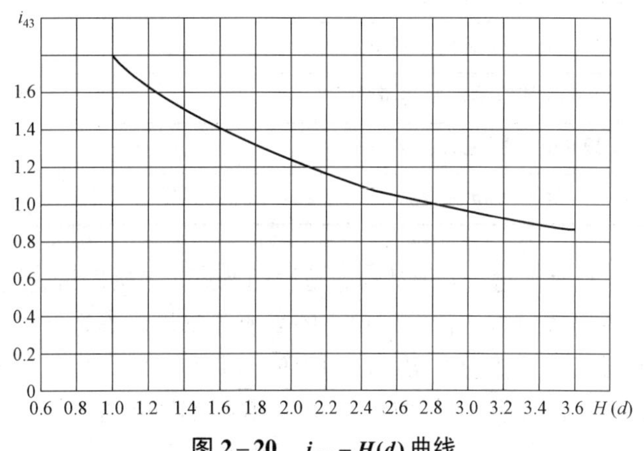

图 2－20　$i_{43}-H(d)$ 曲线

$$H=\chi+(E-0.3) \tag{2-22}$$

对于我国加农炮和榴弹炮的榴弹，在下列条件下：①头部母线为圆弧形；②全装药初速 $v_0 \geqslant 500$ m/s；③最大射程角 $\theta_0 \approx \theta_{0\max}$。对于 43 年阻力定律的弹形系数可用下面的经验公式计算：

$$i_{43}=2.900-1.373H+0.320H^2-0.026\ 7H^3 \tag{2-23}$$

用式(2－23)计算的弹形系数误差小于 5%。对于光滑度特别好的弹箭，可将 $H=\chi+E$ 代入式（2－23）中计算。为了保证旋转弹具有良好的飞行稳定性，其弹长一般不超过(5.5～6)d。表 2－1 列出了若干种中外制式弹在表定条件下的平均弹形系数。由式(2－23)计算出的弹形系数，与表 2－1 中其他弹实际求出的平均弹形系数基本上是一致的。

表 2－1　几种弹箭的外弹道基本参数

弹种	d/mm	m/kg	i_{43}	c_{43}	v_0 / (m · s^{-1})	θ_0/ (°)	x / m
56 式 7.62 mm 穿甲燃烧弹	7.62	0.007 9	1.156	8.494	735	1° 01′	800
54 式 12.7 mm 穿甲燃烧弹	12.7	0.048 3	0.945	3.155	820	6	3 500
56 式 14.5 mm 穿甲燃烧弹	14.5	0.063 6	1.026	3.391	945	1° 25′	2 000
54 式 76.2 mm 加农炮榴弹	76.2	6.21	0.952	0.892	680	45	13 290
56 式 85 mm 加农炮榴弹	85	9.54	1.051	0.796	793	35	15 650
54 式 122 mm 榴弹炮榴弹	122	21.76	1.035	0.708	515	45	11 800
59 式 130 mm 加农炮榴弹	130	33.4	0.931	0.471	930	51	27 490
66 式 152 mm 加榴炮榴弹	152	43.56	0.977	0.521	655	45	17 230

表 2－2 列出了几种尾翼弹和次口径弹的平均弹形系数 i_{43}，供读者参考。

表 2－2　几种尾翼弹的平均弹形系数 i_{43}

弹　种	i_{43}
82 mm 迫击炮杀伤榴弹	1.0
82 mm 无后坐力炮火箭增程弹	3.7
100 mm 滑膛炮脱壳穿甲弹	3.7
85 mm 加农炮汽缸尾翼弹	1.9
120 mm 滑膛炮脱壳穿甲弹	1.4
新 40 mm 火箭弹	4.0

目前，由于有了测速雷达、各种马赫数范围的风洞、多站测量靶道等先进试验手段，以及处理试验数据或用数值方法计算气动力的高速计算机，确定弹箭本身的阻力系数曲线已不是难事，使弹形系数概念的实际应用价值已大为降低。由于弹形系数一方面是弹道学发展过程中的产物，并有大量文献、资料、数据都涉及这个概念；另一方面，由于应用这一概念的确有其方便之处，人们只要提到某弹的弹形系数就能判断其阻力特性的

好坏和减速情况，以及最大射程多少，简单明了，因此必须予以介绍。

2.4　阻力加速度、弹道系数和阻力函数

阻力对弹箭质心速度大小和方向的影响是通过阻力的加速度 a_x 体现的，即

$$a_x=\frac{R_x}{m}=\frac{S}{m}\frac{\rho v^2}{2}C_{x_0}(Ma) \tag{2-24}$$

利用式（2－21）将 $C_{x_0}(i_{43})$ 以标准弹阻力系数乘弹形系数表示，并注意到 $S=\pi d^2/4$，可得

$$a_x=\left(\frac{id^2}{m}\times 10^3\right)\frac{\rho}{\rho_{0\mathrm{n}}}\left(\frac{\pi}{8\ 000}\rho_{0\mathrm{n}}C_{x_{0\mathrm{n}}}(Ma)v^2\right) \tag{2-25}$$

式中：第一个组合表示弹箭本身的特征、尺寸大小和质量对运动的影响，此组合称为弹道系数，即

$$c=\frac{id^2}{m}\times 10^3 \tag{2-26}$$

式（2－25）中：第二个组合表示空气密度函数 $H(y)=\rho/\rho_{0\mathrm{n}}$；第三个组合主要表示弹箭相对于空气的速度 v 对弹箭运动的影响，由于 $Ma=v/c_\mathrm{s}$，因而实际上还有声速 c_s 的影响。

令

$$F(v,c_\mathrm{s})=\frac{\pi}{8\ 000}\rho_{0\mathrm{n}}C_{x_{0\mathrm{n}}}(Ma)v^2=G(Ma)v \tag{2-27}$$

$$G(v,c_\mathrm{s})=4.737\times 10^{-4}C_{x_{0\mathrm{n}}}(Ma)v \tag{2-28}$$

则式（2－25）可改写为

$$a_x=cH(y)F(v,c_\mathrm{s})=cH(y)G(v,c_\mathrm{s})v \tag{2-29}$$

式中：$F(v,c_\mathrm{s})$、$G(v,c_\mathrm{s})$ 为阻力函数，它们是 v 和 c_s 的双变量函数。

为了避免双变量函数查表的麻烦，可以引进符号 $v_\tau=vc_{\mathrm{s}_{0\mathrm{n}}}/c_\mathrm{s}=v\sqrt{\tau_{0\mathrm{n}}/\tau}$，则有 $Ma=v/c_\mathrm{s}=v_\tau/c_{\mathrm{s}_{0\mathrm{n}}}$。于是，$F(v,c_\mathrm{s})$ 和 $G(v,c_\mathrm{s})$ 变为 $F(v,c_\mathrm{s})=F(v_\tau,c_{\mathrm{s}_{0\mathrm{n}}})\tau/\tau_{0\mathrm{n}}, G(v,c_\mathrm{s})=G(v_\tau,c_{\mathrm{s}_{0\mathrm{n}}})\sqrt{\tau/\tau_{0\mathrm{n}}}$。由于 $c_{\mathrm{s}_{0\mathrm{n}}}=341.1$ 是常数，则 $F(v_\tau)$ 和 $G(v_\tau)$ 即为 v_τ 的单变量函数，而

$$\begin{cases}a_x=c\pi(y)F(v_\tau)=c\pi(y)v_\tau G(v_\tau)\\ \pi(y)=p/p_{0\mathrm{n}}\end{cases} \tag{2-30}$$

式中：$\pi(y)$ 为气压函数；$F(v_\tau)$ 和 $G(v_\tau)$ 函数已按 43 年阻力定律编出了表（见附表 7 和附表 8），其曲线图如图 2－21 所示。

对于以 43 年阻力定律得到的 $F(v_\tau)$ 函数，也可用下列经验公式计算。

（1）$v_\tau < 250\ \mathrm{m/s}$：

$$F(v_\tau)=7.454\times 10^{-5}v_\tau^2$$

（2）$250\ \mathrm{m/s}\leqslant v_\tau < 340\ \mathrm{m/s}$：

$$F(v_\tau)=1.945\,0\times10^{-5}v_\tau^3-1.483\,9\times10^{-2}v_\tau^2+3.791\,6v_\tau-319.92$$

（3）$340\ \text{m/s}\leqslant v_\tau<400\ \text{m/s}$：

$$F(v_\tau)=-1.861\,3\times10^{-5}v_\tau^3+1.875\,6\times10^{-2}v_\tau^2-6.025\,5v_\tau+629.61$$

（4）$400\ \text{m/s}\leqslant v_\tau\leqslant1\,400\ \text{m/s}$：

$$F(v_\tau)=6.394\times10^{-8}v_\tau^3-6.325\times10^{-5}v_\tau^2+0.154\,8v_\tau-26.63$$

（5）$v_\tau>1\,400\ \text{m/s}$：

$$F(v_\tau)=1.231\,5\times10^{-4}v_\tau^2$$

由于 $G(v_\tau)=F(v_\tau)/v_\tau$，$G(v_\tau)$ 函数的经验公式也可由上述公式求得。

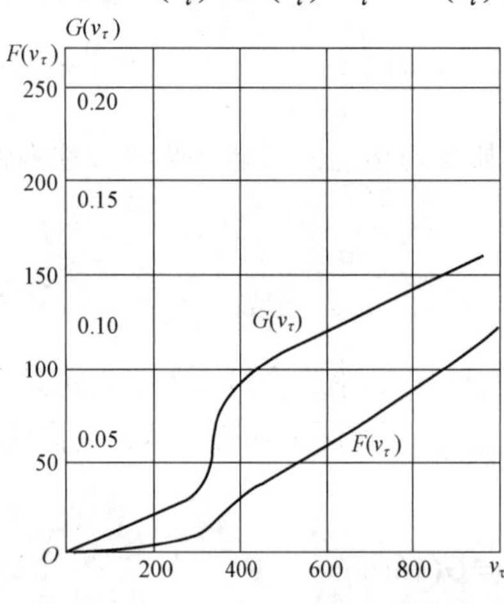

图 2-21　$F(v_\tau)$ 和 $G(v_\tau)$ 函数曲线

需要注意的是，与弹形系数一样，在使用弹道系数时必须注明它所对应的阻力定律，如 c_{43}、$c_{西}$ 等。因为弹箭质量与体积成正比，故对同一类弹质量可表示为 $m=c_\text{m}d^3$，其中，c_m 为弹箭质量系数，对榴弹为 12～14 kg/dm³，对穿甲弹为 15～23 kg/dm³。这样，弹道系数可表示为 $c=i\times10^3/(c_\text{m}d)$，可见口径越大，弹道系数越小。此外，弹道系数还可以写为 $c=i\times10^3/(m/d^2)$ 形式，m/d^2 表示单位横截面上的质量，因而提高单位横截面积上的质量可减小弹道系数，这就是高速穿甲弹的弹芯之所以直径小，用重金属（如钨合金）做成细长杆的原因。

2.5　弹箭质心运动矢量方程

飞行稳定的弹箭其攻角都很小，围绕质心的转动对质心运动影响不大，因而在研究弹箭质心运动规律时，可以暂时忽略围绕质心转动对质心运动的影响，即认为攻角 δ 始终等于零，这样就使问题得到了简化。另外，当弹箭外形不对称或者由于质量分布不对称使质心不在弹轴上时，即使攻角 $\delta=0°$ 也会产生对质心的力矩，导致弹箭绕质心转动。为了使问题简化，首先给出弹箭运动的主要规律，同时假设如下：

（1）在整个弹箭运动期间攻角 $\delta\equiv0°$；

（2）弹箭的外形和质量分布均关于纵轴对称；

（3）地表为平面，重力加速度为常数，方向铅直向下；

（4）科氏加速度为零；

（5）气象条件是标准的、无风雨。

由于科氏加速度为零又无风，就没有使速度方向发生偏转的力。这样，弹箭发射出去后，由于重力和空气阻力始终在铅直射击面内，弹道轨迹将是一条平面曲线，质心运动只有两个自由度。以上假设称为质心运动基本假设，在基本假设下建立的质心运动方程可以揭示质心运动的基本规律和特性，可用于计算弹道，但并不严格和精确。

在基本假设下，对于一般炮弹和枪弹发射出炮口后，以及火箭弹的被动段，作用于弹箭的力仅有重力和空气阻力，故可写出弹箭质心运动矢量方程：

$$\mathrm{d}\boldsymbol{v}/\mathrm{d}t=\boldsymbol{a}_x+\boldsymbol{g} \tag{2-31a}$$

对于火箭弹的主动段，只需要增加火箭推力加速度 $\boldsymbol{a}_\mathrm{p}$，即

$$\mathrm{d}\boldsymbol{v}/\mathrm{d}t=\boldsymbol{a}_x+\boldsymbol{g}+\boldsymbol{a}_\mathrm{p} \tag{2-31b}$$

对于火箭弹来说，从被动段开始，其弹道特性与一般炮弹发射出炮口后的弹道特性基本相似。本书重点分析炮弹和枪弹发射出炮口后，以及火箭弹被动段的飞行力学和弹道问题，对于火箭弹主动段的飞行过程不做过多介绍。

为了获得标量方程，必须找出恰当的坐标系投影。投影坐标系不同，质心运动方程的形式也不同。

2.6　笛卡儿坐标系的弹箭质心运动方程

如图 2－22 所示，以炮口 O 为原点建立笛卡儿坐标系，Ox 轴为水平轴指向射击前方，Oy 轴铅直向上，xOy 平面即为射击面。弹箭位于坐标（x，y）处，质心速度矢量 $\boldsymbol{v}$ 与 Ox 轴构成 θ 角，称为弹道倾角。

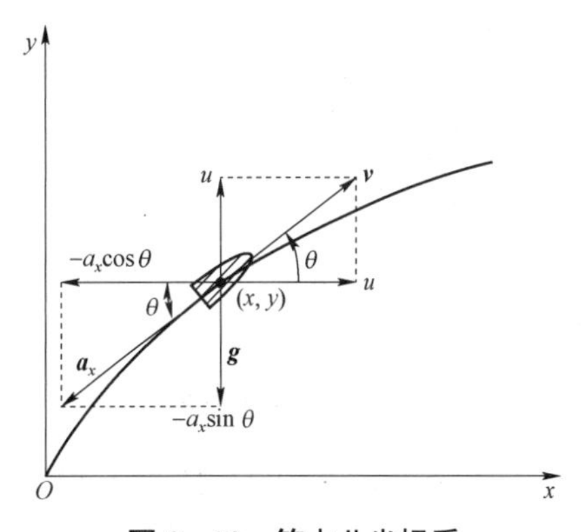

图 2－22　笛卡儿坐标系

水平分速 $v_x=\mathrm{d}x/\mathrm{d}t=v\cos\theta$，铅直分速 $v_y=\mathrm{d}y/\mathrm{d}t=v\sin\theta$，而 $v=\sqrt{v_x^2+y_y^2}$。重力加速度 $\boldsymbol{g}$ 沿 y 轴负向，阻力加速度 $\boldsymbol{a}_x$ 沿速度反方向。将矢量方程式（2－31a）两边向 Ox 轴和 Oy 轴投影，并加上气压变化方程，得到笛卡儿坐标系的质心运动方程组为

$$\begin{cases}\dfrac{\mathrm{d}v_x}{\mathrm{d}t}=-cH(y)G(v,c_\mathrm{s})v_x\\ \dfrac{\mathrm{d}v_y}{\mathrm{d}t}=-cH(y)G(v,c_\mathrm{s})v_y-g\\ \dfrac{\mathrm{d}y}{\mathrm{d}t}=v_y\\ \dfrac{\mathrm{d}x}{\mathrm{d}t}=v_x\\ v=\sqrt{v_x^2+v_y^2}\end{cases} \tag{2-32}$$

当积分的起始条件为 $t=0$ 时，有

$$\begin{cases}x=y=0\\ v_x=v_0\cos\theta_0\\ v_y=v_0\sin\theta_0\end{cases}$$

式中：v_0为初速；θ_0为射角。

$C_{x_{0n}}(v,c_s)$一般采用43年阻力定律，此时弹形系数i即为43年阻力定律的弹形系数。对于标准气象条件，p和$H(y)$也可用有关公式计算。

如果使用弹箭自身的阻力系数$C_{x_0}(v,c_s)$取代标准弹阻力系数$C_{x_{0n}}(v,c_s)$，则相应的弹形系数$i=1$，其他不变，只是不能再用43年阻力定律编出的函数表。

2.7 自然坐标系的弹箭质心运动方程组

由弹道切线为一根轴，法线为另一根轴组成的坐标系即为自然坐标系，如图 2－23 所示。

因为速度矢量$\boldsymbol{v}$沿弹道切线，如取切线上单位矢量为$\boldsymbol{\tau}$，则可将速度$\boldsymbol{v}$表示为

$$\boldsymbol{v}=v\boldsymbol{\tau}$$

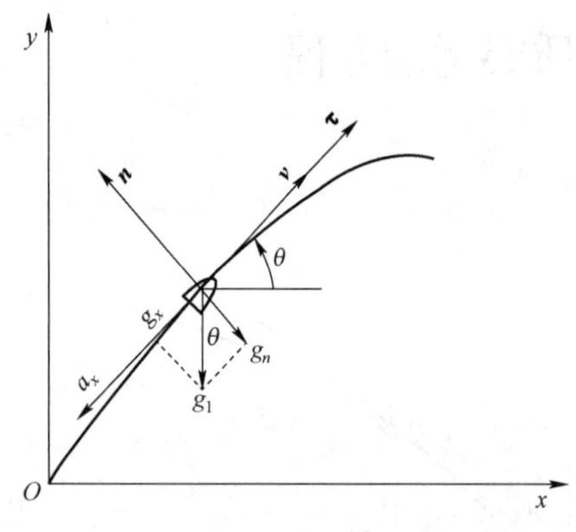

图 2－23　自然坐标系

而加速度为

$$\frac{\mathrm{d}\boldsymbol{v}}{\mathrm{d}t}=\frac{\mathrm{d}v}{\mathrm{d}t}\boldsymbol{\tau}+v\frac{\mathrm{d}\boldsymbol{\tau}}{\mathrm{d}t} \tag{2-33}$$

式（2－33）等号右边第一项大小为$\mathrm{d}v/\mathrm{d}t$，方向沿速度方向，称为切向加速度，它反映了速度大小的变化。式（2－33）等号右边第二项中$\mathrm{d}\boldsymbol{\tau}/\mathrm{d}t$表示$\boldsymbol{\tau}$的矢端速度，现在$\boldsymbol{\tau}$大小始终为 1，只有方向在随弹道切线转动。转动的角速度大小显然是$|\mathrm{d}\theta/\mathrm{d}t|$，因而矢端速度的大小为$1\cdot|\mathrm{d}\theta/\mathrm{d}t|$，方向垂直于速度，在图 2－23 中是指向下方。将此方向上的单位矢量记为$\boldsymbol{n}'$，它与坐标系法向坐标单位矢量$\boldsymbol{n}$方向相反。此外，按图 2－23 中弹道曲线的状态，切线倾角θ不断减小，$\mathrm{d}\theta/\mathrm{d}t<0$，故有$|\mathrm{d}\theta/\mathrm{d}t|=-\mathrm{d}\theta/\mathrm{d}t$，这样就可将矢端速度$\mathrm{d}\boldsymbol{\tau}/\mathrm{d}t$表示为

$$\frac{\mathrm{d}\boldsymbol{\tau}}{\mathrm{d}t}=\left|\frac{\mathrm{d}\theta}{\mathrm{d}t}\right|\boldsymbol{n}'=\left(-\frac{\mathrm{d}\theta}{\mathrm{d}t}\right)(-\boldsymbol{n})=\frac{\mathrm{d}\theta}{\mathrm{d}t}\boldsymbol{n}$$

按图 2－23 中弹箭受力状态，将质心运动矢量方程向自然坐标系二轴分解，得到速度坐标系上的质点弹道方程组为

$$\begin{cases}\dfrac{\mathrm{d}v}{\mathrm{d}t}=-cH(y)F(v,c_s)-g\sin\theta\\[2mm]\dfrac{\mathrm{d}\theta}{\mathrm{d}t}=-\dfrac{g\cos\theta}{v}\\[2mm]\dfrac{\mathrm{d}y}{\mathrm{d}t}=v\sin\theta\\[2mm]\dfrac{\mathrm{d}x}{\mathrm{d}t}=v\cos\theta\end{cases} \tag{2-34}$$

当积分的初条件为$t=0$时，有

$$\begin{cases} x = y = 0 \\ v = v_0 \\ \theta = \theta_0 \end{cases}$$

2.8　以水平射程为自变量的弹箭质心运动方程组

为了获得更简单的方程组，可将自变量改为水平距离 x，则

$$\frac{\mathrm{d}v_x}{\mathrm{d}x} = \frac{\mathrm{d}v_x}{\mathrm{d}t} \cdot \frac{\mathrm{d}t}{\mathrm{d}x} = -cH(y)G(v, c_\mathrm{s}) \tag{2-35}$$

令 $P = \tan\theta = \sin\theta / \cos\theta$，可得

$$\frac{\mathrm{d}P}{\mathrm{d}x} = \frac{\mathrm{d}P}{\mathrm{d}\theta} \cdot \frac{\mathrm{d}\theta}{\mathrm{d}t} \cdot \frac{\mathrm{d}t}{\mathrm{d}x} = \frac{1}{\cos^2\theta}\left(-\frac{g\cos\theta}{v}\right)\frac{1}{v_x} = -\frac{g}{v_x^2}$$

由式（2－32）第 4 个和第 5 个方程可得

$$\begin{cases} \dfrac{\mathrm{d}t}{\mathrm{d}x} = \dfrac{1}{v_x} \\ \dfrac{\mathrm{d}p}{\mathrm{d}x} = \dfrac{\mathrm{d}p}{\mathrm{d}y} \cdot \dfrac{\mathrm{d}y}{\mathrm{d}x} = -\rho g P \end{cases}$$

由式（2－32）第 3 个和第 4 个方程相除，可得

$$\frac{\mathrm{d}y}{\mathrm{d}x} = \frac{v_y}{v_x} = \tan\theta = P$$

此外还有

$$v = \frac{v_x}{\cos\theta} = v_x\sqrt{1 + P^2}$$

将以上方程集中起来便得到以 x 为自变量的方程组：

$$\begin{cases} \dfrac{\mathrm{d}v_x}{\mathrm{d}x} = -cH(y)G(v, c_\mathrm{s}) \\ \dfrac{\mathrm{d}P}{\mathrm{d}x} = -\dfrac{g}{v_x^2} \\ \dfrac{\mathrm{d}y}{\mathrm{d}x} = P \\ \dfrac{\mathrm{d}t}{\mathrm{d}x} = \dfrac{1}{v_x} \\ v = v_x\sqrt{1 + P^2} \end{cases} \tag{2-36}$$

当积分的起始条件为 $x = 0$ 时，有

$$\begin{cases} t = y = 0 \\ P = \tan\theta_0 \\ v_x = v_0\cos\theta_0 \end{cases} \tag{2-37}$$

方程组（2－37）在$\theta_0 < 60°$时计算方便而准确，当$\theta_0 > 60°$以后，由于$P = \tan\theta$变化过快$(\theta \to \pi/2$时，$P \to \infty)$和v_x值过小时$(1/v_x)$，尤其是$-g/v_x^2$变化过快，计算难以准确。因此，方程组（2－37）不适用于$\theta_0 > 60°$的情况，比较适用于求解低伸弹道的近似解。

2.9　火箭弹主动段的质心运动方程组

与一般枪弹和炮弹相比，火箭弹在主动段的弹道方程有两个不同之处：一是存在火箭发动机推力；二是火箭弹的质量也是变化的。当火箭弹的推力曲线已知时，火箭弹的质量变化率也是可以用相关公式计算的，因此，只需要将火箭推力公式代入弹道方程即可。

为了表示推力对火箭质心运动的影响，引入推力加速度a_p这一物理量，有

$$a_\mathrm{p} = \frac{F_\mathrm{p}}{m} = \frac{|\dot{m}|}{m} u_\mathrm{eff} \tag{2-38}$$

式中：m为火箭弹质量；$\dot{m}$为火箭弹质量变化率；F_p火箭弹推力；u_eff为有效排气速度。

在自然坐标系里，引入推力加速度的质心弹道方程如下：

$$\begin{cases} \dfrac{\mathrm{d}v}{\mathrm{d}t} = a_\mathrm{p} - cH(Y)F(v, c_\mathrm{s}) - g\sin\theta \\ \dfrac{\mathrm{d}\theta}{\mathrm{d}t} = -\dfrac{g\cos\theta}{v} \\ \dfrac{\mathrm{d}x}{\mathrm{d}t} = v\cos\theta \\ \dfrac{\mathrm{d}y}{\mathrm{d}t} = v\sin\theta \end{cases} \tag{2-39}$$

将式（2－38）与式（2－39）联立，可得火箭弹主动段的质心弹道方程，积分起始条件为$t = 0$时，有

$$\begin{cases} x = y = 0 \\ m = m_0 \\ \theta = \theta_0 \\ v = v_0 \end{cases}$$

积分时应该注意到弹道系数是随着火箭弹的质量变化而变化的。

当火箭弹主动段结束，进入被动段时，火箭弹只受空气阻力和重力的作用，其运动规律与普通炮弹运动规律一样，其弹道方程与炮弹的方程类似，其弹道积分初始条件取主动段末端的弹道诸元。

第3章
弹箭质点弹道的一般特性及解法

3.1 抛物线弹道的特点

3.1.1 抛物线弹道诸元公式

在真空中弹箭只受重力作用，这时弹箭质心运动方程组可简化为

$$\begin{cases} \mathrm{d}v_x / \mathrm{d}t = 0 \\ \mathrm{d}v_y / \mathrm{d}t = -g \end{cases} \tag{3-1}$$

当起始条件$t=0$时，有

$$\begin{cases} v_x = v_{x_0} = v_0 \cos\theta_0 \\ v_y = v_{y_0} = v_0 \sin\theta_0 \\ x = 0 \\ y = 0 \end{cases}$$

将式（3－1）积分一次，可得

$$\begin{cases} v_x = v_{x_0} = v_0 \cos\theta_0 \\ v_y = v_0 \sin\theta_0 - gt \end{cases} \tag{3-2}$$

即弹箭的水平分速度为常数，这是由于弹箭在水平运动方向无外力作用的必然结果。

弹箭的铅直分速与飞行时间t呈线性关系。时间越长，铅直分速越小，至弹道顶点S时铅直分速为零（$\omega=0$）。过顶点后弹箭开始下落，铅直分速度为负值，但绝对值逐渐增大。

对式$\mathrm{d}x / \mathrm{d}t = v_x$和$\mathrm{d}y / \mathrm{d}t = v_y$再积分一次，可得以时间$t$为参量的坐标方程：

$$\begin{cases} x = v_0 \cos\theta_0 t \\ y = v_0 \sin\theta_0 t - gt^2 / 2 \end{cases} \tag{3-3}$$

式中：$v_0 \sin\theta_0 t$为以铅直初速分量$v_{y_0} = v_0 \sin\theta_0$在$t$时间上升的高度；$gt^2 / 2$为在$t$时间内由重力产生的自由落体高度，总高度即为二者之和。

如果消去式（3－3）中的参量t，则得到抛物线形式的弹道方程：

$$y = x\tan\theta_0 - \frac{gx^2}{2v_0^2\cos^2\theta_0} \quad 或 \quad y = x\tan\theta_0 - \frac{gx^2}{2v_0^2}(1+\tan^2\theta_0) \tag{3-4}$$

由 $v=\sqrt{v_x^2+v_y^2}$ 和 $\tan\theta = v_y / v_x$，可得

$$v = \sqrt{v_0^2 - 2v_0\sin\theta_0 gt + g^2t^2} \tag{3-5}$$

如图 3-1 所示，对于落点 $y_C=0$，先由式（3-3）中的第 2 个公式解出 t，再代入其他诸元的计算公式中，可得落点诸元为

$$\begin{cases} x_C = X = v_0^2\sin 2\theta_0 / g \\ t_C = T = 2v_0\sin\theta_0 / g \\ v_C = v_0 \\ |\theta_C| = \theta_0 \end{cases} \tag{3-6}$$

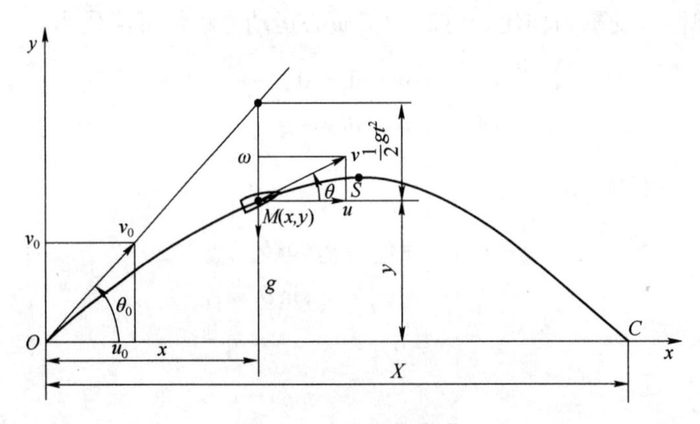

图 3-1　抛物线弹道

在顶点处，弹道切线倾角 $\theta_S = 0°$，可得顶点诸元为

$$\begin{cases} t_S = \dfrac{v_0\sin\theta_0}{g} = \dfrac{T}{2} \\ x_S = \dfrac{v_0^2\sin 2\theta_0}{2g} = \dfrac{X}{2} \\ y_S = Y = \dfrac{v_0^2\sin^2\theta_0}{2g} \\ v_S = v_0\cos\theta_0 \end{cases} \tag{3-7}$$

3.1.2　抛物线弹道的特点

由式（3-6）和式（3-7）可以看出，真空弹道与铅直线 $x = X/2 = x_S$ 是轴对称的，则

$$\begin{cases} v_C = v_0 \\ |\theta_C| = \theta_0 \\ x_S = X/2 \\ T_S = T/2 \end{cases} \tag{3-8}$$

由式（3－4）按 x 的二次方程求解，可得

$$x_{1,2} = \frac{v_0^2 \sin 2\theta_0}{2g} \pm \sqrt{\left(\frac{v_0^2 \sin 2\theta_0}{2g}\right)^2 - \frac{2v_0^2 \cos^2 \theta_0}{g} y}$$

或

$$x_{1,2} = x_S \pm \sqrt{x_S^2 - \frac{2v_0^2 \cos^2 \theta_0}{g} y}$$

这表明，$x = x_S$ 轴两边等高 y 处两点距该轴的距离相等，即对 $x = x_S$ 轴升弧和降弧是对称的。对飞行时间也有类似的性质，即 $t_S = T/2$ 及等高两点的飞行时间与 t_S 的差的绝对值相等。

根据式（3－6）可得抛物线弹道的最大射程和相应的射角（最大射角）：

$$\begin{cases} X_{\max} = v_0^2 / g \\ \theta_{0_{X_{\max}}} = 45^\circ \end{cases} \tag{3-9}$$

此结论对于空气弹道也是适用的。

比最大射程 $X_{\max}$ 小的射程 X，均有两个射角与之对应：一个小于最大射角；另一个大于最大射角，而其和为 90° $(\theta_{01} + \theta_{02} = 90^\circ)$。这两个射角可由式（3－4）给定 x 并令 $y = 0$，再利用正弦函数的性质求出。

一般将以小于最大射角进行的射击称为平射；以大于最大射角进行的射击称为曲射，如图 3－2 所示。对于同一个射程，曲射所需要的飞行时间和飞行弧长大于平射。

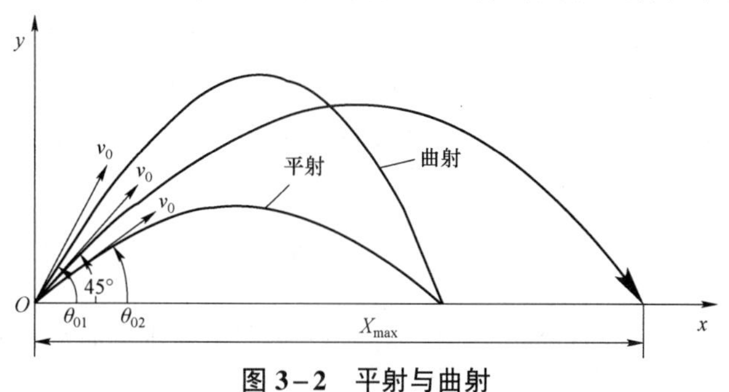

图 3－2　平射与曲射

另外，根据弹道顶点高 Y、全飞行时间 T 和全射程 X 的公式，可得下面的重要关系式：

$$Y = \frac{gT^2}{8} = \frac{X \tan \theta_0}{4} \tag{3-10}$$

抛物线理论只是在忽略空气阻力和射程较小的条件下才近似适用，因此，实际应用范围很小。只有在空气稀薄的高空（20～30 km 以上）做近距离射击，以及在空气稠密的地面附近，对弹速很小（$v_0 = 50 \sim 60$ m/s）的枪榴弹和迫击炮弹，才可以近似忽略空

气阻力，用抛物线理论计算。但是，由抛物线理论推导出的某些弹道性质在空气弹道中也是近似适用的。

由式（3-6）可知，射程和全飞行时间均为初速和射角的函数。当初速和射角发生微小变化时，对射程和飞行时间所引起的微量变化关系式，称为修正公式。

下面给出射程修正公式和全飞行时间修正公式。

（1）射程修正公式。对式 $X = v_0^2 \sin 2\theta_0 / g$ 两边取对数并微分，得 $\mathrm{d}X / X = 2\mathrm{d}v_0 / v_0 + 2\cot 2\theta_0 \mathrm{d}\theta_0$，如果用有限增量代替微分，则得射程修正公式为

$$\frac{\Delta X}{X} = 2\frac{\Delta v_0}{v_0} + 2\cot 2\theta_0 \Delta\theta_0 \tag{3-11}$$

当初速或射角的变化不大时，分别得到初速或射角变化对射程的修正公式：

$$\begin{cases} \dfrac{\Delta X_{v_0}}{X} = \dfrac{2\Delta v_0}{v_0} \\ \dfrac{\Delta X_{\theta_0}}{X} = 2\cot 2\theta_0 \Delta\theta_0 \end{cases} \tag{3-12}$$

由式（3-12）中的第 2 个公式系数 $\cot 2\theta_0$ 可以看出：当 $\theta_0 \to 0°$ 和 $\theta_0 = 90°$ 时，系数 $\cot 2\theta_0$ 趋于无穷大；而在最大射角（抛物线弹道 $\theta_{0\max} = 45°$）附近时，系数 $\cot 2\theta_0$ 等于或接近于零。因此可以预见：在水平射击或接近水平射击、在 75° 以上大射角射击时，射角较小的变化会引起较大的相对射程变化；在接近最大射角时进行射击，射角的较小变化对射程几乎没有影响，一般可以忽略不计，这个结论对空气弹道也是适用的。有些弹箭对近距离目标不用小射角射击，而是在弹头加上阻力环改用大射角射击，其作用不仅可以增大落角和避免发生跳弹，还可以避免小射角射击时由射角微小改变产生大的射程变化。因此，小射角条件下，不宜对地面进行距离射击试验，一般用立靶射击试验代替；此外，除迫击炮外，其他火炮也不宜以过大的射角进行曲射（对于旋转稳定弹，还因为过大的射角会产生很大的动力平衡角，造成稳定性和散布特性不好）；而在最大射程角进行射程测定试验时，可以不考虑射角微小变化的影响。

（2）全飞行时间修正公式。对全飞行时间公式 $T = 2v_0 \sin\theta_0 / g$ 取对数并微分，可以得到全飞行时间修正公式：

$$\frac{\Delta T}{T} = \frac{\Delta v_0}{v_0} + \cot\theta_0 \Delta\theta_0 \tag{3-13}$$

由式（3-13）可以看出：射角 θ_0 越小，由 $\Delta\theta_0$ 产生的飞行时间差越大。

3.2 空气弹道的一般特性

在运动方程组未解出之前，如果能对弹道的若干特性有所了解，对于弹道的求解或计算、试验数据的判断和处理是非常有益的。下面根据弹箭质心运动方程组介绍这些特性。

3.2.1 速度沿全弹道的变化

当只有重力和空气阻力作用时，弹箭质心速度沿全弹道的变化计算如下：

$$\frac{\mathrm{d}v}{\mathrm{d}t}=-cH(y)F(v)-g\sin\theta$$

在升弧上，倾角 θ 为正值，$\mathrm{d}v/\mathrm{d}t<0$，因此，在弹道升弧上弹箭速度始终减小。

到弹道顶点，$\theta_S=0°$，$g\sin\theta_S=0$，故 $(\mathrm{d}v/\mathrm{d}t)_S=-cH(y_S)F(v)<0$，弹箭速度继续减小。

过弹道顶点后，θ 为负值，$g\sin\theta=-g\sin g|\theta|$。在 $cH(y)F(v)>g\sin|\theta|$ 之前，$\frac{\mathrm{d}v}{\mathrm{d}t}$ 仍为负值，故弹箭速度继续减小。

过弹道顶点后降弧上某点出现 $g\sin|\theta|=cH(y)F(v)$ 时，$\mathrm{d}v/\mathrm{d}t=0$，则弹箭速度达到极小值 $v_{\min}$。

过速度极小值点后，$|\theta|$ 继续增大，因而 $g\sin|\theta|>cH(y)F(v)$ 时，$\mathrm{d}v/\mathrm{d}t>0$，此后弹箭速度又开始增大。但是，阻力也随之增大，而重力小于 mg，弹道有可能又一次出现阻力等于重力，使弹箭速度出现极大值。

对于射程为 80～100 km 的远程火炮弹箭或大高度航弹,可能在速度极小值后再出现速度的极大值，如图 3－3（b）所示。而对于一般火炮，弹道落点速度均在图 3－3（b）中的阴影线范围内变化。低伸弹道落点紧靠顶点。射程越远，落点速度越向阴影部分的右端移动。

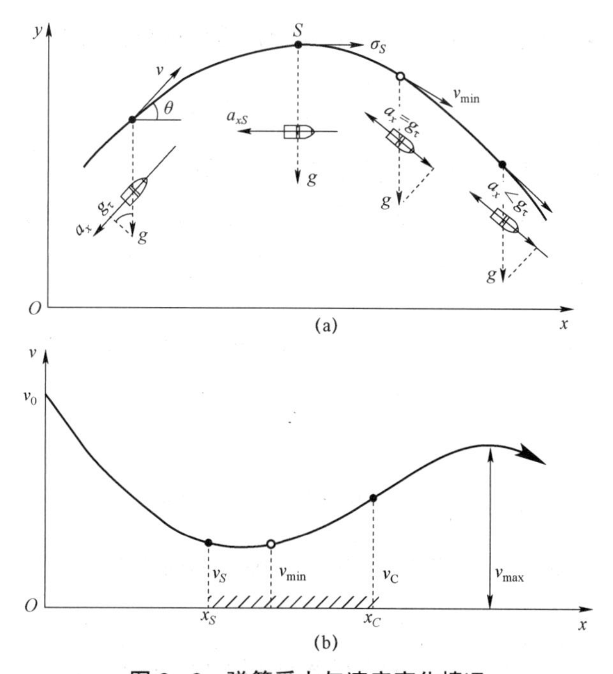

图 3－3　弹箭受力与速度变化情况

（a）弹箭沿弹道受力情况；（b）沿弹道速度变化情况

对于带降落伞的炸弹、照明弹、侦察弹、末敏弹、带飘带子弹等，其阻力系数很大、弹道系数也很大。在弹道降弧段的重力作用下，弹道很快铅直下降，$|\theta|=90°$。当出现重力与阻力相平衡时就将一直保持这种状态不变。由平衡方程 $cH(y)F(v)=-g$ 可知其极限速度满足

$$F(v_1)=\frac{g}{cH(y)} \tag{3-14}$$

设接近地面处$H(y)=1$，则极限速度v_1主要由弹道系数c确定。表3-1列出了弹道系数c_{43}（43年阻力定律）与极限速度v_1的关系。

表3-1　弹道系数与极限速度的关系

c_{43}	0.1	0.5	1.0	1.5	2.0	4.0	6.0	8.0	10.0	100
$v_1/(\mathrm{m\cdot s^{-1}})$	847	347	314	289	257	181	148	128	114	36.3

下面讨论速度的水平分速和铅直分速沿弹道的变化情况。

根据$\mathrm{d}v_x/\mathrm{d}t=-cH(y)v_xG(v,c_s)$可知弹道上的水平分速$v_x$沿全弹道始终减小，将此公式等号右边用阻力公式（2-1）表示，并将$v_x=v\cos\theta$与$\mathrm{d}s=v\mathrm{d}t$代入其中，可得

$$\frac{\mathrm{d}v_x}{\mathrm{d}t}=-\frac{\rho v^2}{2m}SC_x\cos\theta$$

和

$$\frac{\mathrm{d}v_x}{v_x}=-\frac{\rho S}{2m}C_x\mathrm{d}s$$

在距离和高度变化不大时，可将ρ和C_x作为常数，积分得水平分速的指数递减公式：

$$v=v_{x_0}\mathrm{e}^{-\frac{\rho S}{2m}C_x s}\ (\rho、C_x\text{为常数}) \tag{3-15}$$

如空气密度ρ和C_x值变化较大，应取平均值计算。

对于短程的低伸弹道，阻力系数用某个平均值代替，可以用来计算水平速度或者速度的递减情况。这是因为$v_x=v\cos\theta$，当$\theta\leqslant 2.5°$时，$\cos\theta\geqslant 0.999$，即$v_x$和$v$最大相差约为1/1 000。

至于铅直分速v_y，在同一个高度时，升弧上的铅直分速比降弧上的大，下面证明这个问题。

由于

$$\frac{\mathrm{d}v_y}{\mathrm{d}t}=-cH(y)G(v,c_s)v_y-g$$

将此式两端同乘以$2v_y\mathrm{d}t$并积分，可得（式中下标“d”与“a”分别表示降弧与升弧，见图3-4）：

$$v_{y_d}^2-v_{y_a}^2=-\int_{t_{y_a}}^{t_{y_d}}2cH(y)G(v,c_s)v_y^2\mathrm{d}t-2g\int_{t_{y_a}}^{t_{y_d}}v_y\mathrm{d}t$$

而

$$\int_{t_{y_a}}^{t_{y_d}}v_y\mathrm{d}t=\int_{y_a}^{y_d}\mathrm{d}y=0$$

故

$$v_{y_d}^2-v_{y_a}^2<0$$

或

$$\left|v_{y_d}\right| < \left|y_{y_a}\right| \tag{3-16}$$

由式（3－16）可见：在弹道上同一个高度处，升弧上的铅直分速 v_{y_a} 大于降弧上的铅直分速 v_{y_d} 。又因为水平分速始终减小，因而在同一个弹道高上，升弧上的速度大于降弧上的速度，即 $v_{y_a} > v_{y_d}$ 。

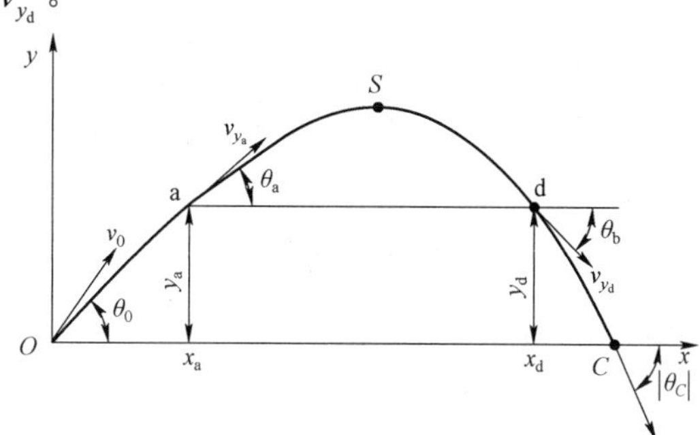

图 3－4 同高度的升弧速度大于降弧速度

因而初速大于落速，即

$$v_0 > v_d \tag{3-17}$$

至于顶点速度 v_S ，由 3.1 节可知，真空弹道顶点速度 $v_S = v_0 \cos\theta_0$ ，恰好与沿全弹道的平均水平速度 $v_x (= X/T)$ 相等。根据实践，在空气弹道中，此结论也近似符合。因此，空气弹道的顶点速度计算如下：

$$v_S = X/T \tag{3-18}$$

3.2.2 空气弹道的不对称性

抛物线弹道是相对于 $x = x_S = X/2$ 的铅直线对称的。而空气弹道由于空气阻力作用不再对称，并且随着弹道系数的增大，其不对称性越来越显著。这些不对称性可归纳为如下几点，其证明方法都与式（3－15）的证明类似。

（1）降弧比升弧陡，即 $|\theta_b| > \theta_a$，$|\theta_C| > \theta_0$。

（2）顶点距离大于全射程的 1/2，即 $x_S > 0.5X$ ，一般 $x_S = (0.5 \sim 0.7)X$ ，口径越大的弹，x_S 越接近 0.5X。

（3）顶点时间小于全飞行时间的 1/2，即 $t_S < 0.5T$ ，一般 $t_S = (0.4 \sim 0.5)T$ ，口径越大的弹，t_S 越接近 $0.5T$ 。

3.2.3 空气弹道基本参数及外弹道表

由式（3－16）可见，积分起始条件中为 $x = y = 0$ ，因而只要给定了初速 v_0 和射角 θ_0 ，以及包含在方程中的弹道系数 c，就可以积分，求得任意时刻 t 的弹道诸元 x、y、v、θ，即

$$\begin{cases} v = v(c, v_0, \theta_0, t) \\ \theta = \theta(c, v_0, \theta_0, t) \\ x = x(c, v_0, \theta_0, t) \\ y = y(c, v_0, \theta_0, t) \end{cases} \tag{3-19}$$

据此已编出了以c、v_0、θ_0、t为参量的高炮外弹道表。

对于地面火炮，只需要弹道顶点和落点诸元。

在落点诸元中，当$t=T$时，$y=y_C=0$，即$y_C(c,v_0,\theta_0,T)=0$。由此可以得到全飞行时间T是c、v_0、θ_0三个参数的函数，解出全飞行时间T后，再代入式（3－19）中的其他公式中，可得

$$\begin{cases} v_C=v_C(c,v_0,\theta_0) \\ \theta_C=\theta_C(c,v_0,\theta_0) \\ T=T(c,v_0,\theta_0) \\ x=x(c,v_0,\theta_0) \end{cases} \tag{3-20}$$

对于弹道顶点，利用$t=t_S$时$\theta_S=0$，由式（3－19）中$\theta_S=\theta_S(c,v_0,\theta_0,t_S)=0$解出$t_S(c,v_0,\theta_0)$代入式（3－19）的其他公式中，即得顶点诸元也是$c,v_0,\theta_0$三个参数的函数，即

$$\begin{cases} v_S=v_S(c,v_0,\theta_0) \\ t_S=t_S(c,v_0,\theta_0) \\ y_S=y_S(c,v_0,\theta_0) \\ x_S=x_S(c,v_0,\theta_0) \end{cases}$$

据此已按 43 年阻力定律编出了不同c、v_0、θ_0时的地面火炮弹道表。此外，根据直射武器的需要编出了小射角（$\theta_0<5°$）情况下的低伸弹道表。

高射炮外弹道表的参数范围为

$$c=0\sim6, v_0=700\sim1\,500\text{ m/s}, \theta_0=3°\sim90°$$

按$v_0=700$ m/s，750 m/s，800 m/s，……，每隔 50 m/s 编成一册。表中对于一定的c和θ_0列出了弹道上各时刻t对应的坐标x、y和速度v值，一直到弹道顶点过后的第一个点为止，如表 3－2 所列。

地面火炮外弹道表分上、下两册：上册为弹道诸元表（表 3－3）；下册为各种弹道函数和修正系数表（表 3－4）。其参数范围为

$$c=0\sim6, v_0=50\sim2\,000\text{ m/s}, \theta_0=5°\sim85°$$

高射炮和地面火炮弹道表均按 43 年阻力定律和炮兵标准气象条件编成（表 3－2～表 3－4），是苏联在伟大卫国战争期间动员庞大的计算力量编成。我国在 20 世纪 50 年代由总参谋部翻印出版，20 世纪 70 年代又由国防工业出版社再版。由于地面火炮弹道表最小射角为 5°，故不适用于小射角的枪弹、舰炮、坦克炮、高炮平射等情况使用，20 世纪 70 年代末我国又编出了低伸弹道外弹道表（表 3－5）。表 3－5 仍用 43 年阻力定律和炮兵标准气象条件编成，其参数范围为

$$c=0\sim24, v_0=50\sim2\,000\text{ m/s}, \theta_0=5'\sim5°$$

表 3－2　高射炮外弹道表示例

（θ＝高角 87°，v_0＝900 m/s）

c \ X/m \ t/s	1	2	3	4	5	6	7	8	9	…
0.00	894	1 778	2 652	3 517	4 371	5 216	6 051	6 876	7 692	…
0.10	889	1 758	2 609	3 443	4 261	5 062	5 849	6 622	7 381	…
0.12	888	1 754	2 601	3 429	4 239	5 033	5 811	6 573	7 321	…
0.14	887	1 750	2 592	3 415	4 218	5 003	5 772	6 525	7 262	…
⋮	⋮	⋮	⋮	⋮	⋮	⋮	⋮	⋮	⋮	

表 3－3　地面火炮外弹道表（上册）示例

（θ_0＝45°）

c \ X/m \ t/s	460	480	500	520	540	560	580	…
0.00	21 570	23 487	25 485	27 565	29 725	31 968	34 292	…
0.10	17 497	19 233	20 569	21 957	23 403	24 908	26 477	…
0.12	17 452	18 655	19 895	21 180	22 515	23 904	25 349	…
0.14	16 999	18 128	19 286	20 480	21 716	22 999	24 333	…
⋮	⋮	⋮	⋮	⋮	⋮	⋮	⋮	

表 3－4　地面火炮外弹道表（下册）示例

v_0/（m·s^{-1}） \ Q_{v_0}/m \ c	0.1	0.2	0.3	0.4	0.5	0.6	0.7	…
50	9.6	9.6	9.6	9.5	9.5	9.4	9.4	…
100	19.0	18.8	18.6	18.5	19.2	18.1	17.9	…
150	28.1	27.5	26.9	26.3	25.8	25.2	24.9	…
⋮	⋮	⋮	⋮	⋮	⋮	⋮	⋮	
注：Q_{v_0} 为初速变化 1 m/s 时的射程改变量。								

表 3-5 低伸弹道外弹道表示例

（$\theta_0=1°30'$）

v_0/(m·s^{-1}) X/m c	600	650	700	750	800	850	900	…
0	1 923	2 256	2 617	3 004	3 418	3 858	4 326	…
0.10	1 884	2 206	2 551	2 920	3 313	3 728	4 166	…
0.15	1 866	2 181	2 520	2 880	3 263	3 667	4 091	…
0.20	1 847	2 157	2 489	2 841	3 215	3 607	4 019	…
0.25	1 830	2 134	2 459	2 804	3 168	3 550	3 950	…
⋮	⋮	⋮	⋮	⋮	⋮	⋮	⋮	⋮

3.3 直射弹道特性

3.3.1 弹道刚性原理及炮－目高低角对瞄准角的影响

计算表明，在小射角条件下，射角的变化对弹道形状影响很小。小射角条件下，当射角逐渐增大时，弹道曲线像一个刚硬的弓弧一样被抬起，弹道的这一特性称为弹道刚性原理。这是一条很有用的规律，弹道的这种特性可以作如下理解。

在小射角情况下，沿全弹道$|\theta|$都很小，由速度坐标系内的质心弹道方程组可知，重力的分量$g\sin\theta$在$\mathrm{d}v/\mathrm{d}t$中只占很小的比例，因而θ_0的变化对速度变化规律影响很小。再观察方程组中$\mathrm{d}\theta/\mathrm{d}t=-g\cos\theta/v$，由于当$|\theta|$很小时$\cos\theta$随$\theta$的变化很小，所以当射角改变时$\mathrm{d}\theta/\mathrm{d}t$的变化也很小。由以上分析可知，当射角变化时，除了$\theta$的初值改变外，$v$和$\theta$的变化规律基本不变。因而当射角增大时，相当于整个弹道向上转过一个角度，而弹道形状基本上没有变化。

弹道的这一特性可以应用在很多方面。例如，当目标不在炮口水平面内时，设炮口至目标的连线与水平面的夹角（炮－目高低角）为ε，这时只需要将原来的射角（当目标在炮口水平面时所需要射角）加上ε作为新的射角即可命中目标（如果此射角仍很小）。射角与炮－目高低角之差称为瞄准角。根据以上所述可得出结论：在炮－目高低角和瞄准角都很小的条件下，炮－目高低角的变化对瞄准角基本没有影响。θ_0和ε越小，以上结论越精确；θ_0和ε越大，其误差将越大。弹道刚性原理还可用于解决对立靶射击的校正问题，现举例加以说明。

例：某炮在用射表所赋予的射角对射距$D=1\ 000$ m的立靶射击时，设平均弹着点高于靶心，高差$\Delta y=1.57$ m，试问将射角如何改变才能击中靶心？

解：从炮口至靶心的连线与从炮口至平均弹着点的连线之间的夹角为

$$\Delta\alpha = \arctan\frac{\Delta y}{D} = \arctan\frac{1.57}{1\,000} = 0.09^\circ = 1.5\ \text{mil}$$

如果将平均弹道向下转动$\Delta\alpha$，则平均弹着点即可与靶心重合。因此，只需要将射表所赋予的射角减小 1.5 mil 即可击中靶心。

需要着重指出的是：弹道刚性原理只适用于小射角条件。在炮－目高低角ε比较大时，由于不满足小射角条件，弹道刚性原理不再成立，此时必须对瞄准角作适当修正才能命中目标。

在分析炮－目高低角对瞄准角的影响时，可以把重力与炮－目连线的垂直分量看作重力与弹道垂直分量的平均值。在仰射条件下（$\varepsilon > 0^\circ$时），当炮－目高低角ε增大时此垂直分力的平均值减小，使弹道曲率减小（极端情况下，垂直向上发射时弹道为直线），因为在斜距离一定的条件下，ε越大，则α越小。在俯射条件下（$\varepsilon < 0^\circ$时），例如，当从山上向山下射击时，不仅由于重力与弹道垂直的分量减小使瞄准角减小，而且由于重力与弹道平行的分量与飞行速度方向相同，也能使弹道曲率减小。所以，在ε为负时，随着$|\varepsilon|$的增大，α减小得更快。表 3－6 是某无坐力炮在不同斜距离上瞄准角随炮－目高低角的变化情况。由表 3－6 可知，总的规律是α随$|\varepsilon|$的增大而减小，在ε为负值时α减小得更为明显。由表 3－6 还可以看出，$\varepsilon = 5^\circ$时的瞄准角与$\varepsilon = 0^\circ$时的瞄准角完全相等，说明在仰射条件下，$\varepsilon < 5^\circ$时弹道刚性原理成立。但是，当$\varepsilon < -5^\circ$时的瞄准角与$\varepsilon = 0^\circ$时的瞄准角并不完全相等，说明在俯射条件下弹道刚性原理适用的范围要更小些。

表 3－6　瞄准角随炮－目高低角的变化　　单位：mil

斜距离/m ＼ 瞄准角/（°）	30	20	10	5	0	－5	－10	－20	－30
100	5.8	6.3	6.7	6.8	6.8	6.8	6.7	6.3	5.7
300	21.0	22.8	23.8	24.1	24.1	23.9	23.6	22.4	20.4
500	38.1	41.1	42.8	43.1	43.1	42.7	42.1	39.8	36.3

3.3.2　直射射程与有效射程

直射射程是当最大弹道高度等于给定目标高度时的射程，又称为直射距离或直射程，如图 3－5 所示。对于反坦克武器而言，目标高度即坦克高度，一般取 2 m。对于步兵武器来说，目标高度一般取 0.65 m。

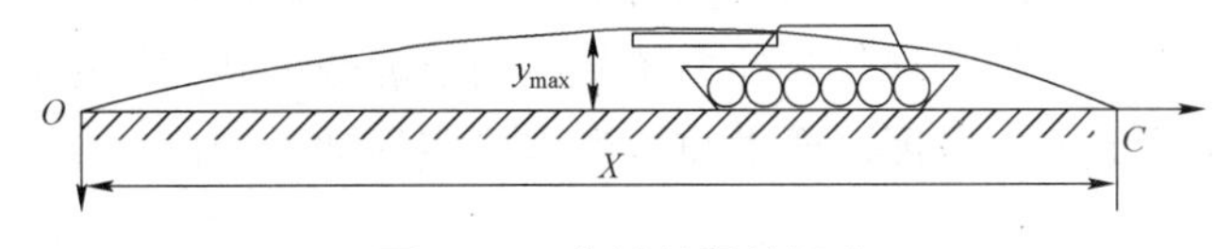

图 3－5　直射射程的概念

直射射程是衡量弹道平直程度的指标，或者说是衡量武器直射性能好坏的指标，直射射程的大小对于直接瞄准射击有重要意义。前面在分析影响高低散布的因素时曾指出，

初速和弹道系数的误差都是通过改变弹道曲率来影响高低散布的。弹道越直，也就是直射性能越好，则初速和弹道系数对高低散布的影响越小。此外，弹道直射性能越好，炮－目距离的测量误差造成的射击误差也越小。原因是在射程一定的条件下，弹道越直则落角$|\theta_C|$越小。炮－目距离测量误差Δx与其造成的高低误差Δy的关系，如图 3－6 所示，图中 A 点为目标位置，C 点为瞄准点，则

$$\Delta y = \Delta x \tan|\theta_C|$$

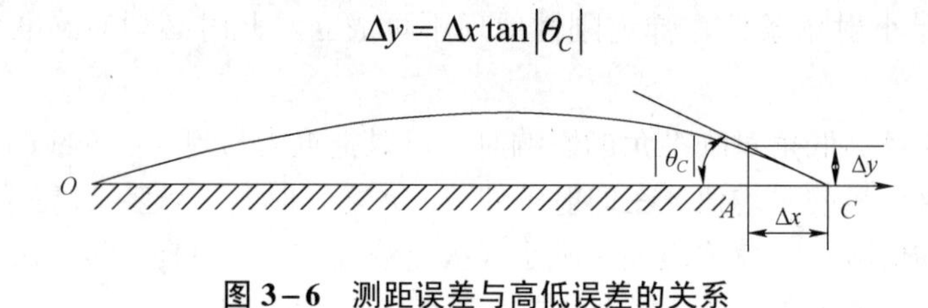

图 3－6　测距误差与高低误差的关系

总之，直射性能好对于减小立靶射击时的高低射击误差和高低散布都是有利的。

直射射程可以通过计算弹道得到，附表 9 为在给定初速和弹道系数下的直射射程，附表 10 为对应直射射程的射角。

下面说明直射射程与有效射程的关系：有效射程是指达到规定射击效力的射程；直射射程与有效射程是两个完全不同的概念。直射性能好时，可以减小测距误差对射击误差的影响，对提高有效射程能起一定作用。但是，直射射程的大小不能决定有效射程的大小。因为直射射程的大小只与初速和弹道系数有关，而影响有效射程的因素则是多方面的，包括武器的散布大小和直射性能好坏、射表与瞄准装置的误差大小、测距与测风误差的大小以及射手的操作水平等。所以，尽管有效射程与直射射程有一定的关系，但不可以将二者混为一谈。

3.4　外弹道解法

弹道方程组一般是一阶变系数联立方程组，一般来说只能用数值方法求得数值解，仅在一些特定条件下，经过适当的简化才能求得近似解析解。

弹道解法是有外弹道以来人们最关注的问题，也是外弹道学最基本的问题。几百年来，弹道工作者一直在不断地探索，在计算工具不发达的过去曾研究得出许多近似解法及适合人工计算的数值解法，如欧拉法、西亚切解法、格黑姆法等。

目前，用计算机数值求解弹道方程已不是难事，这使得过去弹道学中的一些近似解法逐渐失去作用。例如，过去常用的西亚切解法，由于它还要依赖于大篇幅的函数表，现在也显得无用。但是，随着现代火控系统从利用射表数据转向直接利用弹道数学模型实时计算确定射击诸元方向发展，要求弹道数学模型简洁而准确，使得某些近似解法在特定情况下又有了新的用途。

3.4.1　弹道表解法

在实际工作中，常希望能简便迅速地获得弹道诸元。如果事先将计算出的各种弹

道诸元编成表格，那么在需要时只需用表格查取，这将会给工作带来很大的方便，尤其是在过去计算工具不发达的年代，对这种表格的需求更为明显，因而出现了好几种弹道表。

高射炮外弹道表、地面火炮外弹道表和低伸弹道外弹道表，分别如表 3–2～表 3–5 所列。

利用高射炮外弹道表 3–2 可查得在不同 c、v_0、θ_0 下，弹道升弧上任意时刻的弹道诸元，如果 c、v_0、θ_0、t 不在弹道表的参数节点上，则需要采用多元直线插值的方法获取各弹道诸元。

利用地面火炮外弹道表 3–3，可求出各种地面火炮外弹道的落点诸元 X、T、v_C、θ_C 和最大弹道高 Y。利用表 3–4 还可查取由各种因素，如初速 v_0、射角 θ_0、弹道系数 c、气温、气压、纵风、横风等变化一个单位时，射程、侧偏和飞行时间的改变量，即修正系数或敏感因子。

在计算工具不发达的年代，这些弹道表在弹箭设计和射表编制中发挥了巨大的作用。目前，对于一些非弹道专业的工程技术人员和机关工作人员了解外弹道数据也是必要的工具之一。

3.4.2　弹道方程的数值解法

解常微分方程的数值方法有多种，本小节只介绍最常用的龙格–库塔法和阿当姆斯预报–校正法。

1. 龙格–库塔法

龙格–库塔法实质上是以函数 $y(x)$ 的泰勒级数为基础的一种改进方法。最常用的是 4 阶龙格–库塔法，对于微分方程组和初值，其计算公式为

$$\begin{cases} \dfrac{\mathrm{d}y_i}{\mathrm{d}t} = f_i \quad (t, y_1, y_2, \cdots, y_m) \\ y_i(t_0) = y_{i_0} \quad (i=1,2,\cdots,m) \end{cases} \tag{3–21}$$

若已知在点 n 处的值（$t_n, y_{1n}, y_{2n}, \cdots, y_{mn}$），则求点 $n+1$ 处的函数值的龙格–库塔公式为

$$y_{i,n+1} = y_{i,n} + \frac{1}{6}(k_{i1} + 2k_{i2} + 2k_{i3} + k_{i4})$$

式中

$$\begin{cases} k_{i1} = hf_i(t_n, y_{1n}, y_{2n}, \cdots, y_{mn}) \\ k_{i2} = hf_i\left(t_n + \dfrac{h}{2}, y_{1n} + \dfrac{k_{11}}{2}, y_{2n} + \dfrac{k_{21}}{2}, \cdots, y_{mn} + \dfrac{k_{m1}}{2}\right) \\ k_{i3} = hf_i\left(t_n + \dfrac{h}{2}, y_{1n} + \dfrac{k_{12}}{2}, y_{2n} + \dfrac{k_{22}}{2}, \cdots, y_{mn} + \dfrac{k_{m2}}{2}\right) \\ k_{i4} = hf_i(t_n + h, y_{1n} + k_{13}, y_{2n} + k_{23}, \cdots, y_{mn} + k_{m3}) \end{cases} \tag{3–22}$$

对于大多数实际问题，4 阶龙格–库塔法已经能够满足精度要求，它的截断误差与 h^5

成正比，因而h越小，精度越高。但是，积分步长过小，不仅会增加计算时间，而且会增大积累误差。

实际上，对于专业技术人员，常常根据计算经验选取步长，例如，用质点弹道方程计算弹道时，可取时间步长$h_t=0.01\sim0.1\,\mathrm{s}$；对于第 6 章所讲的刚体弹道方程，则时间步长$h_t$必须小于 0.005 s，否则计算发散。

龙格－库塔法不仅精度高，而且程序简单，改变步长方便。其缺点是每积分一步要计算 4 次右端函数，因而重复计算量很大。

2. 阿当姆斯预报－校正法

阿当姆斯预报－校正法属于多步法，用这种方法求解y_{n+1}时，需要知道y及$f(x,y)$在$t_n,t_{n-1},t_{n-2},t_{n-3}$各时刻的值，其计算公式有以下几种。

预报公式：

$$y_{n+1}=y_n+\frac{h}{24}(55f_n-59f_{n-1}+37f_{n-2}-9f_{n-3}) \tag{3-23}$$

校正公式：

$$y_{n+1}=y_n+\frac{h}{24}(9f_{n+1}+19f_n-5f_{n-1}+f_{n-2}) \tag{3-24}$$

利用阿当姆斯预报－校正法进行数值积分时，一般首先用龙格－库塔法自启动，计算出前三步的积分结果；然后再转入阿当姆斯预报－校正法进行迭代计算。这种方法既发挥了龙格－库塔法自启动的优势，又发挥了阿当姆斯法每步只计算一次右端函数，计算量小的优势，效果比较理想。

第4章 非标准条件时的弹箭质点弹道

4.1 非标准弹道条件时的弹箭质心运动微分方程

在射击时，由于实际条件不可能与射表的标准条件相同，为了准确地修正由此产生的误差，就要建立非标准条件时的弹箭质心运动微分方程组。

为了讨论非标准条件时的弹箭质心运动规律，就要抛弃原来的基本假设。但是，由于仍将弹箭当成一个质点来研究，所以应加上一条假设，即弹轴始终与相对速度矢量重合。这就说明了空气阻力与弹轴共线，弹箭的运动规律仍然和质点的运动规律一样。

非标准弹道条件主要包括初速、弹重和药温等。非标准弹道条件可折合成初速和弹道系数两个参量的变化问题。因此，可直接应用标准条件时的弹箭质心运动微分方程组，只不过决定空气弹道的三个参量 C_b、v_0、θ_0 中的 C_b 和 v_0，分别改为 $C_b+\Delta C_b$ 和 $v_0+\Delta v_0$。其中，ΔC_b 和 Δv_0 为非标准弹道条件时的折合量。

4.2 非标准气象条件时的弹箭质心运动微分方程

非标准气象条件主要包括气温、气压、纵风、横风、垂直风。

4.2.1 非标准条件时气温和气压的处理

气温、气压的变化包含在方程组中的密度函数 $H(y)$ 或气压函数 $\pi(y)$ 和声速上。对于气压函数 $\pi(y)$ 和密度函数 $H(y)$，当气温和气压均符合标准定律时，其表达式见前面章节。

当气温不符合标准条件时，设弹道温偏为 $\Delta\tau_v$，则气温随高度的变化规律满足如下标准分布：

$$\begin{cases}\tau_{v_0}=\tau_{v_0\text{n}}+\Delta\tau_v=288.9+\Delta\tau_v & (y=0\ \text{m})\\ \tau_{v_1}=\tau_{v_0}-G_1y & (0\ \text{m}<y\leqslant 9\,300\ \text{m})\\ \tau_{v_1}=\tau_{v_1}(y=9\,300)-G_1(y-9\,300)+B_1(y-9\,300)^2 & (9\,300\ \text{m}<y\leqslant 12\,000\ \text{m})\\ \tau_{v_1}=\tau_{v_1}(y=9\,300)-2\,700G_1+2\,700^2B_1 & (12\,000\ \text{m}<y\leqslant 30\,000\ \text{m})\end{cases}\tag{4-1}$$

式中：τ_{v_0} 为地面气温值；τ_{v_1} 为各高度处的不符合标准条件时的气温；$\tau_{v_1}(y=9\,300\text{ m})=\tau_{v_0}-9\,300G_1$，为 $y=9\,300$ m 处的气温。

当气温、气压不符合标准条件时，气压函数的表达式为

$$
\begin{cases}
\pi_1(y)=\dfrac{p_0}{p_{0\text{n}}}\left(1-\dfrac{G_1 y}{\tau_{v_0}}\right)^{g/(RG_1)} & (0\text{ m}\leqslant y\leqslant 9\,300\text{ m})\\
\pi_1(y)=\pi_1(y=9\,300)\exp\left[-\dfrac{2g}{R}\dfrac{1}{\sqrt{4A_1B_1-G_1^2}}\cdot\right. & \\
\left.\left(\arctan\dfrac{2B_1(y-9\,300)-G_1}{\sqrt{4A_1B_1-G_1^2}}+\arctan\dfrac{G_1}{\sqrt{4A_1B_1-G_1^2}}\right)\right] & (9\,300\text{ m}<y\leqslant 12\,000\text{ m})\\
\pi_1(y)=\pi_1(y=12\,000)\exp\left(-\dfrac{g}{R}\dfrac{y-12\,000}{\tau_{v_1}(y=12\,000)}\right) & (12\,000\text{ m}<y\leqslant 30\,000\text{ m})
\end{cases}
\tag{4-2}
$$

式中：p_0 为地面气压值；$\pi_1(y=9\,300)$、$\pi_1(y=12\,000)$ 分别为在 9 300 m 和 12 000 m 处气压函数的值；$\tau_{v_1}(y=12\,000)$ 为在 $y=12\,000$ m 处的气温值。

式（4－1）和式（4－2）中系数 A_1、B_1 和 G_1 的取值见第 1 章。

此时的空气密度函数用 $H_1(y)$ 表示，其计算公式为

$$H_1(y)=\pi_1(y)\frac{\tau_{v_0\text{n}}}{\tau_{v_1}} \tag{4-3}$$

同理，当气温不符合标准条件时，对应的声速也不符合标准条件，其计算公式为

$$c_1(y)=\sqrt{kR\tau_{v_1}} \tag{4-4}$$

所以，气温、气压在非标准条件时的弹道方程仍然可直接应用标准条件时的弹道方程进行计算，只不过以 $H_1(y)$ 代替 $H(y)$（或以 $\pi_1(y)$ 代替 $\pi(y)$）、以实际声速 c_1 代替标准声速 c_S 而已。

4.2.2 纵风、横风和垂直风的处理

1. 风速的分解

实际存在的风在地面坐标系 $Oxyz$ 中，可以看作一个空间矢量 $\boldsymbol{W}_\text{b}$，如图 4－1 所示。将 $\boldsymbol{W}_\text{b}$ 分解到对应坐标轴上，可得

$$\boldsymbol{W}_\text{b}=\boldsymbol{W}_x+\boldsymbol{W}_y+\boldsymbol{W}_z=W_x\boldsymbol{x}_0+W_y\boldsymbol{y}_0+W_z\boldsymbol{z}_0 \tag{4-5}$$

式中：$\boldsymbol{W}_x$ 为与 x 轴平行的风，称为纵风。纵风与 x 轴正向一致时称为顺风，此时 $W_x>0$，反之称为逆风，且 $W_x<0$。$\boldsymbol{W}_y$ 为与炮口水平面垂直的风。垂直的风从下往上吹（与 y 轴正向一致）时 $W_y>0$，反之，$W_y<0$。$\boldsymbol{W}_z$ 为与射击面垂直的风。垂直的风从左向右吹

时 $W_z > 0$，反之，$W_z < 0$。$\boldsymbol{x}_0$、$\boldsymbol{y}_0$、$\boldsymbol{z}_0$ 分别为 x 轴、y 轴和 z 轴的单位矢量。

引入弹道风的概念后，$\boldsymbol{W}_{\mathrm{b}}$、$\boldsymbol{W}_x$、$\boldsymbol{W}_y$ 和 $\boldsymbol{W}_z$ 分别为弹道风、弹道纵风、垂直弹道风和弹道横风。现实中风是随时、随地变化的，而弹道风在一次射击中则是恒定的。

2. 速度的分解

如图 4-2 所示，弹箭质心相对于空气的速度 $\boldsymbol{v}_{\mathrm{r}}$ 在坐标系 $Oxyz$ 上的分量用 $\boldsymbol{v}_{\mathrm{r}x}$、$\boldsymbol{v}_{\mathrm{r}y}$ 和 $\boldsymbol{v}_{\mathrm{r}z}$ 表示，则

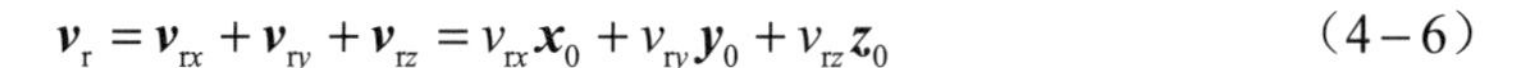

$$\boldsymbol{v}_{\mathrm{r}} = \boldsymbol{v}_{\mathrm{r}x} + \boldsymbol{v}_{\mathrm{r}y} + \boldsymbol{v}_{\mathrm{r}z} = v_{\mathrm{r}x}\boldsymbol{x}_0 + v_{\mathrm{r}y}\boldsymbol{y}_0 + v_{\mathrm{r}z}\boldsymbol{z}_0 \tag{4-6}$$

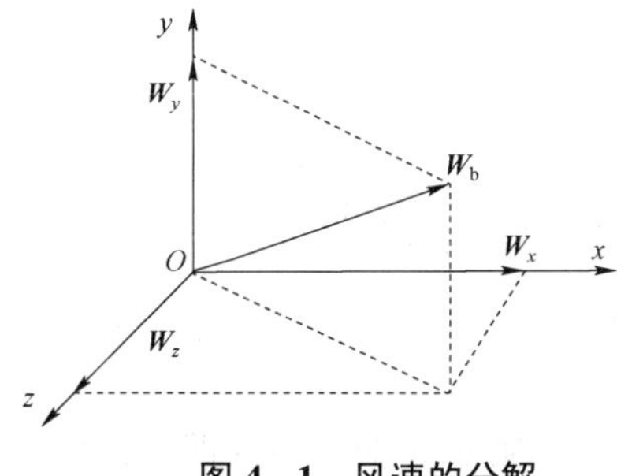

图 4-1　风速的分解

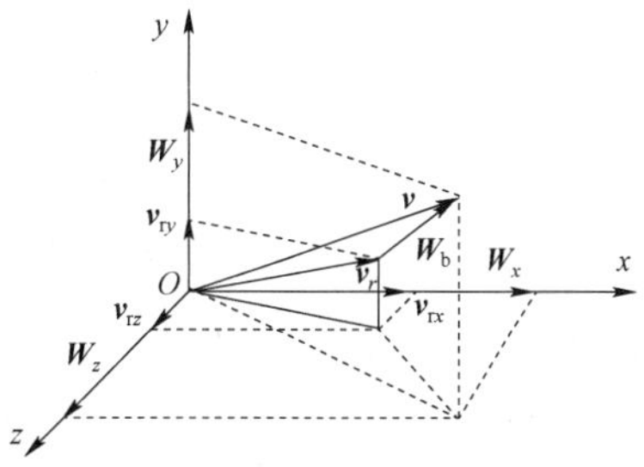

图 4-2　速度的分解

由速度合成定理可知弹箭相对于坐标系 $Oxyz$ 的飞行速度为

$$\boldsymbol{v} = \boldsymbol{v}_{\mathrm{r}} + \boldsymbol{W}_{\mathrm{b}} \tag{4-7}$$

则

$$\boldsymbol{v}_{\mathrm{r}} = \boldsymbol{v} - \boldsymbol{W}_{\mathrm{b}} \tag{4-8}$$

如果 $\boldsymbol{v}$ 在 x、y 和 z 轴上的分量用 v_x、v_y 和 v_z 表示时，可得 $\boldsymbol{v}_{\mathrm{r}}$ 在各轴上的分量为

$$\begin{cases} v_{\mathrm{r}x} = v_x - W_x \\ v_{\mathrm{r}y} = v_y - W_y \\ v_{\mathrm{r}z} = v_z - W_z \end{cases} \tag{4-9}$$

根据空气阻力加速度 $\boldsymbol{a}_x$ 和相对速度 $\boldsymbol{v}_{\mathrm{r}}$ 共线反向的假设，由图 4-2 可知

$$\boldsymbol{a}_x = -a_x \frac{v_x - W_x}{v_{\mathrm{r}}}\boldsymbol{x}_0 - a_x \frac{v_y - W_y}{v_{\mathrm{r}}}\boldsymbol{y}_0 - a_x \frac{v_z - W_z}{v_{\mathrm{r}}}\boldsymbol{z}_0 \tag{4-10}$$

注意：空气阻力加速度在有风（同时考虑气温和气压非标准）时的表达式为

$$a_x = -C_{\mathrm{b}} H_1(y) F(v_{\mathrm{r}}, C_1) = -C_{\mathrm{b}} H_1(y) G(v_{\mathrm{r}}, C_1) v_{\mathrm{r}} \tag{4-11}$$

将式（4-10）代入式（4-11），可得

$$\boldsymbol{a}_x = -C_{\mathrm{b}} H_1(y) G(v_{\mathrm{r}}, C_1)\left[(v_x - W_x)\boldsymbol{x}_0 + (v_y - W_y)\boldsymbol{y}_0 + (v_z - W_z)\boldsymbol{z}_0\right] \tag{4-12}$$

4.2.3　非标准气象条件时的弹箭质心运动微分方程

将式（4-12）代入弹箭质心运动的矢量方程式，并向地面坐标系 $Oxyz$ 各轴投影，可得考虑气象条件（包括气温、气压和风）非标准时的弹道方程为

$$\begin{cases}\dfrac{\mathrm{d}v_x}{\mathrm{d}t}=-C_\mathrm{b}H_1(y)G(v_\mathrm{r},C_1)(v_x-W_x)\\ \dfrac{\mathrm{d}v_y}{\mathrm{d}t}=-C_\mathrm{b}H_1(y)G(v_\mathrm{r},C_1)(v_y-W_y)-g\\ \dfrac{\mathrm{d}v_z}{\mathrm{d}t}=-C_\mathrm{b}H_1(y)G(v_\mathrm{r},C_1)(v_z-W_z)\\ \dfrac{\mathrm{d}x}{\mathrm{d}t}=v_x\\ \dfrac{\mathrm{d}y}{\mathrm{d}t}=v_y\\ \dfrac{\mathrm{d}z}{\mathrm{d}t}=v_z\\ v_\mathrm{r}=\sqrt{(v_z-W_x)^2+(v_y-W_y)^2+(v_z-W_z)^2}\end{cases} \tag{4-13}$$

积分初始条件为：$t=0$ 时，$v_x=v_{x0}=v_0\cos\theta_0$，$v_y=v_{y0}=v_0\sin\theta_0$，$v_z=v_{z0}=0$，$x_0=y_0=z_0=0$。

式（4－13）中气象条件中的气温和风既可用气象通报中的弹道温偏和弹道风代入计算，也可用真实的气象要素代入，最好采用真实气象要素（如计算机气象通报），以减小气象诸元误差，提高射击诸元精度。

4.3 非标准地形条件时的弹箭质心运动微分方程

4.3.1 考虑科氏效应时的弹箭质心运动微分方程

科氏加速度 $\boldsymbol{a}_{\mathrm{c0}}=2\boldsymbol{\Omega}\times\boldsymbol{v}$，而 $\boldsymbol{v}$ 在 $Oxyz$ 坐标系三轴上的分量分别为 v_x、v_y 和 v_z。所以，只要能把地球的自转角速度 $\boldsymbol{\Omega}$ 也分解到 x、y、z 轴上，问题也就解决了。

假设炮阵地位于纬度 $\varLambda$ 处，如图 4－3（a）所示，则 $O'O$ 连线的延长线即为 y 轴。

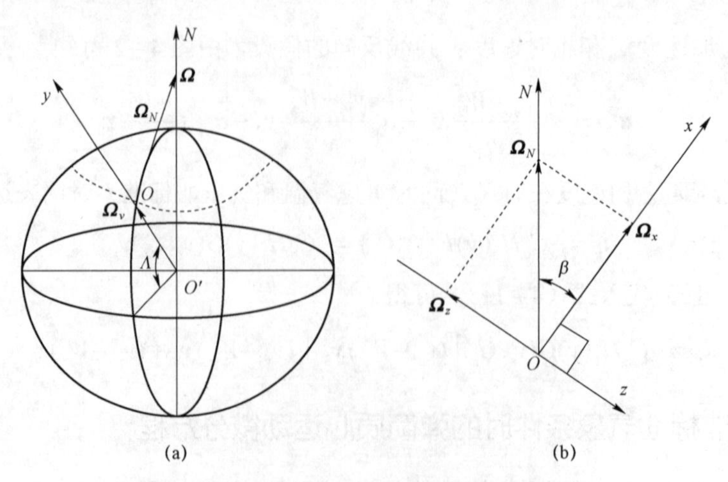

图 4－3　$\boldsymbol{\Omega}$ 的分解

（a）$\boldsymbol{\Omega}$ 分解为 $\boldsymbol{\Omega}_N$ 和 $\boldsymbol{\Omega}_y$；（b）$\boldsymbol{\Omega}_N$ 分解为 $\boldsymbol{\Omega}_x$ 和 $\boldsymbol{\Omega}_z$

过 O 点作地球的切平面，即炮口水平面 xOz。它和 y 轴与地球自转轴确定的平面交线为 ON。显然，从 O 点指向 N 点就是从炮阵地上画出的正北方向线。在炮口水平面上，若以 ON 线为基础，顺时针转动 β 角后正好就是 x 轴，则 z 轴和 ON 线的夹角就是 $\beta+90^\circ$，如图 4－3（b）所示。

如果把自转角速度 $\boldsymbol{\Omega}$ 在 y 轴和 ON 线上的分量记为 $\boldsymbol{\Omega}_y$ 和 $\boldsymbol{\Omega}_N$，则

$$\boldsymbol{\Omega}=\boldsymbol{\Omega}_y+\boldsymbol{\Omega}_N \tag{4-14}$$

为了求得 $\boldsymbol{\Omega}$ 在 x 轴和 z 轴上的分量 $\boldsymbol{\Omega}_x$ 和 $\boldsymbol{\Omega}_z$，需要把 $\boldsymbol{\Omega}_N$ 分解到 x 轴和 z 轴上，即

$$\boldsymbol{\Omega}_N=\boldsymbol{\Omega}_x+\boldsymbol{\Omega}_z \tag{4-15}$$

将式（4－15）代入（4－14）后，可得

$$\boldsymbol{\Omega}=\boldsymbol{\Omega}_x+\boldsymbol{\Omega}_y+\boldsymbol{\Omega}_z \tag{4-16}$$

由图 4－3 可得

$$\begin{cases}\Omega_y=\Omega\sin\Lambda\\ \Omega_N=\Omega\cos\Lambda\end{cases}$$

而

$$\begin{cases}\Omega_x=\Omega_N\cos\beta\\ \Omega_z=-\Omega_N\sin\beta\end{cases}$$

最后可得

$$\begin{cases}\Omega_x=\Omega\cos\Lambda\cos\beta\\ \Omega_y=\Omega\sin\Lambda\\ \Omega_z=-\Omega\cos\Lambda\sin\beta\end{cases} \tag{4-17}$$

则式（4－16）可写为

$$\boldsymbol{\Omega}=\Omega\cos\Lambda\cos\beta\boldsymbol{x}_0+\Omega\sin\Lambda\boldsymbol{y}_0-\Omega\cos\Lambda\sin\beta\boldsymbol{z}_0 \tag{4-18}$$

这样，科氏加速度在 x、y、z 轴上的分量可表示为

$$\begin{aligned}\boldsymbol{a}_{c0}=2\boldsymbol{\Omega}\times\boldsymbol{v}=2\Omega(v_z\sin\Lambda+v_y\cos\Lambda\sin\beta)\boldsymbol{x}_0-\\ 2\Omega(v_x\cos\Lambda\sin\beta+v_z\cos\Lambda\cos\beta)\boldsymbol{y}_0+2\Omega(v_y\cos\Lambda\sin\beta-v_x\sin\Lambda)\boldsymbol{z}_0\end{aligned} \tag{4-19}$$

式（4－19）表明，科氏加速度在某时刻 t 时是 C_b、v_0、θ_0、Λ 和 β 这 5 个参量的函数（只要其他条件确定）。

将式（4－19）代入式 $\mathrm{d}\boldsymbol{v}/\mathrm{d}t=\boldsymbol{a}_x+\boldsymbol{g}-\boldsymbol{a}_{c0}$，可得到仅考虑科氏效应时的弹箭质心运动微分方程组：

$$\begin{cases}\dfrac{\mathrm{d}v_x}{\mathrm{d}t}=-C_{\mathrm{b}}H(y)G(v,\mathrm{C})v_x-2\Omega(v_z\sin\Lambda+v_y\cos\Lambda\sin\beta)\\ \dfrac{\mathrm{d}v_y}{\mathrm{d}t}=-C_{\mathrm{b}}H(y)G(v,\mathrm{C})v_y-g+2\Omega(v_x\cos\Lambda\sin\beta+v_z\cos\Lambda\cos\beta)\\ \dfrac{\mathrm{d}v_z}{\mathrm{d}t}=-C_{\mathrm{b}}H(y)G(v,\mathrm{C})v_z-2\Omega(v_y\cos\Lambda\cos\beta-v_x\sin\Lambda)\\ \dfrac{\mathrm{d}x}{\mathrm{d}t}=v_x\\ \dfrac{\mathrm{d}y}{\mathrm{d}t}=v_y\\ \dfrac{\mathrm{d}z}{\mathrm{d}t}=v_z\\ v=\sqrt{v_x^2+v_y^2+v_z^2}\end{cases} \tag{4-20}$$

4.3.2 考虑地球表面曲率和重力加速度变化时的弹箭质心运动微分方程

在标准地形条件中，假设地表面为平面，而实际情况并非如此。目前，对射程不大的常规火炮而言，射击时不予修正。但是，随着科学技术的发展，火炮射程增大，这一假设所产生的误差将会随着火炮射程的增大而增大，直到达到不能忽略的地步。

计算地表曲率时，应选择一个坐标系，如图 4-4 所示。

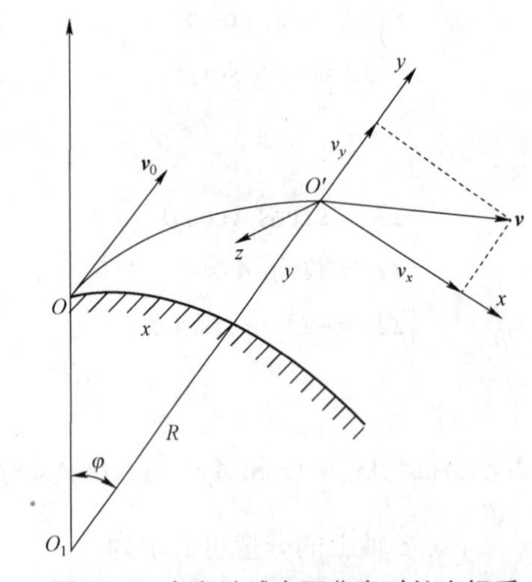

图 4-4　考虑地球表面曲率时的坐标系

设 O_1 为地心，O 为射出点，O' 为弹道上任意一点即弹箭在飞出炮口后某一时刻的质心位置。取 O_1O' 连线的延长线为 y 轴，$O'x$ 轴与 $O'y$ 轴垂直，$O'z$ 轴按右手法则确定。动坐标系在弹箭飞出炮口 t 秒内旋转角度为 φ，动坐标系的旋转角速度为 $\dot{\varphi}$，v_x 和 v_y 为 $\boldsymbol{v}$ 在动坐标系 $O'x$ 轴和 $O'y$ 轴上的分量，即

$$\boldsymbol{v}=v_x\boldsymbol{x}_0+v_y\boldsymbol{y}_0 \tag{4-21}$$

式中：$\boldsymbol{x}_0$ 和 $\boldsymbol{y}_0$ 分别为 x 轴和 y 轴的单位矢量。

对式（4－21）求导，可得

$$\frac{\mathrm{d}\boldsymbol{v}}{\mathrm{d}t}=\frac{\mathrm{d}v_x}{\mathrm{d}t}\boldsymbol{x}_0+\frac{\mathrm{d}\boldsymbol{x}_0}{\mathrm{d}t}v_x+\frac{\mathrm{d}v_y}{\mathrm{d}t}\boldsymbol{y}_0+\frac{\mathrm{d}\boldsymbol{y}_0}{\mathrm{d}t}v_y \tag{4－22}$$

由矢量导数的性质（科里奥利公式），可知

$$\begin{cases}\dfrac{\mathrm{d}x_0}{\mathrm{d}t}=\dot{\boldsymbol{\varphi}}\times\boldsymbol{x}_0\\[2mm]\dfrac{\mathrm{d}y_0}{\mathrm{d}t}=\dot{\boldsymbol{\varphi}}\times\boldsymbol{y}_0\end{cases} \tag{4－23}$$

式中

$$\dot{\boldsymbol{\varphi}}=-\dot{\varphi}\boldsymbol{z}_0 \tag{4－24}$$

将式（4－23）代入式（4－22）并计及式（4－24），可得

$$\frac{\mathrm{d}\boldsymbol{v}}{\mathrm{d}t}=\left(\frac{\mathrm{d}v_x}{\mathrm{d}t}+\dot{\varphi}v_x\right)\boldsymbol{x}_0+\left(\frac{\mathrm{d}v_y}{\mathrm{d}t}-\dot{\varphi}v_y\right)\boldsymbol{y}_0 \tag{4－25}$$

根据弹箭质心运动矢量方程并结合式（4－25），可得

$$\left(\frac{\mathrm{d}v_x}{\mathrm{d}t}+\dot{\varphi}v_x\right)\boldsymbol{x}_0+\left(\frac{\mathrm{d}v_y}{\mathrm{d}t}-\dot{\varphi}v_y\right)\boldsymbol{y}_0=\boldsymbol{a}_x+\boldsymbol{g} \tag{4－26}$$

为了消去式（4－26）中 $\dot{\varphi}$，从图 4－4 可得

$$\begin{cases}\dot{\varphi}=\dfrac{v_x}{R+y}\\[2mm]\dot{x}=\dot{\varphi}R\end{cases} \tag{4－27}$$

重力加速度随纬度和高度的变化而变化，由第 1 章中公式，同时考虑纬度和高度变化时，重力加速度的表达式为

$$g_1=9.78\times(1+0.005\,29\sin^2\varLambda)\cdot\frac{R^2}{(R+y)^2} \tag{4－28}$$

将式（4－26）向 x 轴和 y 轴投影并考虑式（4－27）和式（4－28）后，可得所需要的微分方程组：

$$\begin{cases}\dfrac{\mathrm{d}v_x}{\mathrm{d}t}=-C_\mathrm{b}H(y)G(v,C)v_x-\dfrac{v_xv_y}{R+y}\\[2mm]\dfrac{\mathrm{d}v_y}{\mathrm{d}t}=-C_\mathrm{b}H(y)G(v,C)v_y-\dfrac{v_x^2}{R+y}-g_1\\[2mm]\dfrac{\mathrm{d}x}{\mathrm{d}t}=v_x\dfrac{R}{R+y}\\[2mm]\dfrac{\mathrm{d}y}{\mathrm{d}t}=v_y\\[2mm]v=\sqrt{v_x^2+v_y^2}\end{cases} \tag{4－29}$$

积分初始条件为：$t=0$ 时，$v_x=v_{x0}=v_0\cos\theta_0$，$v_y=v_{y0}=v_0\sin\theta_0$，$x_0=y_0=0$。

4.4 考虑所有非标准条件时的弹箭质心运动微分方程

综合考虑 4.1～4.3 节的内容，可得同时考虑所有非标准条件，即非标准弹道条件、非标准气象条件和非标准地形条件时的弹箭运动微分方程组：

$$
\begin{cases}
\dfrac{\mathrm{d}v_x}{\mathrm{d}t} = -(C_\mathrm{b}+\Delta C_\mathrm{b})H_1(y)G(v_r,C_1)(v_x-W_x) - 2\Omega(v_z\sin\Lambda + v_y\cos\Lambda\sin\beta) - \dfrac{v_x v_y}{R+y} \\
\dfrac{\mathrm{d}v_y}{\mathrm{d}t} = -(C_\mathrm{b}+\Delta C_\mathrm{b})H_1(y)G(v_r,C_1)(v_y-W_y) + 2\Omega(v_x\cos\Lambda\sin\beta + v_z\cos\Lambda\cos\beta) - \dfrac{v_x^2}{R+y} - g_1 \\
\dfrac{\mathrm{d}v_z}{\mathrm{d}t} = -(C_\mathrm{b}+\Delta C_\mathrm{b})H_1(y)G(v_r,C_1)(v_z-W_z) - 2\Omega(v_y\cos\Lambda\cos\beta - v_x\sin\Lambda) \\
\dfrac{\mathrm{d}x}{\mathrm{d}t} = v_x\dfrac{R}{R+y} \\
\dfrac{\mathrm{d}y}{\mathrm{d}t} = v_y \\
\dfrac{\mathrm{d}z}{\mathrm{d}t} = v_z \\
v_\mathrm{r} = \sqrt{(v_x-W_x)^2+(v_y-W_y)^2+(v_z-W_z)^2}
\end{cases}
\tag{4-30}
$$

积分初始条件为：$t=0$ 时，$v_x=v_{x0}=(v_0+\Delta v_0)\cos\theta_0$，$v_y=v_{y0}=(v_0+\Delta v_0)\sin\theta_0$，$v_z=v_{z0}=0$，$x_0=y_0=z_0=0$。

只要把实际的弹道条件、气象条件和地形条件代入式（4－30）并积分，就能求出相应的弹道诸元，其修正量的计算问题也随之解决。但是，当目标不在炮口水平面上时，一般需要进行 2～3 次积分后，才能求出散布中心通过目标的弹道诸元。

第5章
非标准条件对弹箭飞行的影响

5.1 概　　述

本章主要讨论影响弹道的诸因素，定性地认识外弹道学中一些现象和规律，同时初步分析射击中产生散布和射击误差的原因。

影响弹道的因素很多，每个因素中又包括随机部分和系统部分。随机部分对每发弹的影响各不相同，造成弹着点的散布；系统部分可以改变平均弹着点的位置，造成系统的弹道偏差。系统的弹道偏差可以利用射表中的修正量表进行修正，但由于这些引起系统偏差的因素不可能精确预测，有些甚至根本无法预测，加之修正的不够精确，因而使修正后的平均弹着点仍偏离目标中心，造成射击误差。

在标准条件下影响射程的因素有射角、初速和弹道系数，以及气温、气压、纵风等。

影响侧偏的有横风和跳角的横向分量，此外由于弹箭的高速旋转也将产生侧偏。

科氏惯性力对射程和侧偏都可能产生影响，在相同射击条件下它对每发弹的影响都相同，不会产生散布。科氏惯性力对弹道只产生很小的、系统的影响，而且可以利用射表进行修正，所以可以认为它不会产生射击误差。

火箭弹道的特点是有主动段。在前述的质心弹道中，主动段弹道是在理想条件下计算的，即假设攻角恒为0°。实际上由于各种干扰因素的作用，实际弹道与理想弹道有一定的差异。这一差异主要表现在主动段终点的速度方向与理想弹道之间有一个夹角，此夹角称为偏角。由于偏角的随机性很大，因而使弹箭产生散布，在研究散布时应考虑偏角的影响。

5.2　射角对弹箭飞行的影响

5.2.1　射角对射程的影响及最大射程角

随着射角的增大，射程将逐渐增大；当射程增大到某一数值后，射角继续增大时射程将逐渐减小，极值点对应的射程称为最大射程。图5－1给出了初速为930 m/s，弹道系数为0.471的射程曲线。最大射程是武器的重要性能指标之一，与最大射程X_{max}对应的射角，以$\theta_{0X_{max}}$表示。最大射程和最大射角都是初速和弹道系数的函数，附表11和附

表 12 分别列出了最大射程、最大射角与弹道系数、初速的关系，这些表是根据 43 年阻力定律编制的，可供参考。

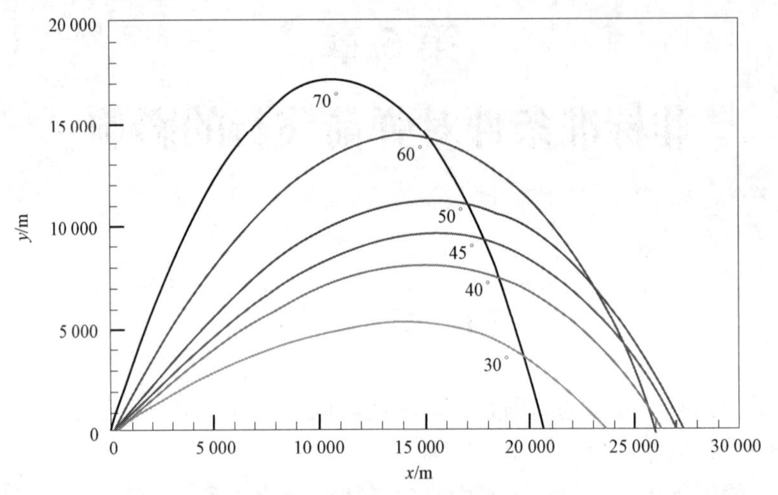

图 5-1　射程与射角的关系

图 5-2 为各种口径枪（炮）弹的最大射角曲线。真空弹道（弹道系数 $c=0$ 时）的最大射角永远是 45°，当弹道系数和初速都很小时，空气阻力对弹道影响很小，最大射角接近 45°，随着初速和弹道系数的增大，最大射角逐渐减小；但是，当初速很大时，最大射角又逐渐增大，甚至大于 45°。这是由于初速很大时，弹箭可以很快穿过稠密的大气层到达近似真空的高空，此时只有射角大于 45° 时，达到近似真空的高空时其弹道倾角才能近似等于 45°。

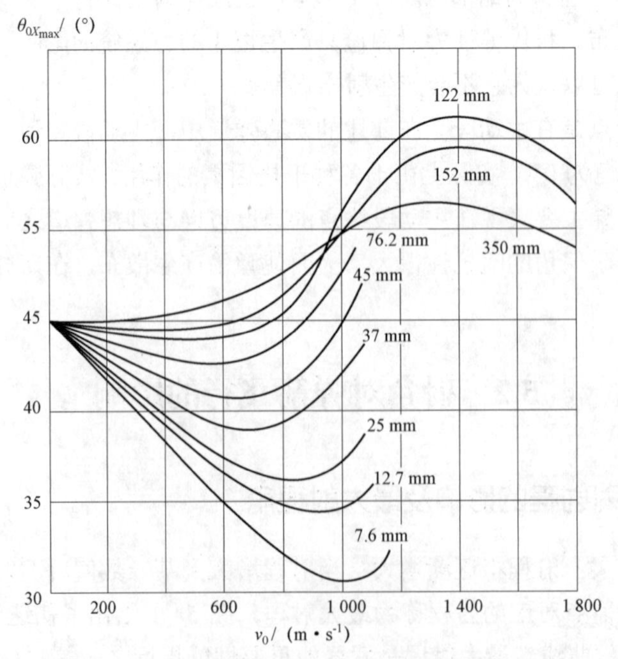

图 5-2　各种口径枪（炮）弹的最大射角曲线

5.2.2　射程对射角的敏感程度

在不同的射角下，射程对射角变化的敏感程度是不同的。由图 5－2 可以看出，在最大射角附近 $X-\theta_0$ 曲线的斜率很小，此时射角误差对弹道影响很小。相反，在射角接近 0° 或 90° 时，曲线的斜率很大，此时射角的微小变化可以引起较大的射程变化。射程对射角的偏导数 $\partial X/\partial\theta_0$（$X-\theta_0$ 曲线的斜率）称为射程对射角的敏感因子，或射程对射角的修正系数，用 Q_{θ_0} 表示。Q_{θ_0} 是 c、v_0 和 θ_0 的函数，有了这三个量即可通过弹道计算，或查《地面火炮外弹道表》得到 Q_{θ_0} 值，表中数值为当射角变化 $1'$ 时射程的变化量。为了具体说明 Q_{θ_0} 的变化规律，表 5－1 列出了 Q_{θ_0} 的部分数值。从表 5－1 可以看出，小射角时 Q_{θ_0} 的数值都比较大，因此，小射角射击时射角误差引起的散布和射击误差都很大。

表 5－1　射程对射角的敏感因子 Q_{θ_0}

θ_0/(°)	$c_{43}=0.4$						$c_{43}=0.8$					
v_0/(m·s^{-1})	5	15	30	45	60	70	5	15	30	45	60	70
200	2.3	1.9	1.0	−0.04	−1.1	−1.7	2.2	1.8	0.9	−0.07	−0.99	−1.5
600	13.3	7.1	3.9	0.34	−4.6	−7.9	9.4	5.1	2.5	−0.17	−3.4	−5.5
1 000	24.3	11.3	7.5	3.8	−6.1	−16.2	13.9	6.4	3.6	0.36	−4.7	−8.8
1 400	31.6	16.6	19.3	17.5	−11.7		16.0	7.9	5.3	3.1	−3.8	

以上规律在实践中分析问题时经常被用到。例如，在小射角下根据实测射程反求弹道系数时，所得的弹道系数离散程度往往很大，有时甚至出现负值。其原因在于小射角时射角误差对射程影响过大，将此射程误差归入弹道系数便会导致过大的弹道系数误差。因此，这样测得的弹道系数是没有意义的。

火箭主动段偏角纵向分量的作用与射角误差相似，当火箭以小射角射击时将会产生很大的射程散布，以致很难命中目标。为此，对近距离目标射击时，为了避免使用小射角，有时采用在火箭弹头部加阻力环的办法故意增大其空气阻力，这样便可改用大射角对近距离目标射击。由于射角增大，故能使射程散布大幅度减小。

5.3　弹道系数对弹箭飞行的影响

从弹道系数的定义$\left(c=\dfrac{id^2}{m}\times10^3\right)$来看，似乎口径 d 越大，弹道系数越大。其实不然，随着口径的增大，弹箭质量必然同时增大，而且增大得更多。对于同种类型的弹箭（如同为穿甲弹），弹箭质量近似与 d^3 成正比，所以当口径增大时，弹道系数定义式的分母比分子增大得更多，因而口径越大，弹道系数越小。对于不同类型弹箭，以上规律不能永远成立，但大体上还是对的。例如，枪弹，因为其口径很小，弹道系数很大，尽管其初速很大，但射程仍然很近。这并非因为枪弹所受的空气阻力大，而是其空气阻力加速度大的缘故。

在不同初速和射角下，射程对弹道系数的敏感程度也是不同的，表 5－2 列出了不同初速和射角下的射程对弹道系数的敏感因子（或称修正系数）$Q_{\delta c/c}$，即当弹道系数变化 1% 时射程增量的绝对值。斜线下为其与对应射程的相对值的百分数，即 $100\times Q_{\delta c/c}/X$。由表 5－2 中数值可以看出，在小射角下，$Q_{\delta c/c}$ 及其相对值都比较小，这是因为弹道系数是通过改变弹箭速度来影响弹道的，而它改变弹箭速度需要一段时间。在小射角时，由于飞行时间很短，弹道系数尚未来得及充分发挥作用，因而对弹道影响小。当射角增大时，$Q_{\delta c/c}$ 逐渐增大，在超过某一个射角后 $Q_{\delta c/c}$ 有所减小，但其相对值仍在继续增大。只有在初速和射角都很大时，其相对值才有所下降（表 5－2 的右下角）。原因是在此情况下弹道很高，很大一部分弹道是在稀薄空气中，因而空气阻力的影响变小。但是，在实际中这种情况是很少出现的，如此高速的火炮一般不会在很大射角下射击。随着初速的增大，空气阻力的影响增大，$Q_{\delta c/c}$ 及其相对值将很快增大。

表 5－2　射程对弹道系数的敏感因子 $Q_{\delta c/c}$

θ_0/(°) \ v_0/(m·s^{-1})	$c_{43}=0.4$					
	5	15	30	45	60	70
200	0.1/0.01	0.8/0.04	2.2/0.07	3.0/0.08	2.7/0.08	2.0/0.08
600	10.3/0.20	39.7/0.37	61.2/0.39	75.0/0.42	71.9/0.46	55.6/0.46
1 000	39.7/0.35	121/0.58	207/0.71	291/0.85	289/0.85	224/0.82
1 400	81.7/0.47	214/0.70	436/0.95	702/1.10	653/1.00	—
θ_0/(°) \ v_0/(m·s^{-1})	$c_{43}=0.8$					
	5	15	30	45	60	70
200	0.2/0.03	1.4/0.07	3.6/0.12	5.0/0.14	4.5/0.15	3.3/0.15
600	13.4/0.32	33.6/0.41	54.1/0.47	66.3/0.52	61.2/0.55	47.0/0.55
1 000	42.2/0.50	84.1/0.61	121/0.66	149/0.74	157/0.86	132/0.92
1 400	73.8/0.61	133/0.72	195/0.80	281/1.00	384/1.34	—

5.4　初速对弹箭飞行的影响

射程随初速的增大而增大，在不同的弹道条件下其敏感程度有所不同。表 5－3 列出了在不同初速和射角下，射程对初速的敏感因子 Q_{v_0}，即初速变化 1 m/s 时射程的增量，斜线下为其相对量（$100\times Q_{v_0}/X$）。从表中可以看出，Q_{v_0} 随射角增大而增大，大射角时略有减小，但其相对量变化不大；随着弹道系数的减小，Q_{v_0} 及其相对量都将增大，这说明阻力影响减小后射程对初速将更敏感。由此可知，对于底部排气弹，如果不能减小初速的概率误差，则初速引起的射程散布必然很大。

表 5－3　射程对初速的敏感因子 Q_{v_0}

θ_0 /(°) \ v_0 /(m·s^{-1})	$c_{43}=0.4$					
	5	15	30	45	60	70
200	6.9/0.99	18.8/0.96	30.8/0.93	34.6/0.92	29.8/0.92	22.2/0.92
600	14.2/0.28	24.6/0.23	29.9/0.19	33.7/0.19	32.3/0.20	25.6/0.21
1 000	16.3/0.14	25.2/0.12	37.8/0.13	57.0/0.17	65.1/0.19	55.5/0.20
1 400	15.1/0.09	23.0/0.08	46.6/0.10	91.7/0.14	102/0.15	
θ_0 /(°) \ v_0 /(m·s^{-1})	$c_{43}=0.8$					
	5	15	30	45	60	70
200	6.7/0.97	17.5/0.93	27.4/0.89	29.9/0.86	25.6/0.86	19.2/0.86
600	10.3/0.24	14.4/0.18	16.8/0.14	18.2/0.15	16.5/0.15	12.9/0.15
1 000	10.2/0.12	13.0/0.09	16.2/0.09	19.3/0.09	20.6/0.11	17.3/0.12
1 400	8.5/0.07	10.8/0.06	14.8/0.06	21.7/0.08	32.3/0.11	

5.5　气象条件对弹箭飞行的影响

气压直接影响空气密度，而且两者成正比关系。由空气阻力加速度的一般表达式可知，空气密度和弹道系数对空气阻力加速度的影响是相同的。可以证明，射程对地面气压的敏感因子与 $Q_{\delta c/c}$ 完全相同，$Q_{\delta c/c}$ 也可以当成当地面气压变化 1%时射程的变化量。

射程对纵风的敏感因子 Q_{w_x} 及射程对横风的敏感因子 Q_{w_z} 的变化规律与 $Q_{\delta c/c}$ 相似，即在小射角时，Q_{w_x}、Q_{w_z} 及其相对值都比较小；当射角增大时，Q_{w_x} 和 Q_{w_z} 逐渐增大；在超过某一个射角时，Q_{w_x}、Q_{w_z} 有所减小，但其相对值仍继续增大，只有在初速和射角都很大时其相对值才有所下降。它们与 $Q_{\delta c/c}$ 相似并非偶然，原因在于纵风和横风都是通过改变空气阻力加速度的大小或方向来影响弹道的。表 5－4 和表 5－5 分别列出了 Q_{w_x} 和 Q_{w_z} 的数值，斜线下为与对应射程的相对值。由表可以看出，一般情况下，Q_{w_x} 和 Q_{w_z} 皆随弹道系数增大而增大；只有在个别情况下才略有减小，但其相对值仍是增大的。

表 5－6 列出了射程对气温的敏感因子 Q_τ 的数值。气温一方面通过改变空气密度影响弹道；另一方面又通过改变声速和阻力系数影响弹道，且在 $C_{x_0}-Ma$ 曲线的上升段和下降段其影响又不相同，所以 Q_τ 的变化规律较为复杂。不过由于空气密度的变化还是起主导作用的，所以 Q_τ 总的变化规律与 $Q_{\delta c/c}$ 相似。只有在初速和射角都比较大的情况下才

偶尔出现负值，这种情况在实际中很少遇见。

表 5-4　射程对纵风的敏感因子 Q_{w_x}

v_0 /（m·s⁻¹）\ θ_0 /（°）	$c_{43}=0.4$					
	5	15	30	45	60	70
200	0	0.7/0.04	2.1/0.06	3.1/0.08	3.4/0.11	2.9/0.12
600	2.5/0.05	13.8/0.13	32.9/0.21	43.3/0.25	41.6/0.26	36.6/0.30
1 000	6.7/0.06	25.8/0.12	50.6/0.17	67.3/0.20	71.3/0.21	62.4/0.23
1 400	12.1/0.07	38.7/0.13	73.3/0.16	95.0/1.15	88.9/0.13	
v_0 /（m·s⁻¹）\ θ_0 /（°）	$c_{43}=0.8$					
	5	15	30	45	60	70
200	0.1/0.01	1.3/0.07	3.7/0.12	5.6/0.16	6.0/0.20	5.2/0.23
600	3.9/0.09	17.5/0.21	34.2/0.34	43.4/0.34	44.3/0.40	41.7/0.49
1 000	8.4/0.10	26.1/0.19	47.5/0.26	62.9/0.31	70.0/0.38	69.4/0.49
1 400	12.9/0.11	34.3/0.19	60.5/0.25	85.1/0.30	97.4/0.34	

表 5-5　射程对横风的敏感因子 Q_{w_z}

v_0 /（m·s⁻¹）\ θ_0 /（°）	$c_{43}=0.4$					
	5	15	30	45	60	70
200	0	0.3/0.02	1.0/0.03	1.7/0.05	2.1/0.06	2.1/0.09
600	1.6/0.03	8.3/0.08	17.6/0.11	24.1/0.14	28.1/0.18	29.3/0.24
1 000	4.4/0.04	18.5/0.09	36.9/0.13	49.9/0.15	54.3/0.16	54.4/0.20
1 400	7.8/0.04	27.9/0.09	52.1/0.11	64.4/0.10	67.6/0.10	
v_0 /（m·s⁻¹）\ θ_0 /（°）	$c_{43}=0.8$					
	5	15	30	45	60	70
200	0.1/0.01	0.6/0.03	1.8/0.06	3.0/0.09	3.7/0.12	3.8/0.17
600	2.5/0.06	9.6/0.12	19.3/0.17	27.0/0.21	32.3/0.29	34.1/0.40
1 000	5.9/0.07	18.9/0.14	34.2/0.19	47.2/0.23	57.4/0.31	61.9/0.43
1 400	9.3/0.08	26.1/0.14	46.6/0.19	66.6/0.24	80.5/0.28	

表 5-6　射程对气温的敏感因子 Q_τ

v_0/(m·s^{-1}) \ θ_0/(°)	$c_{43}=0.4$					
	5	15	30	45	60	70
200	0	0.3/0.02	0.7/0.02	1.0/0.03	0.9/0.03	0.6/0.02
600	2.7/0.05	11.8/0.11	23.0/0.15	26.0/0.15	21.0/0.13	14.9/0.12
1 000	10.9/0.10	28.6/0.14	35.3/0.12	20.3/0.06	4.5/0.01	-1.9/0.007
1 400	24.4/0.14	50.0/0.16	46.1/0.10	1.1/0.002	-10.6/0.02	
v_0/(m·s^{-1}) \ θ_0/(°)	$c_{43}=0.8$					
	5	15	30	45	60	70
200	0.1/0.01	0.5/0.03	1.2/0.04	1.7/0.05	1.5/0.05	1.0/0.04
600	3.8/0.09	13.5/0.16	22.7/0.20	25.1/0.20	21.4/0.19	16.0/0.19
1 000	11.4/0.14	25.2/0.18	35.2/0.19	36.5/0.18	27.7/0.15	19.6/0.14
1 400	21.5/0.18	37.9/0.20	48.9/0.20	44.9/0.16	21.3/0.07	

5.6　地形条件对弹箭飞行的影响

表 5-7～表 5-9 是以 59-1 式 130 mm 加农炮为例，分别考虑重力加速度随纬度和弹道高度变化，以及考虑地球曲率变化时，射角对射程的影响（与射表对照）。

表 5-7　考虑重力加速度随纬度变化时射角对射程的影响

海拔/m	药号	射角/（°）	表定射程/m	纬度/（°）				
				10	20	30	40	50
0	全	5	9 843	11.9	8.9	4.3	-1.2	-7.2
		25	22 168	20.8	15.5	7.6	-2.2	-12.6
		50	27 468	31.3	23.5	11.5	-3.3	-18.9
	四	5	3 814	5.5	4.1	2.0	-0.6	-3.3
		25	11 045	13.6	10.2	5.0	-1.4	-8.2
		45	13 539	16.3	12.2	6.0	-1.7	-9.8
4 500	全	5	11 358	15.7	11.8	5.8	-1.6	-9.4
		25	30 338	33.2	24.9	12.1	-3.5	-20.1
		45	41 653	62.7	47.0	23.0	-6.5	-37.7

续表

海拔/m	药号	射角/（°）	表定射程/m	纬度/（°）				
				10	20	30	40	50
4 500	四	5	4 153	6.5	4.9	2.4	−0.7	−4.0
		25	12 799	16.4	12.3	6.0	−1.7	−9.9
		45	16 047	21.2	15.9	7.8	−2.2	−12.8

表 5－8　考虑重力加速度随弹道高度变化时射角对射程的影响

海拔/m	射角/（°）	全号装药		四号装药	
		表定射程/m	偏差/m	表定射程/m	偏差/m
0	5	9 843	0.4	3 814	0
	25	22 168	10.0	11 045	2.8
	50（全）、45（四）	27 468	37.9	13 539	8.6
4 500	5	11 358	12.6	4 153	5.1
	25	30 338	44.6	12 799	16.3
	45	41 653	141.7	16 047	28.9

表 5－9　考虑地球曲率时射角对射程的影响

海拔/m	射角/（°）	全号装药		四号装药	
		表定射程/m	偏差/m	表定射程/m	偏差/m
0	5	9 843	56.4	3 814	10.1
	25	22 168	16.6	11 045	8.5
	50（全）、45（四）	27 468	−45.2	13 539	−10.4
4 500	5	11 358	78.1	4 153	10.1
	25	30 338	21	12 799	2.7
	45	41 653	−120.8	16 047	−22.6

从表 5－7～表 5－9 中数据可以看出：

（1）由于重力加速度的影响，射程从低纬度到高纬度之间，有稍许减少趋势。海拔越高，此趋势越加显著；射角越大，此趋势越显著。

（2）如果考虑地球曲率的影响，随着射角的增大，弹道的偏差从正值减小至负值。海拔越高，此趋势越明显。

第6章 弹箭有攻角飞行时的气动力特性

6.1 概　　述

要想掌握弹箭的运动规律，就得建立相应的弹箭动力学方程组。在建立动力学方程时，必须知道作用在弹箭上的力和力矩。为了使研究的问题得以简化，下面只介绍无风条件下的力和力矩。

作用在弹箭上的力和力矩有以下几种：

（1）地球对弹箭的作用力。当人们在地表面上来研究的话，那就是重力G，其方向和y轴负向一致。

（2）空气对弹箭的作用力和力矩。

（3）如果在火箭主动段上，则还有发动机工作时产生的火箭推力、喷管导转力矩及推力偏心力矩等。

（4）当然，还有科氏惯性力F_{k0}。由于它的数值很小，且在质点弹道学中讨论过了，这里不再重复。如果需要，可以用运动叠加原理处理。

6.2 弹箭有攻角飞行时的空气动力和空气动力矩

前面研究了弹箭以零攻角($\delta=0°$)飞行时的受力情况，此时空气对弹箭作用的合力与弹轴重合。在有攻角的情况下，空气对弹箭作用的合力R既不与弹轴平行也不与速度方向平行，它与弹轴相交于P点（图6-1），此点称为压力中心，简称压心。根据弹箭类型的不同，压心可能在质心之前（质心与弹尖之间），也可能在质心之后。按理论力学中

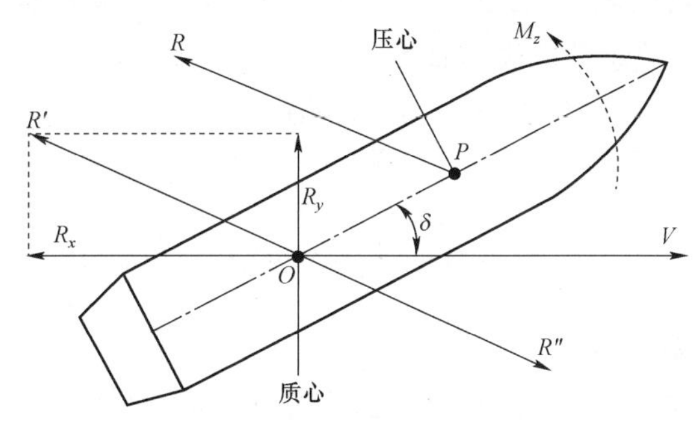

图6-1　空气动力的分解

力的平移法，将此合力平移至质心，便产生一个作用在质心的力 R' 和一个力矩 M_z（由 R' 和 R'' 构成的力偶）。当压力中心在质心之前时，M_z 称为翻转力矩；当压力中心在质心之后时，M_z 称为稳定力矩。翻转力矩和稳定力矩统称为静力矩。为了研究运动的需要，将 R 分解为与速度矢量 $\boldsymbol{v}$ 平行和垂直的两个分量 R_x 和 R_y：R_x 称为阻力，它只影响速度的大小；R_y 称为升力，它只影响速度的方向。

1. 阻力

阻力大小的表达式为

$$R_x = (\rho v^2 / 2)SC_x \tag{6-1}$$

式中：C_x 为阻力系数，是马赫数和攻角的函数，与零攻角阻力系数 C_{x0} 有如下关系：

$$C_x = C_{x0}(1 + k\delta^2) \tag{6-2}$$

式中：k 在 δ 较小时近似为常数。

由于攻角的出现，新增加的这一部分阻力称为诱导阻力。零攻角时的阻力称为零升阻力。由于诱导阻力与攻角平方成正比，因而当攻角很小时，诱导阻力几乎可以忽略不计；但是，当攻角增大时，诱导阻力急剧增大。

2. 升力

升力大小的表达式为

$$R_y = (\rho v^2 / 2)SC_y \tag{6-3}$$

式中：C_y 为升力系数，是马赫数和攻角的函数，在小攻角时，有

$$C_y = C_y'\delta \tag{6-4}$$

则

$$R_y = (\rho v^2 / 2)SC_y'\delta \tag{6-5}$$

式中：C_y' 为升力系数导数。

升力在弹轴与速度矢量所构成的平面内，此平面称为攻角平面。

3. 静力矩

静力矩（也称为俯仰力矩）大小的表达式为

$$M_z = (\rho v^2 / 2)Slm_z \tag{6-6}$$

式中：l 为特征长度（可取为弹长或弹径）；m_z 为静力矩系数，也是马赫数和攻角的函数。

在小攻角时，静力矩系数的表达式为

$$m_z = m_z'\delta \tag{6-7}$$

则

$$M_z = \frac{1}{2}\rho v^2 Slm_z'\delta \tag{6-8}$$

式中：m_z' 为静力矩系数导数。

当压心在质心之前时，m_z' 为正，反之 m_z' 为负。m_z' 为负时，M_z 的方向是使攻角减小的方向，M_z 称为稳定力矩，此时弹是静稳定的；反之，M_z 称为翻转力矩，此时弹是

静不稳定的。

当已知压心与质心之间的距离 h^* 时，可导出 m_z' 与 C_y' 和 C_x 的关系。将空气动力合力 R 在压心分解成与速度平行的阻力 R_x 和与速度垂直的升力 R_y，再求出 R_x 和 R_y 对质心的力矩。

当压心在质心之前时，R_x 和 R_y 对质心的力矩之和为翻转力矩，其表达式为

$$M_z = h^* R_y \cos\delta + h^* R_x \sin\delta \tag{6-9}$$

将式（6–1）、式（6–5）、式（6–8）代入式（6–9），并考虑 δ 比较小，令 $\cos\delta \approx 1$，$\sin\delta \approx \delta$，整理后可得

$$m_z' = \frac{h^*}{l}(C_y' + C_x) \tag{6-10}$$

对于静稳定弹箭，式（6–10）加负号即为稳定力矩系数。

以上研究的都是弹箭轴对称的情况。当弹箭外形不对称时，例如，由于加工误差致使一侧大而另一侧小，此时当攻角为 0° 时静力矩并不为零，而是在某一攻角下静力矩才为零。这种不对称性称为气动偏心，此时静力矩的表达式为

$$M_z = (\rho v^2 / 2) Slm_z'(\delta - \delta_M)$$

式中：δ_M 为气动偏心角。

翻转力矩与稳定力矩具有相同的数学表达式，但其矢量指向相反。

对于旋转稳定弹箭的压力中心，常用高巴尔（Gaubar）公式计算：

$$\begin{cases} h = h_0 + 0.57h_{\mathrm{r}} - 0.16d & \text{(卵形头部)} \\ h = h_0 + 0.37h_{\mathrm{r}} - 0.16d & \text{(锥形头部)} \end{cases} \tag{6-11}$$

式中：h 为弹箭质心到压心的距离；h_0 为弹箭质心到弹头部与圆柱部结合处的距离；h_{r} 为弹箭头部长度；d 为弹箭直径，如图 6–2 所示。

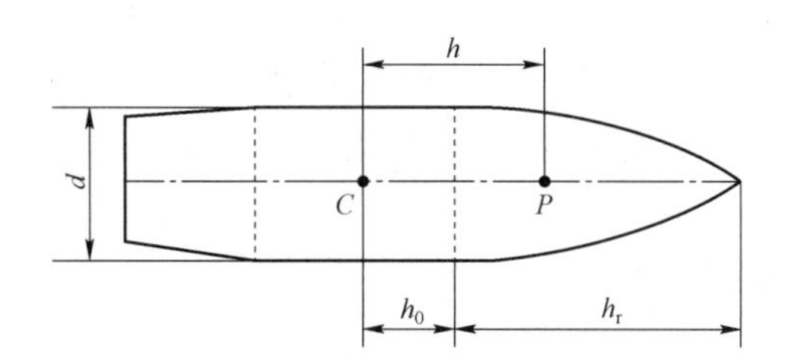

图 6–2　高巴尔公式的含义

6.3　与自转和角运动有关的弹箭空气动力和力矩

1. 尾翼导转力矩

为了使弹箭绕弹轴自转，常采用斜置尾翼，就是使翼面与弹轴构成一个夹角，此夹角称为尾翼斜置角。在有尾翼斜置角的情况下，即使在弹体攻角为 0°时，尾翼上也会产

生升力。此升力产生绕弹轴的力矩，而且每片尾翼所产生的力矩都是朝同一个方向的。各片尾翼所提供的力矩的总和称为尾翼导转力矩，其表达式为

$$M_{xw} = (\rho v^2 / 2)Slm_{xw} = (\rho v^2 / 2)Slm'_{xw}\varepsilon_w \tag{6-12}$$

式中：m_{xw} 为尾翼导转力矩系数；m'_{xw} 为尾翼导转力矩系数导数；ε_w 为尾翼斜置角。

对于初速比较高的弹箭，只需要在直尾翼（翼面与弹轴平行的尾翼）的前缘削出一个单向的倒角即可产生足够大的导转力矩。

除了斜置尾翼外，弧形尾翼也能产生导转力矩。为了在炮管内发射方便，常采用折叠式圆弧形尾翼。弧形翼产生导转力矩的机理可简单解释如下：当零攻角飞行时，空气流经过弹头部时将产生向外的径向气流分量，此径向气流作用在弧形尾翼的内侧（凹侧）使内侧压强升高，因而产生合力。每个尾翼上的合力都对弹轴产生同一个方向的力矩，这就构成了尾翼导转力矩。当有攻角飞行时，由于横向气流对攻角平面两侧的尾翼作用力不相等，即对凹形尾翼的作用力大于凸形尾翼，使其合力偏离弹轴，因而增大了尾翼导转力矩。

2. 赤道阻尼力矩

当弹箭以某一个角速度 $\dot{\varphi}$ 绕质心摆动时，还会受到一个与摆动角速度方向相反的力矩，称为赤道阻尼力矩，或称为俯仰阻尼力矩，用 M_{zz} 表示，其表达式为

$$M_{zz} = \frac{1}{2}\rho v^2 Slm_{zz} = \frac{1}{2}\rho v^2 Slm'_{zz}\frac{\dot{\varphi}l}{v} = \frac{1}{2}\rho vSl^2 m'_{zz}\dot{\varphi} \tag{6-13}$$

式中：m_{zz} 为赤道阻尼力矩系数；m'_{zz} 为赤道阻尼力矩系数导数。

对于 m_{zz} 产生的机理及其表达式可作如下解释：首先应当考虑尾翼所产生的赤道阻尼力矩，尾翼是产生赤道阻尼力矩的主要来源。如图 6－3 所示，设尾翼到质心的距离为 kl（k 为小于 1 的数），当弹轴以角速度 $\dot{\varphi}$ 绕质心摆动时，摆动平面两侧的尾翼（设与摆动平面垂直）便产生一个与弹轴垂直的速度 $v_\perp = kl\dot{\varphi}$。此垂直速度与飞行速度 v 合成（设 v 与弹轴平行），合成速度与尾翼面便构成一个夹角 $\delta_i = k\dot{\varphi}l / v$，此夹角称为诱导攻角。$\delta_i$ 是尾翼上产生阻尼力矩的直接原因，因为尾翼面与合成速度方向有攻角存在，所以尾翼上便产生升力 Y，此升力与 δ_i 成正比，此升力乘以 kl 便是尾翼产生的阻尼力矩。由于诱导攻角 $\delta_i = k\dot{\varphi}l / v$，由此可见尾翼上产生的阻尼力矩应该与 $\dot{\varphi}l^2 / v$ 成正比。同理，弹体上其他各部位所产生的阻尼力矩也应当与 $\dot{\varphi}l^2 / v$ 成正比。此外，在摆动过程中弹体与空气的摩擦作用也是赤道阻尼力矩的一个组成部分。

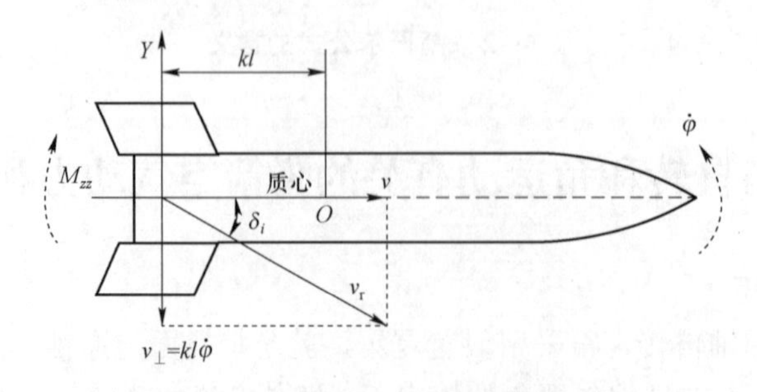

图 6－3　赤道阻尼力矩产生的机理

3. 极阻尼力矩

当弹箭以角速度 $\dot{\gamma}$ 绕弹轴自转时，还会产生与 $\dot{\gamma}$ 方向相反的力矩，称为极阻尼力矩，或称为滚转阻尼力矩，其作用是使自转角速度衰减，其表达式为

$$M_{xz}=\frac{1}{2}\rho v^2 Slm_{xz}=\frac{1}{2}\rho v^2 Slm'_{xz}\frac{\dot{\gamma}d}{v} \tag{6-14}$$

式中：m_{xz} 为极阻尼力矩系数；m'_{xz} 为极阻尼力矩系数导数；d 为弹径。

在实际计算时，$\dot{\gamma}$ 应取弹箭总的角速度沿弹轴方向的分量。

极阻尼力矩也是由诱导攻角引起的，此诱导攻角是由自转产生的。如图6–4所示，当弹箭绕弹轴以角速度 $\dot{\gamma}$ 自转时，则每片尾翼都将产生与尾翼面垂直的切向速度 v_t，设尾翼到弹轴的平均距离为 $k\frac{d}{2}$（k 为大于 1 的数），则此切向速度为 $k\frac{d}{2}\dot{\gamma}$。此切向速度与飞行速度合成的结果，使各片尾翼的合成速度与翼面都产生一个诱导攻角 $\delta_i=k\frac{d}{2}\frac{\dot{\gamma}}{v}$。此诱导攻角可使各片尾翼沿圆周的同一个方向上产生升力 Y，这些升力合成便产生轴向力矩使自转角速度衰减。除了尾翼能产生极阻尼力矩外，弹体表面也有切向速度，由于空气黏性，也能产生极阻尼力矩。

4. 马格努斯力和马格努斯力矩

当弹箭绕弹轴自转且有攻角飞行时，还会产生与攻角平面垂直的力，此力称为马格努斯力，此力对质心的力矩称为马格努斯力矩，简称马氏力和马氏力矩。

其产生机理说明如下（图6–5）：当气流以速度 v 和攻角 δ 流向弹体时，便产生与弹体垂直的分速度 $v_{\perp}=v\sin\delta$；当弹体以 $\dot{\gamma}$ 自转时，由于空气的黏性，可使流过弹体两侧的垂直气流流速改变。左侧因弹体表面的切线速度与 $v_{\perp}$ 方向相同而使流速增加；右侧则因切线速度与 $v_{\perp}$ 方向相反而使流速减小。当空气绕圆柱体流动时，流速越大则所产生的离心惯性力越大。此离心惯性力能使圆柱表面的压强降低，流速大的一侧的压强必然低于另外一侧，因而产生合力，此力垂直于攻角平面，称为马格努斯力。

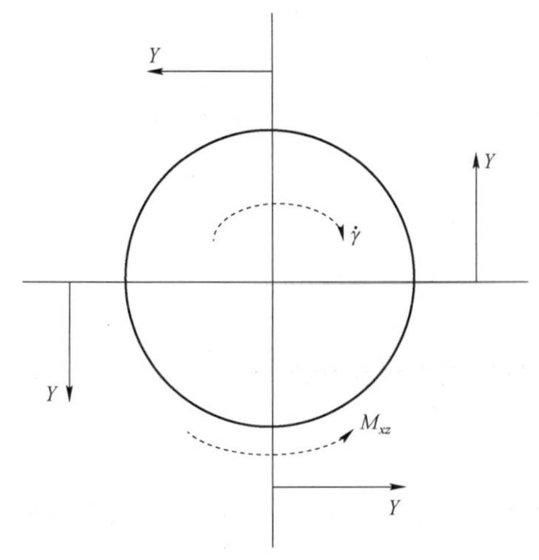

图6–4　极阻尼力矩产生的机理

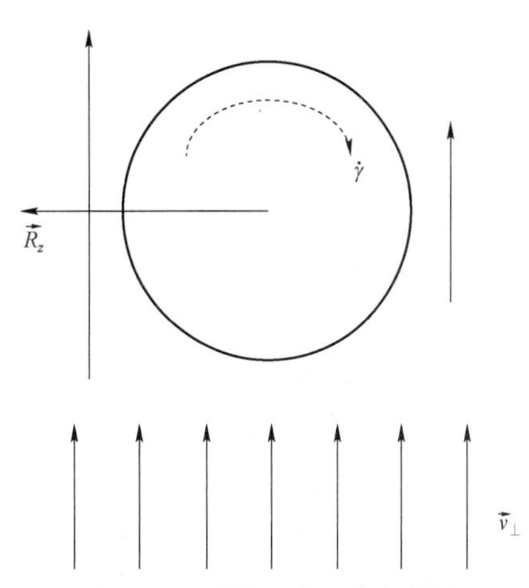

图6–5　弹体上的马格努斯力

尾翼上也能产生马格努斯力，下面介绍马格努斯力产生的机理。首先考虑尾翼，如图 6-4 所示，当弹箭自转时，尾翼上将受到空气的作用力。当攻角为 0° 时，各片尾翼上所受的力相等，故合力为零；当有攻角飞行时，由于空气黏性的作用，背风一侧的气流速度将低于迎风一侧，各片尾翼所受的由自转产生的力不再相等。设弹轴在速度矢量的上方，则上面（背风侧）尾翼所受的力将小于下面（迎风侧）尾翼所受的力。于是将产生向右的合力，此力也垂直于攻角平面，是马格努斯力的组成部分。

此外，对于攻角平面两侧的两片尾翼，由旋转产生的诱导攻角，一侧与弹体攻角的方向相同；另一侧与弹体攻角的方向相反。合成的结果，使两侧攻角不相等，两侧尾翼上所受到的轴向力也不相等。其合力不与弹轴重合，因而对质心产生力矩，构成马格努斯力矩的一部分。

斜置尾翼的受力情况与直尾翼不同，它所产生的马格努斯力和马格努斯力矩也与直尾翼不同，有时其方向可能是相反的。

尾翼上的马格努斯力与弹体上的马格努斯力合成便是总马格努斯力。总马格努斯力作用点的位置取决于弹体和尾翼受力的合成结果，它可能在质心之前，也可能在质心之后，有时由于尾翼上与弹体上的马格努斯力方向相反，合力作用点甚至可能在弹尾端面的后面。

马格努斯力的表达式为

$$R_z = \frac{1}{2}\rho v^2 S C_z = \frac{1}{2}\rho v^2 S C_z'\left(\frac{\dot{\gamma} d}{v}\right) = \frac{1}{2}\rho v^2 S C_z''\left(\frac{\dot{\gamma} d}{v}\right)\delta \tag{6-15}$$

式中：C_z 为马格努斯力系数；C_z' 为马格努斯力系数对无因次转速 $\dot{\gamma}d/v$ 的偏导数，简称马格努斯力系数一阶导数；C_z'' 为马格努斯力系数对攻角 δ 和无因次转速 $\dot{\gamma}d/v$ 的联合偏导数，简称马格努斯力系数二阶导数。

马格努斯力与 $\dot{\boldsymbol{\gamma}}\times\boldsymbol{v}$ 同向。

马格努斯力矩的表达式为

$$M_y = \frac{1}{2}\rho v^2 S l m_y = \frac{1}{2}\rho v^2 S l m_y'\left(\frac{\dot{\gamma} d}{v}\right) = \frac{1}{2}\rho v^2 S l m_y''\left(\frac{\dot{\gamma} d}{v}\right)\delta \tag{6-16}$$

式中：m_y 为马格努斯力矩系数；m_y' 为马格努斯力矩系数对无因次转速 $\dot{\gamma}d/v$ 的偏导数，简称马格努斯力矩系数一阶导数；m_y'' 为马格努斯力矩系数对攻角 δ 和无因次转速 $\dot{\gamma}d/v$ 的联合偏导数，简称马格努斯力矩系数二阶导数。

马格努斯力矩 M_y 既在攻角平面上，又与弹轴垂直。

在有风的情况下，上述公式中的 v 应是相对速度，δ 应是相对攻角。

6.4 推力、喷管导转力矩和推力偏心力矩

1. 推力及其各分量

利用发动机工作时提供的导转力矩，产生绕弹轴的高速旋转而实现稳定飞行的火箭弹称为涡轮式火箭弹，简称为涡轮弹。

涡轮弹的发动机工作时，不但产生使涡轮弹加速前进的推力 F_p，而且也产生使涡轮弹高速自转的导转力矩 M_{xp}。如图 6-6 所示，在发动机后部直径为 d^* 的圆周上有几个斜置喷管，它与轴线和弹轴的夹角为 ε，称为喷管斜置角。于是，每个喷管产生的动推力 F'_{1pi} 可以分解为与弹轴平行的分量 $F_{pi/\!/}$ 以及与弹轴垂直的分量 $F_{pi\perp}$，则火箭沿弹轴的总动推力为

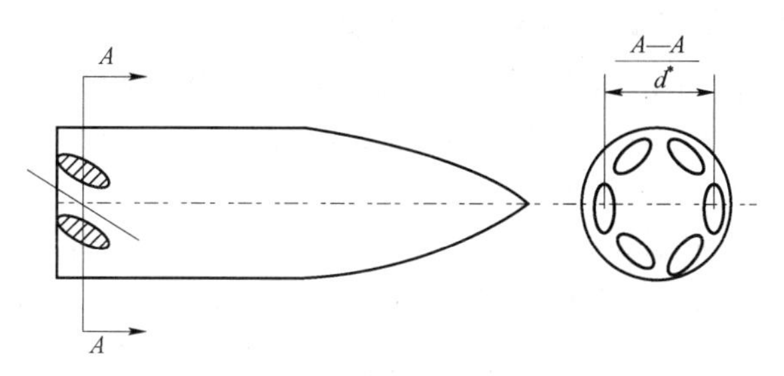

图 6-6　斜置喷管产生的导转力矩

$$F_{1p}=\sum_{i=1}^{n}F_{pi/\!/}=\sum_{i=1}^{n}F'_{1pi}\cos\varepsilon$$

总动推力与静推力之和就是火箭的推力，即

$$F_p=|\dot{m}|u_1\cos\varepsilon+(P_e-P)S_e=|\dot{m}|u'_{eff}\cos\varepsilon \tag{6-17}$$

式中

$$u'_{eff}=u_1+\frac{(P_e-P)S_e}{|\dot{m}|\cos\varepsilon}$$

如图 6-7 所示，由于生产上的原因，一般 F_p 和弹轴有一个很小的夹角 β_p，此角称为推力偏心角。F_p 与过质心的横截面（习惯上称为赤道面）的交点到弹轴的距离 L 就是推力偏心距。当 F_p 分解为平行弹轴的分量 $F_{p/\!/}$ 和垂直弹轴的分量 $F_{p\perp}$ 时，可得

$$\begin{cases}F_{p/\!/}=F_p\cos\beta_p\approx F_p\\F_{p\perp}=F_p\sin\beta_p\approx F_p\beta_p\end{cases} \tag{6-18}$$

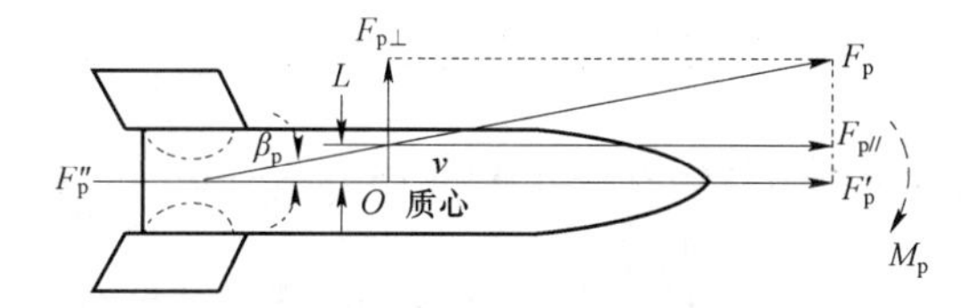

图 6-7 推力的分解

推力的平行分量 $F_{p/\!/}$ 再向质心简化时，可得与弹轴重合的 F'_p 和 $F_{p/\!/}$ 对质心的力矩——推力（偏心力）矩 M_p。

推力的垂直分量 $F_{p\perp}$ 称为推力侧分力，对弹道的影响一般可以忽略不计，唯有主动段极短的反坦克火箭弹才考虑其影响。

所有的 $F_{p\perp}$ 对弹轴取矩并求和时，就得到由发动机提供的喷管导转力矩。

2. 喷管导转力矩

为了使火箭绕弹轴自转，比较有效的方法是利用发动机燃烧室喷出的燃气得到导转力矩，此力矩称为喷管导转力矩。

低速旋转火箭常采用在燃烧室侧壁上开切向喷口的方式得到导转力矩，或者在尾喷管内加固定燃气舵或用斜置喷管提供导转力矩；高速旋转的火箭则主要靠斜置喷管提供导转力矩。下面只推导斜置喷管的导转力矩公式。

图 6-6 为斜置喷管的示意图。为了获得导转力矩，在尾翼沿圆周均匀分布许多小喷管，并使喷管轴线与弹轴交叉一个角度ε，称为喷管倾斜角。设燃气流相对于喷管以u_1的速度沿小喷管的轴线喷出，则燃气流沿弹轴方向的速度分量为$u_1\cos\varepsilon$，此分量产生轴向分力；此外，还有沿切向的速度分量$u_1\sin\varepsilon$，此分量产生导转力矩。设各小喷管轴线至弹轴的距离为$d^*/2$，则可近似地认为切向气流产生的导转力矩为

$$M_{xp}=|\dot{m}|u_1\sin\varepsilon(d^*/2) \tag{6-19}$$

由式（6-17）解出$|\dot{m}|$代入式（6-19），可得

$$M_{xp}=F_p\tan\varepsilon\frac{d^*}{2}\frac{u_1}{u'_{eff}} \tag{6-20}$$

在计算散布和设计喷管倾斜角时通常都采用式（6-19），在精确计算弹道时需要用动量矩定理推导更精确的喷管导转力矩。设瞬时t火箭壳体和火药的质量分别为m_K和μ，绕弹轴的转动惯量半径（回转半径）分别为R_K和R_p，二者具有相同的自转角速度$\dot{\gamma}$，则此时总动量矩为

$$G(t)=m_K R_K^2\dot{\gamma}+\mu R_p^2\dot{\gamma} \tag{6-21}$$

经过时间$\mathrm{d}t$之后有质量为$|\mathrm{d}\mu|$的火药变成燃气流并从喷管中喷出。设燃气流相对喷管的速度为u_1，则其切向分量为$u_1\sin\varepsilon$。由于喷管随弹体自转也有一个与切向气流方向相反的切向速度$\frac{d^*}{2}\dot{\gamma}$，故燃气流的绝对切向速度为$u_1\sin\varepsilon-\frac{d^*}{2}\dot{\gamma}$，火药燃烧的质量$|\mathrm{d}\mu|$具有的动量矩为$|\mathrm{d}\mu|\frac{d^*}{2}\left(u_1\sin\varepsilon-\frac{d^*}{2}\dot{\gamma}\right)$，此动量矩与弹体的动量矩方向相反。设此时火箭的转速为$\dot{\gamma}+\mathrm{d}\dot{\gamma}$，则系统在$t+\mathrm{d}t$时刻具有的动量矩为

$$G(t+\mathrm{d}t)=m_K R_K^2(\dot{\gamma}+\mathrm{d}\dot{\gamma})+(\mu-|\mathrm{d}\mu|)R_p^2(\dot{\gamma}+\mathrm{d}\dot{\gamma})-|\mathrm{d}\mu|\frac{d^*}{2}\left(u_1\sin\varepsilon-\frac{d^*}{2}\dot{\gamma}\right) \tag{6-22}$$

将式（6-21）与式（6-22）相减，并忽略二阶小量得系统动量矩的增量为

$$\mathrm{d}G=m_K R_K^2\mathrm{d}\dot{\gamma}+\mu R_p^2\mathrm{d}\dot{\gamma}-|\mathrm{d}\mu|R_p^2\mathrm{d}\dot{\gamma}+|\mathrm{d}\mu|\frac{d^*}{2}\left(\frac{d^*}{2}\dot{\gamma}-u_1\sin\varepsilon\right) \tag{6-23}$$

将式（6-23）除以$\mathrm{d}t$，并考虑火药燃烧的质量$|\mathrm{d}\mu|$也就是火箭减少的质量$|\mathrm{d}m|$，可得

$$\frac{\mathrm{d}G}{\mathrm{d}t}=(m_K R_K^2+\mu R_p^2)\frac{\mathrm{d}\dot{\gamma}}{\mathrm{d}t}-\left|\frac{\mathrm{d}m}{\mathrm{d}t}\right|u_1\sin\varepsilon\frac{d^*}{2}+\left|\frac{\mathrm{d}m}{\mathrm{d}t}\right|\dot{\gamma}\left(\frac{d^*}{2}\right)^2\left[1-\frac{R_p^2}{(d^*/2)^2}\right]$$

根据动量矩定理，$\mathrm{d}G/\mathrm{d}t$ 应等于外力对弹轴的力矩之和，并考虑 $m_K R_K^2 + \mu R_p^2$ 就是弹的极转动惯量 C，可得

$$C\frac{\mathrm{d}\dot{\gamma}}{\mathrm{d}t} = |\dot{m}|u_1 \sin\varepsilon \frac{d^*}{2} - |\dot{m}|\dot{\gamma}\left(\frac{d^*}{2}\right)^2\left[1-\frac{R_p^2}{(d^*/2)^2}\right] + \sum_i M_i \tag{6-24}$$

式中：$\sum_i M_i$ 为外力矩之和。

式（6–24）等号右边其余部分为喷管导转力矩 M_{xp}，即

$$M_{xp} = |\dot{m}|u_1 \sin\varepsilon \frac{d^*}{2} - |\dot{m}|\dot{\gamma}\left(\frac{d^*}{2}\right)^2\left[1-\frac{R_p^2}{(d^*/2)^2}\right] \tag{6-25}$$

式（6–25）右边第一项为喷气反作用产生的力矩；第二项是由火药回转半径 R_p 与 $d^*/2$ 之差所产生的附加力矩。当 $R_p = d^*/2$ 时，式（6–25）右边第二项等于零。

为了用推力表示喷管导转力矩，可由推力的表达式（6–17）解出 $|\dot{m}|$，并代入式（6–25），可得

$$M_{xp} = \frac{F_p d^*}{2}\tan\varepsilon \frac{u_1}{u'_{\mathrm{eff}}}\left[1-\frac{\dot{\gamma}d^*/2}{u_1\sin\varepsilon}\left(1-\frac{R_p^2}{(d^*/2)^2}\right)\right] \tag{6-26}$$

式（6–26）方括号中第二项与 $\dot{\gamma}$ 成正比。对于低速旋转的火箭，这一项很小可以忽略不计。只有在精确计算高速旋转的涡轮式火箭的弹道时才考虑这一项。

以上未考虑火药回转半径的变化，这对于内、外表面同时燃烧的火药不会带来太大的误差，对于外表面不燃烧的星孔火药则应考虑 R_p 的变化。

3. 推力（偏心力）矩

推力（偏心力）矩 M_p 就是实际作用在火箭上的推力对质心的力矩。如果规定从质心指向推力作用线与赤道面的交点的距离矢量（推力偏心矢量）为 $\boldsymbol{L}$，则

$$\boldsymbol{M}_{xp} = \boldsymbol{L} \times \boldsymbol{F}_p \tag{6-27}$$

值得注意的是，推力侧分力和推力矩都是随机量，只对火箭的射弹散布和飞行稳定性产生影响，在弹道计算中不予计及。

第7章
弹箭飞行的刚体弹道理论

在弹道运动过程中，弹箭受到各种扰动，弹轴并不能始终与质心速度方向一致，于是形成攻角，对于高速旋转弹称为章动角。由于攻角的存在，又产生了与之相应的空气动力和力矩，如升力、马格努斯力、静力矩、马格努斯力矩等。攻角δ不断地变化，产生复杂运动。如果攻角δ始终较小，弹箭将能平稳地飞行；如果攻角很大，甚至不断增大，则弹箭运动很不平稳，甚至翻转坠落，这就出现了运动不稳的情况。此外，各种随机因素（如起始扰动和阵风）产生的角运动情况各发弹都不相同，对质心运动影响的程度也不相同，这也将形成弹箭质心弹道的散布和落点散布。

为了研究弹箭角运动的规律及其对质心运动的影响，进行弹道计算、稳定性分析和散布分析，必须首先建立弹箭作为空间自由运动刚体的运动方程或刚体弹道方程。

7.1　坐标系及坐标系的转换

弹箭的运动规律不以坐标系的选取而改变，但坐标系选得恰当与否却影响着建立和求解运动方程的难易和方程的简明易读性。本节介绍外弹道学常用的坐标系及它们之间的转换关系。

7.1.1　坐标系

1. 地面坐标系 O_1xyz（E）

地面坐标系记为（E），其原点在炮口断面中心，O_1x 轴沿水平线指向射击方向，O_1y 轴铅直向上，O_1xy 铅直面称为射击面，O_1z 轴按右手法则确定为垂直于射击面指向右方。此坐标系用于确定弹箭质心的空间坐标，如图 7－1 所示。

2. 基准坐标系 $Ox_Ny_Nz_N$（N）

基准坐标系记为（N），它是由地面坐标系平移至弹箭质心 O 而成，随质心一起平动。此坐标系用于确定弹轴和速度的空间方位（图 7－1）。

3. 速度坐标系 $Ox_2y_2z_2$（V）

速度坐标系记为（V），其 Ox_2 轴沿质心速度矢量 $\boldsymbol{v}$ 的方向，Oy_2 轴垂直于速度向上，Oz_2 轴按右手法则确定为垂直于 Ox_2y_2 平面向右为正。

速度坐标系可由基准坐标系经两次旋转而成：第一次是基准坐标系（N）绕 Oz_N 轴正向右旋 θ_a 角到达 $Ox_2'y_2$ 位置；第二次是坐标系 $Ox_2'y_2z_N$ 绕 Oy_2 轴负向右旋 ψ_2 角达到

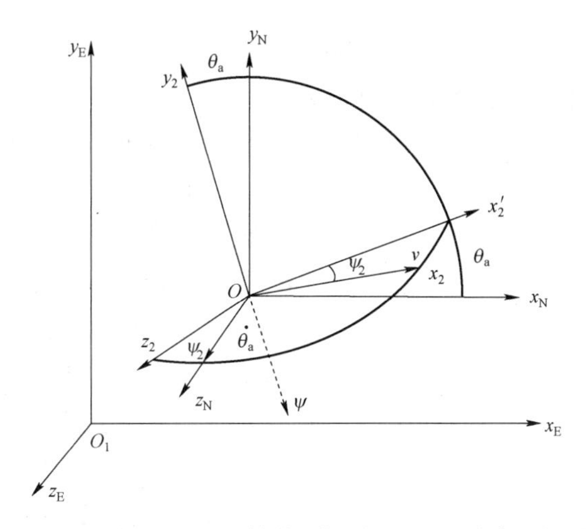

图 7-1 地面坐标系（E）、基准坐标系（N）和速度坐标系（V）

$Ox_2y_2z_2$ 位置。θ_a 称为速度高低角，ψ_2 称为速度方向角。速度坐标系（V）随速度矢量 $\boldsymbol{v}$ 的变化而转动。速度坐标系（V）是个转动坐标系，因它相对于基准坐标系（N）的方位由 θ_a 角和 ψ_2 角确定，故其角速度矢量为

$$\boldsymbol{\Omega}=\dot{\boldsymbol{\theta}}_a+\dot{\boldsymbol{\psi}}_2 \tag{7-1}$$

式中：矢量 $\dot{\boldsymbol{\theta}}_a$ 沿 Oz_N 轴正方向，矢量 $\dot{\boldsymbol{\psi}}_2$ 沿 Oy_2 轴负方向。

4. 弹轴坐标系 $O\xi\eta\zeta$（A）

弹轴坐标系也称为第一弹轴坐标系，记为（A）。其 $O\xi$ 轴为弹轴，$O\eta$ 轴垂直于 $O\xi$ 轴指向上方，$O\zeta$ 轴按右手法则垂直于 $O\xi\eta$ 平面指向右方，如图 7-2 所示。

弹轴坐标系可以看作是由基准坐标系（N）经两次转动而成；第一次是基准坐标系（N）绕 Oz_N 轴正向右旋 φ_a 角到达坐标系 $O\xi'\eta z_n$ 位置，第二次是坐标系 $O\xi'\eta z_N$ 绕 $O\eta$ 轴负向右旋 φ_2 角而到达 $O\xi\eta\zeta$ 位置。φ_a 称为弹轴高低角，φ_2 称为弹轴方位角，高低角和方位角决定了弹轴的空间方位。

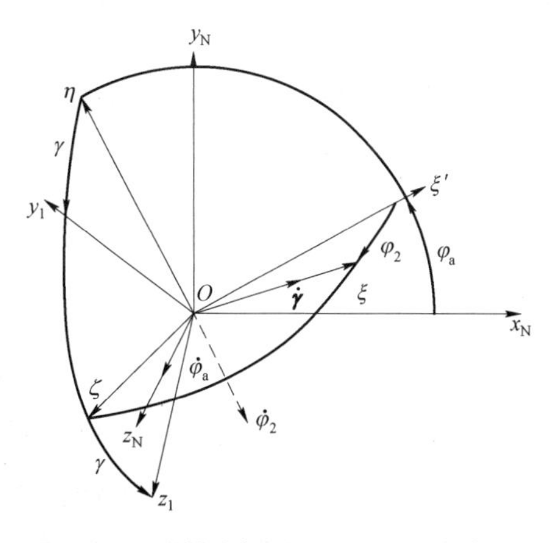

图 7-2 弹轴坐标系（A）、弹体坐标系（B）和基准坐标系（N）

弹轴坐标系是随弹轴方位变化而转动的动坐标系，其转动角速度 $\boldsymbol{\omega}_1$ 是 $\dot{\boldsymbol{\varphi}}_a$ 和 $\dot{\boldsymbol{\varphi}}_2$ 之和，即

$$\boldsymbol{\omega}_1=\dot{\boldsymbol{\varphi}}_a+\dot{\boldsymbol{\varphi}}_2 \tag{7-2}$$

式中：矢量 $\dot{\boldsymbol{\varphi}}_a$ 沿 Oz_N 轴正方向，矢量 $\dot{\boldsymbol{\varphi}}_2$ 沿 $O\eta$ 轴负方向。

5. 弹体坐标系 $Ox_1y_1z_1$（B）

弹体坐标系记为（B），其 Ox_1 轴仍为弹轴 $O\xi$ 轴（即 Ox_1 轴与 $O\xi$ 轴重合），但 Oy_1 和 Oz_1 轴固联在弹体上并与弹体一同绕纵轴 Ox_1 旋转。设从弹轴坐标系转过的角度为 γ，则此坐标系的角速度 $\boldsymbol{\omega}$ 要比弹轴坐标系的角速度矢量 $\boldsymbol{\omega}_1$ 多一个自转角速度矢量 $\dot{\boldsymbol{\gamma}}$，即

$$\boldsymbol{\omega}=\boldsymbol{\omega}_1+\dot{\boldsymbol{\gamma}} \tag{7-3}$$

式中：速度矢量$\dot{\boldsymbol{\gamma}}$对于右旋弹指向弹轴前方。

由于 Ox_1 轴和$O\xi$轴都是弹轴，因此$Oy_1\dot{z}_1$平面与$O\eta\zeta$平面重合，两个平面只相差一个转角γ，如图 7-2 所示。

6. 第二弹轴坐标系$O\xi\eta_2\zeta_2$（A_2）

第二弹轴坐标系记为(A_2)，其$O\xi$轴仍为弹轴，但$O\eta_2$和$O\zeta_2$轴不是自基准坐标系（N）旋转而来，而是来自速度坐标系（V）旋转而来：第一次是坐标系$Ox_2y_2z_2$绕Oz_2轴旋转δ_1角到达坐标系$O\xi''\eta_2z_2$位置，再由坐标系$O\xi''\eta_2z_2$绕$O\eta_2$轴负向旋转δ_2角到达坐标系$O\xi\eta_2\zeta_2$位置，如图 7-3 所示。δ_1称为高低攻角，δ_2称为方向攻角。第二弹轴坐标系(A_2)用于确定弹轴相对于速度的方位和计算空气动力。

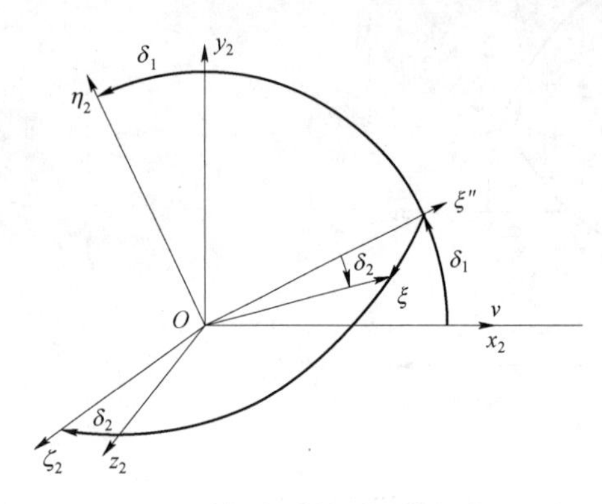

图 7-3　第二弹轴坐标系（A_2）与速度坐标系（V）的关系

7.1.2　各坐标系间的转换关系

在建立弹箭运动方程时，常要将在某一个坐标系中确定的作用力或力矩转换到另一个坐标系中去，因而必须建立各坐标系间的转换关系，这些关系可利用投影法或矩阵运算求得。

1. 速度坐标系（V）与基准坐标系（N）间的关系

由图 7-1 可见，沿速度坐标系Ox_2轴速度$\boldsymbol{v}$在地面坐标系O_1xyz三个坐标轴上的投影分别为

$$\begin{cases} v_x = v\cos\psi_2\cos\theta_a \\ v_y = v\cos\psi_2\sin\theta_a \\ v_z = v\sin\psi_2 \end{cases} \tag{7-4}$$

显然，Ox_2轴上的单位矢量$\boldsymbol{i}_2$在地面坐标系（E）或基准坐标系（N）上的分量为

$$i_2=(\cos\psi_2\cos\theta_a,\cos\psi_2\sin\theta_a,\sin\psi_2) \tag{7-5}$$

同理，可得Oy_2和Oz_2轴上的单位矢量$\boldsymbol{j}_2$、$\boldsymbol{k}_2$在基准坐标系三个坐标轴上的投影。于是，可得如表 7-1 所列的投影表，也称为方向余弦表或坐标转换表。

表 7-1　速度坐标系（V）与基准坐标系（N）间的方向余弦表

坐标系	Ox_N	Oy_N	Oz_N	$\sum b^2$
Ox_2	$\cos\psi_2\cos\theta_a$	$\cos\psi_2\sin\theta_a$	$\sin\psi_2$	1
Oy_2	$-\sin\theta_a$	$\cos\theta_a$	0	1
Oz_2	$-\sin\psi_2\cos\theta_a$	$-\sin\psi_2\sin\theta_a$	$\cos\psi_2$	1
$\sum_i a^2$	1	1	1	

表 7－1 中每一横行各元素的平方和等于 1，每一直列各元素的平方和也等于 1，这是由于这种变换是正变换所致，这也是检查投影表是否正确的一种方法。

有了表 7－1 就很容易将地面坐标系（E）中的矢量投影到速度坐标系（V）中去，或者相反。例如，重力 $G=mg$ 沿 Oy_N 轴负向铅直向下，则它在速度坐标系（V）上的投影由表 7－1 可查得，即

$$\begin{cases} G_{x_2}=-mg\sin\theta_a\cos\psi_2 \\ G_{y_2}=-mg\cos\theta_a \\ G_{z_2}=mg\sin\theta_a\sin\psi_2 \end{cases} \tag{7-6}$$

表 7－1 中的转换关系可写成矩阵形式，即

$$\begin{cases} \begin{pmatrix} x_2 \\ y_2 \\ z_2 \end{pmatrix}=\boldsymbol{A}_{VN}\begin{pmatrix} x_N \\ y_N \\ z_N \end{pmatrix} \\ \boldsymbol{A}_{VN}=\begin{pmatrix} \cos\psi_2\cos\theta_a & \cos\psi_2\sin\theta_a & \sin\psi_a \\ -\sin\theta_a & \cos\theta_a & 0 \\ -\sin\psi_2\cos\theta_a & -\sin\psi_2\sin\theta_a & \cos\psi_2 \end{pmatrix} \end{cases} \tag{7-7}$$

矩阵 $\boldsymbol{A}_{VN}$ 称为由基准坐标系（N）向速度坐标系（V）转换的转换矩阵或方向余弦矩阵，由于矩阵 $\boldsymbol{A}_{VN}$ 来自表 7－1，因而它是一个正交矩阵。根据正交矩阵的性质，其逆矩阵等于转置矩阵。由此可得如下逆变换以及矩阵 $\boldsymbol{A}_{NV}$ 是从速度坐标系（V）向基准坐标系（N）转换的转换矩阵：

$$\begin{pmatrix} x_N \\ y_N \\ z_N \end{pmatrix}=\boldsymbol{A}_{NV}\begin{pmatrix} x_2 \\ y_2 \\ z_2 \end{pmatrix}$$

和

$$\boldsymbol{A}_{NV}=\boldsymbol{A}_{VN}^{-1}=\boldsymbol{A}_{VN}^{T} \tag{7-8}$$

2. 弹轴坐标系（A）与基准坐标系（N）间的转换关系

根据上述步骤，将弹轴坐标系（A）三个坐标轴上的单位矢量分别向基准坐标系（N）三个坐标轴上投影，得到如表 7－2 所示的方向余弦表。

表 7－2　弹轴坐标系（A）与基准坐标系（N）间的方向余弦表

坐标系	Ox_N	Oy_N	Oz_N
ξ	$\cos\varphi_2\cos\varphi_a$	$\cos\varphi_2\sin\varphi_a$	$\sin\varphi_2$
η	$-\sin\varphi_a$	$\cos\varphi_a$	0
ζ	$-\sin\varphi_2\cos\varphi_a$	$-\sin\varphi_2\sin\varphi_a$	$\cos\varphi_2$

实际上只要将表 7－1 中的 θ_a 改为 φ_a，ψ_2 改为 φ_2 即可得到表 7－2。如以 $\boldsymbol{A}_{AN}$ 以上方

向余弦表所相应的方向余弦矩阵，记 $\boldsymbol{A}_{\mathrm{NA}}$ 为弹轴坐标系（A）向基准坐标系（N）转换的方向余弦矩阵，则有

$$\begin{cases}\begin{pmatrix}\xi\\ \eta\\ \zeta\end{pmatrix}=\boldsymbol{A}_{\mathrm{AN}}\begin{pmatrix}x_{\mathrm{N}}\\ y_{\mathrm{N}}\\ z_{\mathrm{N}}\end{pmatrix}\\ \begin{pmatrix}x_{\mathrm{N}}\\ y_{\mathrm{N}}\\ z_{\mathrm{N}}\end{pmatrix}=\boldsymbol{A}_{\mathrm{NA}}\begin{pmatrix}\xi\\ \eta\\ \zeta\end{pmatrix}\\ \boldsymbol{A}_{\mathrm{NA}}=\boldsymbol{A}_{\mathrm{AN}}^{-1}=\boldsymbol{A}_{\mathrm{AN}}^{\mathrm{T}}\end{cases} \tag{7-9}$$

3. 弹体坐标系（B）与弹轴坐标系（A）间转换的关系

弹体坐标系 $Ox_1y_1z_1$ 与弹轴坐标系 $O\xi\eta\zeta$ 仅仅是平面 Oy_1z_1 相对于平面 $O\eta\zeta$ 转过一个自转角 γ，如图 7−2 所示，得到如表 7−3 所示的方向余弦表。

表 7−3　弹体坐标系（B）与弹轴坐标系（A）间的方向余弦表

坐标系	x_1	y_1	z_1
ξ	1	0	0
η	0	$\cos\gamma$	$-\sin\gamma$
ζ	0	$\sin\gamma$	$\cos\gamma$

将与表 7−3 相应的转换矩阵记为 $\boldsymbol{A}_{\mathrm{AB}}$，则有

$$\boldsymbol{A}_{\mathrm{BA}}=\boldsymbol{A}_{\mathrm{AB}}^{-1}=\boldsymbol{A}_{\mathrm{AB}}^{\mathrm{T}}$$

4. 第二弹轴坐标系（A_2）与速度坐标系（V）间转换的关系

由图 7−3 可见，从速度坐标系（V）经两次转动 δ_1、δ_2 到达第二弹轴坐标系（A_2）的转换只需要将表 7−2 中的 φ_{a} 改为 δ_1、φ_2 改为 δ_2 即可，于是得到如表 7−4 所示的方向余弦表。

表 7−4　第二弹轴坐标系（A_2）与速度坐标系（V）间的方向余弦表

坐标系	x_2	y_2	z_2
ξ	$\cos\delta_2\cos\delta_1$	$\cos\delta_2\sin\delta_1$	$\sin\delta_2$
η	$-\sin\delta_1$	$\cos\delta_1$	0
ζ	$-\sin\delta_2\cos\delta_1$	$-\sin\delta_2\sin\delta_1$	$\cos\delta_2$

记以上方向余弦表相应的转换矩阵为 $\boldsymbol{A}_{\mathrm{A_2V}}$，则有

$$\boldsymbol{A}_{\mathrm{VA_2}}=\boldsymbol{A}_{\mathrm{A_2V}}^{-1}=\boldsymbol{A}_{\mathrm{A_2V}}^{\mathrm{T}}$$

5. 第二弹轴坐标系（A_2）与第一弹轴坐标系（A）间转换的关系

第一弹轴坐标系（A）与第二弹轴坐标系（A_2）的 $O\xi$ 轴都是弹箭的纵轴，故平面 $O\eta\zeta$ 与平面 $O\eta_2\zeta_2$ 都与弹轴垂直，二者只相差一个转角 β，如图 7−4 所示。

设由坐标系 $O\xi\eta_2\zeta_2$ 绕弹箭纵轴右旋至坐标系 $O\xi\eta\zeta$ 时角 β 为正，则得这两个坐标系间的方向余弦表，见表 7－5。

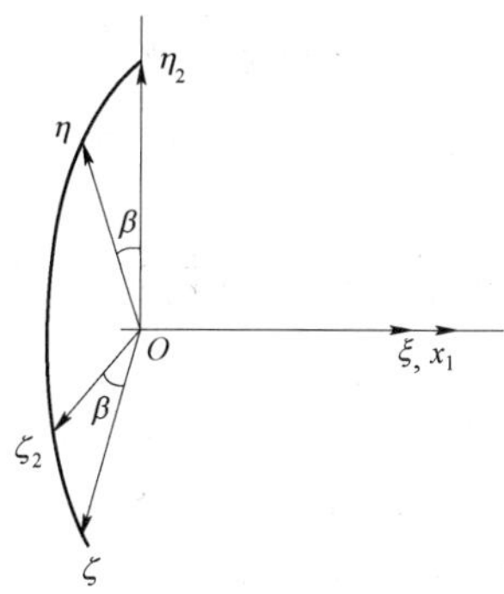

图 7－4　第二弹轴坐标系（A_2）与第一弹轴坐标系（A）间的关系

表 7－5　第二弹轴坐标系（A_2）与第一弹轴坐标系（A）间的方向余弦表

坐标系	ξ	η	ζ
ξ	1	0	0
η	0	$\cos\beta$	$\sin\beta$
ζ	0	$-\sin\beta$	$\cos\beta$

记表 7－5 相应的方向余弦矩阵为 $\boldsymbol{A}_{\mathrm{AA_2}}$，则有

$$\boldsymbol{A}_{\mathrm{A_2A}} = \boldsymbol{A}_{\mathrm{AA_2}}^{-1} = \boldsymbol{A}_{\mathrm{AA_2}}^{\mathrm{T}}$$

6. 各方位角之间的关系

可以看出，在 θ_{a}、ψ_2、φ_a、φ_2、δ_1、δ_2、γ和β 这 8 个角度中，除了 γ 外，剩下的 7 个角度不都是独立的。如果由 θ_{a}、ψ_2 和 φ_{a}、φ_2 分别确定了速度坐标系（V）和弹轴坐标系（A）相对于基准坐标系（N）的位置后，则这两个坐标系的相互位置也就确定了。于是，β 和 δ_1、δ_2 就不是可以任意变动的了，而是由 θ_{a}、ψ_2、φ_{a}、φ_2 确定的。当然，也可以由 δ_1、δ_2 和 φ_{a}、φ_2 确定 θ_{a}、ψ_2，则应有三个几何关系式作为这些角度之间的约束。

用如下方式可以求得这三个几何关系式，即由两种途径将弹轴坐标系（A）中的量转换到速度坐标系（V）中去。第一种途径是经由第二弹轴坐标系（A_2）转换到速度坐标系（V）中去；第二种途径是经由基准坐标系（N）转换到速度坐标系（V）中去，这两种转换的结果应相等，即应有 $\boldsymbol{A}_{\mathrm{VA_2}}\boldsymbol{A}_{\mathrm{A_2A}} = \boldsymbol{A}_{\mathrm{VN}}\boldsymbol{A}_{\mathrm{NA}}$。在此等式两边的 3×3 矩阵中选择三个对应元素相等，选择的原则是易算、易判断角度的正负号，可得

$$\sin\delta_2 = \cos\psi_2 \sin\varphi_2 - \sin\psi_2 \cos\varphi_2 \cos(\varphi_{\mathrm{a}} - \theta_{\mathrm{a}}) \tag{7-10}$$

$$\sin\delta_1 = \cos\varphi_2 \sin(\varphi_{\mathrm{a}} - \theta_{\mathrm{a}}) / \cos\delta_2 \tag{7-11}$$

$$\sin\beta = \sin\psi_2 \sin(\varphi_{\mathrm{a}} - \theta_{\mathrm{a}}) / \cos\delta_2 \tag{7-12}$$

在弹道计算时直接用式（7－10）～式（7－12）。对于正常飞行的弹箭，弹轴与速度之间的夹角很小，弹道偏离射击面也很小，这时 δ_1、δ_2、φ_2、ψ_2、φ_{a}、θ_{a} 均为小量，并略去二阶小量，则有

$$\begin{cases}\beta \approx 0^\circ \\ \delta_1 \approx \varphi_a - \theta_a \\ \delta_2 \approx \varphi_2 - \psi_2\end{cases} \tag{7-13}$$

在进行角运动和稳定性分析时可应用式（7-13）。

7.2 弹箭运动方程的一般形式

弹箭的运动可分为质心运动和围绕质心的运动。质心运动规律由质心运动定理确定，围绕质心的转动则由动量矩定理来描述。为了使运动方程形式简单，将质心运动矢量方程向速度坐标系分解，围绕质心运动矢量方程向弹轴坐标系投影以得到标量形式的方程组。

7.2.1 速度坐标系上的弹箭质心运动方程

弹箭质心相对于惯性坐标系的运动服从质心运动定理，即

$$m\frac{\mathrm{d}\boldsymbol{v}}{\mathrm{d}t} = \boldsymbol{F} \tag{7-14}$$

其中，设地面坐标系为惯性坐标系，至于地球旋转的影响可以用在方程的右边加上科氏惯性力考虑。现将此方程向速度坐标系 $Ox_2y_2z_2$ 上分解，这时必须注意到速度坐标系是一个动坐标系，其转动角速度 $\boldsymbol{\Omega}$ 见式（7-1）。由图 7-1 可知，它在坐标系 $Ox_2y_2z_2$ 三个坐标轴上的分量为

$$(\Omega_{x_2}, \Omega_{y_2}, \Omega_{z_2}) = (\dot{\theta}_a \sin\psi_2, -\dot{\psi}_2, \dot{\theta}_a \cos\psi_2) \tag{7-15}$$

如果用 $\dfrac{\partial \boldsymbol{v}}{\partial t}$ 表示速度 $\boldsymbol{v}$ 相对于动坐标系 $Ox_2y_2z_2$ 的矢端速度（或相对导数），而 $\boldsymbol{\Omega}\times\boldsymbol{v}$ 是由于动坐标系以 $\boldsymbol{\Omega}$ 转动产生的牵连矢端速度，则绝对矢端速度为二者之和，即

$$\frac{\mathrm{d}\boldsymbol{v}}{\mathrm{d}t} = \frac{\partial \boldsymbol{v}}{\partial t} + \boldsymbol{\Omega}\times\boldsymbol{v} \tag{7-16}$$

以 $\boldsymbol{i}_2$、$\boldsymbol{j}_2$、$\boldsymbol{k}_2$ 表示速度坐标系三个坐标轴上的单位矢量，故 $\boldsymbol{v} = v\boldsymbol{i}_2$，设外力矢量 $\boldsymbol{F}$ 在速度坐标系三个坐标轴上的分量为 F_{x_2}、F_{y_2}、F_{z_2}，则由式（7-14）可得质心运动方程的标量方程为

$$\begin{cases}m\dfrac{\mathrm{d}v}{\mathrm{d}t} = F_{x_2} \\ mv\cos\psi_2\dfrac{\mathrm{d}\theta_a}{\mathrm{d}t} = F_{y_2} \\ mv\dfrac{\mathrm{d}\psi_2}{\mathrm{d}t} = F_{z_2}\end{cases} \tag{7-17}$$

方程组（7-17）描述了弹箭质心速度大小和方向变化与外作用力之间的关系，称为质心运动动力学方程组。其中，第一个方程描述速度大小的变化，当切向力 $F_{x_2} > 0$ 时弹箭加速，当 $F_{x_2} < 0$ 时弹箭减速；第二个方程描述速度方向在铅直面内的变化，当 $F_{y_2} > 0$

时弹道向上弯曲，角 θ_a 增大，当 $F_{y_2}<0$ 时弹道向下弯曲，角 θ_a 减小；第三个方程描述速度偏离射击面的情况，当侧力 $F_{z_2}>0$ 时弹道向右偏转，角 ψ_2 增大，当 $F_{z_2}<0$ 时弹道向左偏转，角 ψ_2 减小。

速度矢量 $\boldsymbol{v}$ 沿地面坐标系三个轴上的分量见式（7－4），由此可得质心位置坐标变化方程：

$$\begin{cases}\dfrac{\mathrm{d}x}{\mathrm{d}t}=v\cos\theta_a\cos\psi_2\\ \dfrac{\mathrm{d}y}{\mathrm{d}t}=v\sin\theta_a\cos\psi_2\\ \dfrac{\mathrm{d}z}{\mathrm{d}t}=v\sin\psi_2\end{cases} \tag{7-18}$$

方程组（7－18）称为弹箭质心运动的运动学方程。

7.2.2　弹轴坐标系上弹箭绕质心转动的动量矩方程

弹箭绕质心的转动可以用动量矩定理描述，即

$$\frac{\mathrm{d}\boldsymbol{G}}{\mathrm{d}t}=\boldsymbol{M} \tag{7-19}$$

式中：$\boldsymbol{G}$ 为弹箭对质心的动量矩；$\boldsymbol{M}$ 为作用于弹箭的外力对质心的力矩。

将方程组（7－18）两端的矢量向弹轴坐标系分解，可以得到在弹轴坐标系上的标量方程。由于弹轴坐标系 $O\xi\eta\zeta$ 也随弹箭一起转动，因而也是一个转动坐标系，其转动角速度见式（7－2）。由式（7－2）可求出 $\boldsymbol{\omega}_1$ 在弹轴坐标系三个坐标轴上的分量，即

$$(\omega_{1\xi},\omega_{1\eta},\omega_{1\zeta})=(\dot{\varphi}_a\sin\varphi_2,-\dot{\varphi}_2,\dot{\varphi}_a\cos\varphi_2) \tag{7-20}$$

与式（7－16）相仿，将动量矩方程式（7－20）向动坐标系 $O\xi\eta\zeta$ 分解时应写为如下形式：

$$\frac{\mathrm{d}\boldsymbol{G}}{\mathrm{d}t}=\frac{\partial\boldsymbol{G}}{\partial t}+\boldsymbol{\omega}_1\times\boldsymbol{G}=\boldsymbol{M} \tag{7-21}$$

设弹轴坐标系上的单位矢量为 $\boldsymbol{i}$、$\boldsymbol{j}$、$\boldsymbol{k}$，则动量矩 $\boldsymbol{G}$ 和外力矩 $\boldsymbol{M}$ 在弹轴坐标系上的分量为

$$\begin{cases}\boldsymbol{M}=M_\xi\boldsymbol{i}+M_\eta\boldsymbol{j}+M_\zeta\boldsymbol{k}\\ \boldsymbol{G}=G_\xi\boldsymbol{i}+G_\eta\boldsymbol{j}+G_\zeta\boldsymbol{k}\end{cases} \tag{7-22}$$

将 $\boldsymbol{M}$ 和 $\boldsymbol{G}$ 的分量表达式代入式（7－21），可得到以弹轴坐标系三个坐标轴上分量表示的转动方程：

$$\begin{cases}\dfrac{\mathrm{d}G_\xi}{\mathrm{d}t}+\omega_{1\eta}G_\zeta-\omega_{1\zeta}G_\eta=M_\xi\\ \dfrac{\mathrm{d}G_\eta}{\mathrm{d}t}+\omega_{1\zeta}G_\xi-\omega_{1\xi}G_\zeta=M_\eta\\ \dfrac{\mathrm{d}G_\zeta}{\mathrm{d}t}+\omega_{1\xi}G_\eta-\omega_{1\eta}G_\xi=M_\zeta\end{cases} \tag{7-23}$$

以下面给出动量矩各分量G_ξ、G_η、G_ζ 的具体形式。

7.2.3 弹箭绕质心转动的动量矩计算

根据定义，对质心的总动量矩是弹箭上各质点相对质心运动的动量对质心之矩的总和。设任意一个小质点的质量为m_i，到质心的矢径为$\boldsymbol{r}_i$，速度为$\boldsymbol{v}_i$，则动量矩为

$$\boldsymbol{G}=\sum \boldsymbol{r}_i\times(m_i\boldsymbol{v}_i) \tag{7-24}$$

将式（7－24）等号两边中的矢量都向弹轴坐标系分解，其$\boldsymbol{G}$、$\boldsymbol{r}_i$用弹轴坐标系里的分量表示，则

$$\begin{cases}\boldsymbol{G}=G_\xi\boldsymbol{i}+G_\eta\boldsymbol{j}+G_\zeta\boldsymbol{k}\\ \boldsymbol{r}_i=\xi\boldsymbol{i}+\eta\boldsymbol{j}+\zeta\boldsymbol{k}\end{cases} \tag{7-25}$$

式（7－25）中省去了ξ、η、ζ 下标“i”。$\boldsymbol{v}_i$为质点m_i相对于质心的速度，它是由弹箭绕质心转动形成的，即

$$\boldsymbol{v}_i=\boldsymbol{\omega}\times\boldsymbol{r}_i \tag{7-26}$$

式中：$\boldsymbol{\omega}$为弹箭绕质心转动的总角速度，它比弹轴坐标系的转动角速度$\boldsymbol{\omega}_1$多一个自转角速度$\dot{\boldsymbol{\gamma}}$，其三个分量为

$$(\omega_\xi,\omega_\eta,\omega_\zeta)=(\dot{\gamma}+\dot{\varphi}_{\mathrm{a}}\sin\varphi_2,-\dot{\varphi}_2,\dot{\varphi}_{\mathrm{a}}\cos\varphi_2)$$

而

$$(\omega_{1\xi},\omega_{1\eta},\omega_{1\zeta})=(\omega_\zeta\tan\varphi_2,\omega_\eta,\omega_\zeta) \tag{7-27}$$

将式（7－25）～式（7－27）的矢量形式代入动量矩的表达式（7－24）中，可得

$$\begin{aligned}G&=\sum_i m_i\boldsymbol{r}_i\times(\boldsymbol{\omega}+\boldsymbol{r}_i)=\sum_i m_i\left[r_i^2\boldsymbol{\omega}-(\boldsymbol{r}_i\cdot\boldsymbol{\omega})\boldsymbol{r}_i\right]\\&=\sum_i m_i\left[(\xi^2+\eta^2+\zeta^2)\boldsymbol{\omega}-(\xi\omega_\xi+\eta\omega_\eta+\zeta\omega_\zeta)\boldsymbol{r}_i\right]\end{aligned} \tag{7-28}$$

由式（7－28）可得

$$\begin{aligned}G_\xi&=\omega_\xi\sum_i m_i(\xi^2+\eta^2+\zeta^2)-\sum_i m_i(\xi^2\omega_\xi+\xi\eta\omega_\eta+\xi\zeta\omega_\zeta)\\&=J_\xi\omega_\xi-J_{\xi\eta}\omega_\eta-J_{\xi\zeta}\omega_\zeta\end{aligned}$$

同理，可得

$$\begin{cases}G_\eta=J_\eta\omega_\eta-J_{\eta\xi}\omega_\xi-J_{\eta\zeta}\omega_\zeta\\ G_\zeta=J_\zeta\omega_\xi-J_{\xi\xi}\omega_\xi-J_{\zeta\eta}\omega_\eta\end{cases} \tag{7-29}$$

式中

$$\begin{cases}J_\xi=\sum\limits_i m_i(\eta^2+\zeta^2)\\ J_\eta=\sum\limits_i m_i(\xi^2+\zeta^2)\\ J_\zeta=\sum\limits_i m_i(\xi^2+\eta^2)\end{cases} \tag{7-30}$$

分别称为对ξ、η和ζ轴的转动惯量，则

$$\begin{cases} J_{\xi\eta}=J_{\eta\xi}=\sum_i m_i\xi\eta, \\ J_{\xi\zeta}=J_{\zeta\xi}=\sum_i m_i\zeta\xi, \\ J_{\eta\zeta}=J_{\zeta\eta}=\sum_i m_i\zeta\eta \end{cases} \tag{7-31}$$

分别称为对$\xi\eta$轴、$\xi\zeta$轴和$\eta\zeta$轴的惯性积。

式（7－30）也可以用转动惯量矩阵或惯性张量表示，即

$$\boldsymbol{G}=\boldsymbol{J}_{\mathrm{A}}\boldsymbol{\omega} \tag{7-32}$$

则

$$\boldsymbol{G}=\begin{pmatrix} G_\xi \\ G_\eta \\ G_\zeta \end{pmatrix},\boldsymbol{J}_{\mathrm{A}}=\begin{pmatrix} J_\xi & -J_{\xi\eta} & -J_{\xi\zeta} \\ -J_{\eta\xi} & J_\eta & -J_{\eta\zeta} \\ -J_{\zeta\xi} & -J_{\zeta\eta} & J_\zeta \end{pmatrix},\omega=\begin{pmatrix} \omega_\xi \\ \omega_\eta \\ \omega_\zeta \end{pmatrix} \tag{7-33}$$

式中：$\boldsymbol{G}$、$\boldsymbol{\omega}$和$\boldsymbol{J}_{\mathrm{A}}$分别为对弹体坐标系的动量矩矩阵、角速度矩阵和转动惯量矩阵。

由以上推导可知，式（7－32）是普遍表达式，对任意坐标系都适用，即刚体对质心的动量矩矩阵等于刚体对某坐标系的转动惯量矩阵与对于该坐标系的总角速度矩阵之积。

对于轴对称弹箭，其质量也是轴对称分布的。因此，弹箭纵轴以及过质心垂直于纵轴的平面（也称为赤道面）上任意过质心的直径都是惯性主轴，则弹轴或弹体坐标系的三个坐标轴永远是惯性主轴，而与弹箭自转的方位角γ无关，即永远有$J_{\xi\eta}=J_{\eta\zeta}=J_{\zeta\xi}=0$。

令

$$J_\xi=C,\qquad J_\eta=J_\zeta+A$$

并分别称为弹箭的极转动惯量和赤道转动惯量，则

$$\boldsymbol{J}_{\mathrm{A}}=\begin{pmatrix} C & 0 & 0 \\ 0 & A & 0 \\ 0 & 0 & A \end{pmatrix} \tag{7-34}$$

实际上由于制造、运输等各种原因，弹箭并不总是准确对称的，经常是有某种程度的轻微不对称存在。弹箭的不对称包括质量分布不对称和几何外形不对称：质量分布不对称将使质心偏离几何中心、使惯性主轴偏离几何对称轴；几何外形不对称使空气动力对称轴偏离几何轴，它们对弹箭的运动产生干扰，增大了弹道散布，使射击密集度变坏。下面首先建立有动不平衡时的弹箭运动方程。

7.2.4　有动不平衡时的惯性张量和动量矩

当有动不平衡时弹轴将不再是惯性主轴，设二者有一个夹角β_{D}，这个角度一般很小，但是它对高速旋转弹运动的影响却不可忽视。

与上面的处理方法一样，弹体坐标系经两次旋转可以达到惯量主轴坐标系：首先是弹体坐标系$Ox_1y_1z_1$绕Oz_1轴正向右旋$\beta_{\mathrm{D_1}}$角达到$O\xi'\eta_1z_1$位置；然后$O\eta_1$绕$O\xi'\eta_1z_1$向右旋

β_{D_2} 角到达惯量主轴坐标系 $O\xi_1\eta_1\zeta_1$，如图 7-5 所示。由图 7-5 可求得由惯量主轴坐标系向弹体坐标系的转换矩阵 $\boldsymbol{A}_{B\beta_{D_1}}$。实际上，只需将表 7-1 中的 θ_a 替换成 β_{D_1},ψ_2 替换成 β_{D_2}，再转置就可得这种转换关系：

$$\begin{pmatrix} x_1 \\ y_1 \\ z_1 \end{pmatrix} = \boldsymbol{A}_{B\beta_{D_1}} \begin{pmatrix} \xi_1 \\ \eta_1 \\ \zeta_1 \end{pmatrix}$$

和

$$\boldsymbol{A}_{B\beta_{D_1}} = \begin{pmatrix} \cos\beta_{D_2}\cos\beta_{D_1} & -\sin\beta_{D_1} & -\sin\beta_{D_2}\cos\beta_{D_1} \\ \cos\beta_{D_2}\sin\beta_{D_1} & \cos\beta_{D_1} & -\sin\beta_{D_2}\sin\beta_{D_1} \\ \sin\beta_{D_2} & 0 & \cos\beta_{D_2} \end{pmatrix}$$

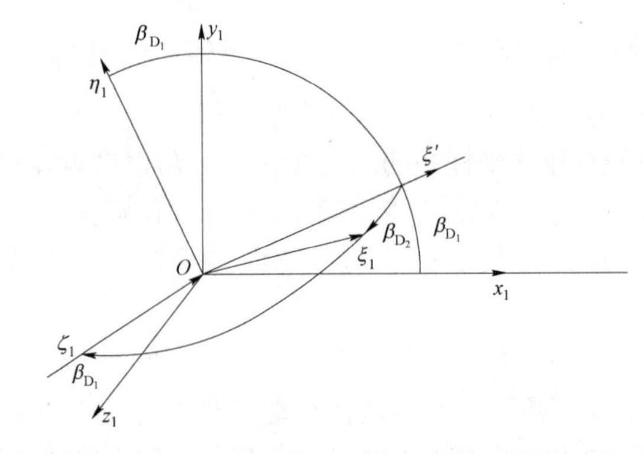

图 7-5　惯量主轴坐标系和弹体坐标系

因为 β_D 一般很小，β_{D_1}、β_{D_2} 更小，则

$$\boldsymbol{A}_{B\beta_D} = \begin{pmatrix} 1 & -\beta_{D_1} & -\beta_{D_2} \\ \beta_{D_1} & 1 & 0 \\ \beta_{D_2} & 0 & 1 \end{pmatrix} \tag{7-35}$$

设弹箭总角速度在弹体坐标系和惯量主轴坐标系里投影矩阵分别为 $\boldsymbol{\omega}_B$ 和 $\boldsymbol{\omega}'$，弹箭对这两个坐标系的转动惯量矩阵分别为 $\boldsymbol{J}_B$ 和 $\boldsymbol{J}'$，弹箭对质心的总动量矩在这两个坐标系里的投影矩阵分别为 $\boldsymbol{G}_B$ 和 $\boldsymbol{G}'$，按前面对式（7-32）的说明，它是一个普遍的关系式，即

$$\begin{cases} \boldsymbol{G}_B = \boldsymbol{J}_B\boldsymbol{\omega}_B \\ \boldsymbol{G}' = \boldsymbol{J}'\boldsymbol{\omega}' \end{cases} \tag{7-36}$$

利用两个坐标系间的转换矩阵 $\boldsymbol{A}_{B\beta_D}$，得到总动量矩、总角速度在两个坐标系的分量关系为

$$\begin{cases} \boldsymbol{G}' = \boldsymbol{A}_{B\beta_D}^{-1}\boldsymbol{G}_B \\ \boldsymbol{\omega}' = \boldsymbol{A}_{B\beta_D}^{-1}\boldsymbol{\omega}_B \end{cases} \tag{7-37}$$

将式（7-37）代入式（7-36）的第二个公式，可得

$$A_{B\beta_D}^{-1} G_B = J' A_{B\beta_D}^{-1} \omega_B \tag{7-38}$$

将式（7–38）等号两边左乘以 $A_{B\beta_D}$，并注意到 $A_{B\beta_D} A_{B\beta_D}^{-1} = I$，其中 I 为单位矩阵，可得

$$G_B = A_{B\beta_D} J' A_{B\beta_D}^{-1} \omega_B \tag{7-39}$$

将式（7–39）与式（7–36）中的第一个公式相比较，并注意到 $A_{B\beta_D}$ 为正交矩阵，故其逆矩阵等于转置矩阵，即

$$J_B = A_{B\beta_D} J' A_{B\beta_D}^{T} \tag{7-40}$$

式（7–40）表示了两个坐标系上转动惯量矩阵之间的关系。对于惯量主轴坐标系来说，各惯量积为零，则

$$J' = \begin{pmatrix} J_{\xi_1} & 0 & 0 \\ 0 & J_{\eta_1} & 0 \\ 0 & 0 & J_{\zeta_1} \end{pmatrix} \approx \begin{pmatrix} C & 0 & 0 \\ 0 & A & 0 \\ 0 & 0 & A \end{pmatrix} \tag{7-41}$$

式中：$C = J_{\xi_1}$ 为轴向转动惯量；$A = J_{\eta_1} = J_{\zeta_1}$ 为横向转动惯量，分别与弹箭的极转动惯量和赤道转动惯量近似相等。

将式（7–35）和式（7–41）代入式（7–40），可得

$$J_B = \begin{pmatrix} C & -(A-C)\beta_{D_1} & -(A-C)\beta_{D_2} \\ -(A-C)\beta_{D_2} & A & 0 \\ -(A-C)\beta_{D_2} & 0 & A \end{pmatrix} \tag{7-42}$$

由于转动运动方程是向弹道轴坐标系分解的，因而必须将惯量矩阵 J_B 再转换到弹轴坐标系中去。因为弹轴坐标系与弹体坐标系只相差一个自转角，利用这两个坐标系间的转换矩阵 A_{AB}（表 7–3），可得弹轴坐标系里的转动惯量矩阵，即

$$J_A = A_{AB} \cdot J_B \cdot A_{AB}^{T} = \begin{pmatrix} C & -(A-C)\beta_{D_\eta} & -(A-C)\beta_{D_\zeta} \\ -(A-C)\beta_{D_\eta} & A & 0 \\ -(A-C)\beta_{D_\zeta} & 0 & A \end{pmatrix} \tag{7-43}$$

式中

$$\begin{cases} \beta_{D_\eta} = \beta_{D_1} \cos\gamma - \beta_{D_2} \sin\gamma \\ \beta_{D_\zeta} = \beta_{D_1} \sin\gamma + \beta_{D_2} \cos\gamma \end{cases} \tag{7-44}$$

显然，对弹轴坐标系而言，转动惯量矩阵随弹箭旋转方位角 γ 变化，因而也是随时间变化的，即

$$\dot{\beta}_{D_\eta} = (-\beta_{D_1} \sin\gamma - \beta_{D_2} \cos\gamma)\dot{\gamma} \approx -\beta_{D_\zeta} \omega_\xi \tag{7-45}$$

和

$$\dot{\beta}_{D_\zeta} = (\beta_{D_1} \cos\gamma - \beta_{D_2} \sin\gamma)\dot{\gamma} \approx \beta_{D_\eta} \omega_\xi \tag{7-46}$$

将式（7–43）代入式（7–32），得到动量矩在弹轴坐标系里分量的矩阵形式：

$$\begin{pmatrix} G_\xi \\ G_\eta \\ G_\zeta \end{pmatrix} = \begin{pmatrix} C\omega_\xi - (A-C)(\beta_{D_\eta}\omega_\eta + \beta_{D_\zeta\omega}\omega_\zeta \\ -(A-C)\beta_{D_\eta}\omega_\xi + A\omega_\eta \\ -(A-C)\beta_{D_\zeta}\omega_\xi + A\omega_\zeta \end{pmatrix} \tag{7-47}$$

7.2.5 弹箭绕质心转动的方程组

将式（7–47）代入式（7–23），略去$\omega_{1\xi}$、ω_η、ω_ζ、$\tan\varphi_2$、$\beta_{D\eta}$和$\beta_{D\zeta}$等小量的乘积项，并利用$\beta_{D\eta}$、$\beta_{D\xi}$、$\dot\beta_{D\eta}$、$\dot\beta_{D\xi}$的关系式以及$\omega_\xi \approx \dot\gamma$和$\dot\omega_\xi \approx \ddot\gamma$，可得弹箭绕质心转动的动力学方程组：

$$\begin{cases} \dfrac{d\omega_\xi}{dt} = \dfrac{1}{C}M_\xi \\ \dfrac{d\omega_\eta}{dt} = \dfrac{1}{A}M_\eta - \dfrac{C}{A}\omega_\xi\omega_\zeta + \omega_\zeta^2\tan\varphi_2 + \dfrac{A-C}{A}(\beta_{D\eta}\ddot\gamma - \beta_{D\zeta}\dot\gamma^2) \\ \dfrac{d\omega_\zeta}{dt} = \dfrac{1}{A}M_\zeta + \dfrac{C}{A}\omega_\xi\omega_\eta - \omega_\eta\omega_\zeta\tan\varphi_2 + \dfrac{A-C}{A}(\beta_{D\zeta}\ddot\gamma + \beta_{D\eta}\dot\gamma^2) \end{cases} \tag{7-48}$$

由式（7–27）可得到弹箭绕质心转动的运动学方程组：

$$\begin{cases} \dfrac{d\gamma}{dt} = \omega_\xi - \omega_\zeta\tan\varphi_2 \\ \dfrac{d\varphi_2}{dt} = -\omega_\eta \\ \dfrac{d\varphi_a}{dt} = \dfrac{\omega_\zeta}{\cos\varphi_2} \end{cases} \tag{7-49}$$

7.2.6 弹箭刚体运动方程组的一般形式

式（7–17）、式（7–18）、式（7–48）和式（7–49）共有 12 个方程，它们组成了弹箭刚体运动方程组，但这 12 个方程中有 15 个变量：v、θ_a、ψ_2、φ_a、φ_2、δ_1、δ_2、ω_ξ、ω_η、ω_ζ、γ、x、y、z、β，因而方程组不封闭，必须再补充 3 个方程，它们就是几何关系式（7–10）～式（7–12）。这些方程联立起来就是弹箭刚体运动方程组的一般形式。

在给出了方程中力和力矩的具体表达式后，刚体运动方程组才有具体的形式。下面，首先解决有风情况下作用在弹箭上的气动力和力矩的表达式。

7.3 有风情况下的气动力和力矩分量的表达式

如果射击方向与正北方（N）的夹角为α_N，风的来向（风向）与正北方的夹角为α_W，如图 7–6 所示，按定义风速 w 分解为纵风和横风，即

$$w_x = -w\cos(\alpha_W - \alpha_N) \tag{7-50}$$

和

$$w_z = -w\sin(\alpha_W - \alpha_N) \tag{7-51}$$

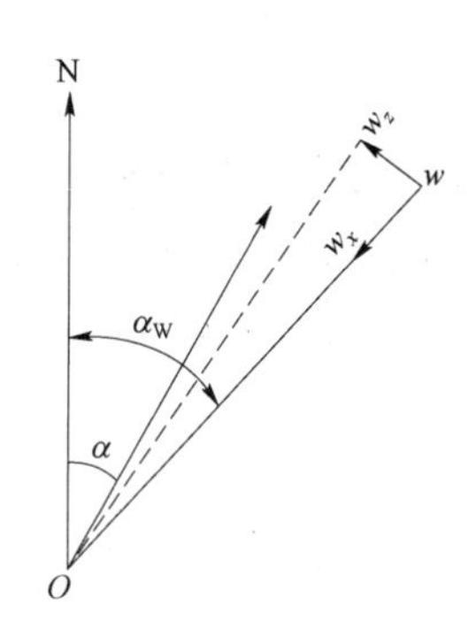

图 7－6　水平风分解为纵风和横风

7.3.1　相对气流速度和相对攻角

弹箭在风场中运动所受空气动力、力矩的大小和方向取决于弹箭相对于空气的速度的大小和方向，仍以 $\boldsymbol{v}_\mathrm{r}$ 表示弹箭相对于地面的速度，则它相对于空气的速度为

$$\boldsymbol{v}_\mathrm{r} = \boldsymbol{v} - \boldsymbol{w} \tag{7-52}$$

因为弹箭质心运动方程是向速度坐标系分解的，因而也将 $\boldsymbol{v}_\mathrm{r}$ 向速度坐标系分解。设风速 w 在速度坐标系 $Ox_2y_2z_2$ 三个轴上的分量依次为 w_{x_2}、w_{y_2}、w_{z_2}，则相对速度 $\boldsymbol{v}_\mathrm{r}$ 在速度坐标系中的分量为

$$(v_{\mathrm{r}x_2}, v_{\mathrm{r}y_2}, v_{\mathrm{r}z_2}) = (v - w_{x_2}, -w_{y_2}, -w_{z_2}) \tag{7-53}$$

而

$$v_\mathrm{r} = \sqrt{(v - w_{x_2})^2 + w_{y_2}^2 + w_{z_2}^2} \tag{7-54}$$

利用基准坐标系与速度坐标系间的转换矩阵式（7－7），可得风速在速度坐标系上的分量为

$$\begin{cases} w_{x_2} = w_x \cos\psi_2 \cos\theta_\mathrm{a} + w_z \sin\psi_2 \\ w_{y_2} = -w_x \sin\theta_\mathrm{a} \\ w_{z_2} = -w_x \sin\psi_2 \cos\theta_\mathrm{a} + w_z \cos\psi_2 \end{cases}$$

相对速度 $\boldsymbol{v}_\mathrm{r}$ 与弹轴组成的平面称为相对攻角平面，$\boldsymbol{v}_\mathrm{r}$ 与弹轴的夹角称为相对攻角，记为 δ_τ。设弹轴方向上单位矢量为 $\boldsymbol{\xi}$，则相对攻角 δ_r 的大小为

$$\delta_\mathrm{r} = \arccos(\boldsymbol{v}_\mathrm{r} \cdot \boldsymbol{\xi} / v_\mathrm{r}) = \arccos(v_{\mathrm{r}\xi} / v_\mathrm{r}) \tag{7-55}$$

因为

$$\boldsymbol{\xi} = \cos\delta_2 \cos\delta_1 \boldsymbol{i}_2 + \cos\delta_2 \sin\delta_1 \boldsymbol{j}_2 + \sin\delta_2 \boldsymbol{k}_2$$

故

$$v_{\mathrm{r}\xi} = v_{\mathrm{r}x_2} \cos\delta_2 \cos\delta_1 + v_{\mathrm{r}y_2} \cos\delta_2 \sin\delta_1 + v_{\mathrm{r}z_2} \sin\delta_2 \tag{7-56}$$

有风时，气动力和力矩表达式中要用到相对速度 v_r、相对攻角 δ_r，而且确定气动力和力矩矢量方向要用到相对攻角平面，它是由弹轴和相对速度 v_r 组成的平面。

7.3.2　有风时的空气动力

根据建立质心运动方程的要求，下面将各气动力向速度坐标系分解。

1. 阻力 $\boldsymbol{R}_x$

阻力应沿相对速度矢量 $\boldsymbol{v}_\mathrm{r}$ 的反方向，其大小需要用 v_r 计算，即

$$\begin{cases}\boldsymbol{R}_x=\rho v_\mathrm{r}Sc_x(-\boldsymbol{v}_\mathrm{r})/2\\ c_x=c_{x_0}(1+k\delta_\mathrm{r}^2)\end{cases}\tag{7-57}$$

写成分量形式为

$$\begin{cases}R_{xx_2}=-\dfrac{\rho v_\mathrm{r}}{2}Sc_xv_{\mathrm{r}x_2}\\ R_{xy_2}=-\dfrac{\rho v_\mathrm{r}}{2}Sc_xv_{\mathrm{r}y_2}\\ R_{xz_2}=-\dfrac{\rho v_\mathrm{r}}{2}Sc_xv_{\mathrm{r}z_2}\end{cases}\tag{7-58}$$

2. 升力 $\boldsymbol{R}_y$

升力在相对攻角平面内并垂直于相对速度 $\boldsymbol{v}_\mathrm{r}$，与弹轴在 $\boldsymbol{v}_\mathrm{r}$ 的同一侧，如图 7－7 所示。升力的大小和方向为

$$\boldsymbol{R}_y=\frac{\rho S}{2}C_y\frac{1}{\sin\delta_\mathrm{r}}\boldsymbol{v}_\mathrm{r}\times(\boldsymbol{\xi}\times\boldsymbol{v}_\mathrm{r})\tag{7-59}$$

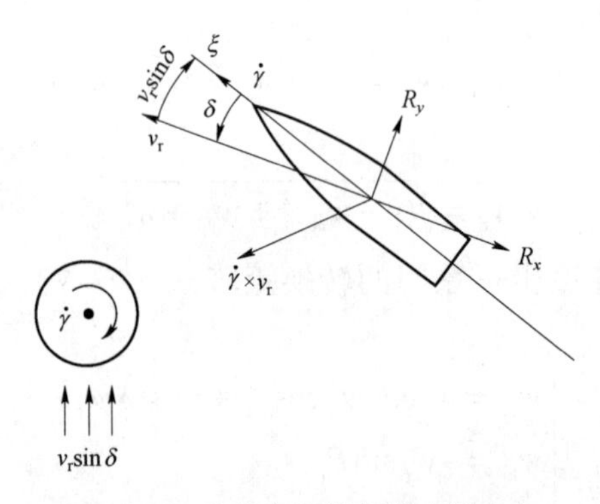

图 7－7 升力和马格努斯力的方向

其分量表达式为

$$\begin{pmatrix}R_{yx_2}\\R_{yy_2}\\R_{yz_2}\end{pmatrix}=\frac{\rho S}{2}C_y\frac{1}{\sin\delta_\mathrm{r}}\begin{pmatrix}v_\mathrm{r}^2\cos\delta_2\cos\delta_1-v_{\mathrm{r}\xi}v_{\mathrm{r}x_2}\\ v_\mathrm{r}^2\cos\delta_2\sin\delta_1-v_{\mathrm{r}\xi}v_{\mathrm{r}y_2}\\ v_\mathrm{r}^2\sin\delta_2-v_{\mathrm{r}\xi}v_{\mathrm{r}z_2}\end{pmatrix}\tag{7-60}$$

3. 马格努斯力 $\boldsymbol{R}_z$

如前所述，旋转弹的马格努斯力指向 $\dot{\boldsymbol{\gamma}}\times\boldsymbol{v}_\mathrm{r}$ 方向，其矢量表达式为

$$\boldsymbol{R}_z=\frac{\rho v_\mathrm{r}}{2}SC_z\frac{1}{\sin\delta_\mathrm{r}}(\boldsymbol{\xi}\times\boldsymbol{v}_\mathrm{r})\tag{7-61}$$

该力的方向还与马格努斯力系数 C_z 的正、负有关。

由矢量叉乘积分量的矩阵运算表示法可直接得马格努斯力的三个分量为

$$\begin{aligned}\begin{pmatrix}R_{zx_2}\\R_{zy_2}\\R_{zz_2}\end{pmatrix}&=\frac{\rho v_{\mathrm{r}}}{2}SC_z\frac{1}{\sin\delta_{\mathrm{r}}}\begin{pmatrix}0&-\xi_{z_2}&\xi_{y_2}\\\xi_{z_2}&0&-\xi_{x_2}\\-\xi_{y_2}&\xi_{x_2}&0\end{pmatrix}\begin{pmatrix}v_{\mathrm{r}x_2}\\v_{\mathrm{r}y_2}\\v_{\mathrm{r}z_2}\end{pmatrix}\\&=\frac{\rho v_{\mathrm{r}}}{2}SC_z\frac{1}{\sin\delta_{\mathrm{r}}}\begin{pmatrix}-v_{\mathrm{r}y_2}\sin\delta_2+v_{\mathrm{r}z_2}\cos\delta_2\sin\delta_1\\v_{\mathrm{r}x_2}\sin\delta_2-v_{\mathrm{r}z_2}\cos\delta_2\cos\delta_1\\-v_{\mathrm{r}x_2}\cos\delta_2\sin\delta_1+v_{\mathrm{r}y_2}\cos\delta_2\cos\delta_1\end{pmatrix}\end{aligned}\tag{7-62}$$

7.3.3　有风时的空气动力矩

根据建立转动方程的要求，下面求有风时各动力矩在弹轴坐标系三个坐标轴上的分量表达式。

1. 静力矩 $\boldsymbol{M}_z$

有风时，静力矩矢量形式为

$$\boldsymbol{M}_z=\frac{\rho v_{\mathrm{r}}}{2}Slm_z\frac{1}{\sin\delta_{\mathrm{r}}}(\boldsymbol{v}_{\mathrm{r}}\times\boldsymbol{\xi})$$

在小攻角时，有

$$m_z=m_z'\cdot\delta_{\mathrm{r}}\tag{7-63}$$

式中：$m_z'>0$ 时为翻转力矩；$m_z'<0$ 时为稳定力矩。

静力矩在弹轴坐标系里的分量表达式为

$$\begin{cases}M_{z\xi}=0\\M_{z\eta}=\dfrac{\rho v_{\mathrm{r}}}{2}Slm_z\dfrac{1}{\sin\delta_2}v_{\mathrm{r}\zeta}\\M_{z\zeta}=-\dfrac{\rho v_{\mathrm{r}}}{2}Slm_z\dfrac{v_{\mathrm{r}\eta}}{\sin\delta_{\mathrm{r}}}\end{cases}\tag{7-64}$$

式中：$v_{\mathrm{r}\eta}$ 、 $r_{\mathrm{r}\zeta}$ 分别为相对速度在弹轴坐标系上的分量。

记 $v_{\mathrm{r}\eta_2}$ 和 $v_{\mathrm{r}\zeta_2}$ 为相对速度在第二弹轴坐标系上的分量，它们之间的关系为

$$\begin{cases}v_{\mathrm{r}\eta}=v_{\mathrm{r}\eta_2}\cos\beta+v_{\mathrm{r}\zeta_2}\sin\beta\\v_{\mathrm{r}\zeta}=-v_{\mathrm{r}\eta_2}\sin\beta+v_{\mathrm{r}\zeta_2}\cos\beta\end{cases}\tag{7-65}$$

2. 赤道阻尼力矩 $\boldsymbol{M}_{zz}$

赤道阻尼力矩是阻尼弹箭摆动的力矩，故与弹箭摆动角速度 $\boldsymbol{\omega}_1$ 方向相反，即

$$\boldsymbol{M}_{zz}=-\rho v_{\mathrm{r}}Sldm_{zz}'\boldsymbol{\omega}_1/2\tag{7-66}$$

由式（7-20）知 $\boldsymbol{\omega}_1$ 的分量为 $\omega_{\mathrm{r}\xi}$、$\omega_{1\eta}$、$\omega_{1\zeta}$，则得赤道阻尼力矩在弹轴坐标系上的分量为

$$\begin{cases}M_{zz\xi}=-\dfrac{\rho v_{\mathrm{r}}}{2}Slm_{zz}'\omega_{1\xi}\\M_{zz\eta}=-\dfrac{\rho v_{\mathrm{r}}}{2}Slm_{zz}'\omega_{1\eta}\\M_{zz\zeta}=-\dfrac{\rho v_{\mathrm{r}}}{2}Slm_{zz}'\omega_{1\zeta}\end{cases}\tag{7-67}$$

3. 极阻尼力矩 $\boldsymbol{M}_{xz}$

极阻尼力矩是由弹箭绕纵轴旋转的角速度 $\omega_\xi \approx \dot{\gamma}$ 所引起的，阻止弹箭的旋转，故其矢量方向与 ω_ξ 方向相反，对于右旋弹即在弹轴的反方向。它在弹轴坐标系上的分量为

$$\begin{cases} M_{xz\xi} = -\dfrac{\rho v_{\mathrm{r}}}{2} Sldm'_{xz}\omega_\xi \\ M_{xz\eta} = 0 \\ M_{xz\zeta} = 0 \end{cases} \tag{7-68}$$

4. 尾翼导转力矩 $\boldsymbol{M}_{xw}$

尾翼导转力矩是由斜置或斜切尾翼所产生的，驱使弹箭自转，因而矢量沿弹轴方向，它在弹轴坐标系上的分量为

$$\begin{cases} M_{xw\xi} = \rho v_{\mathrm{r}}^2 Slm'_{xw}\delta_f / 2 \\ M_{xw\eta} = 0 \\ M_{xw\xi} = 0 \end{cases} \tag{7-69}$$

5. 马格努斯力矩 $\boldsymbol{M}_y$

马格努斯力矩是由垂直于相对攻角平面的马格努斯力所产生的，其矢量位于相对攻角面内，即有风时马格努斯力矩在 $\boldsymbol{\xi}\times(\boldsymbol{\xi}\times\boldsymbol{v}_{\mathrm{r}})$ 方向上，故马格努斯力矩可表示为

$$\boldsymbol{M}_y = \frac{\rho}{2} Sl\mathrm{d}\omega_\xi m'_y \frac{1}{\sin\delta_{\mathrm{r}}} \boldsymbol{\xi}\times(\boldsymbol{\xi}\times\boldsymbol{v}_{\mathrm{r}}) \tag{7-70}$$

于是，马格努斯力矩在弹轴坐标系上的分量为

$$\begin{cases} M_{y\xi} = 0 \\ M_{\mathrm{r}\eta} = -\dfrac{\rho}{2} Sl\mathrm{d}\omega_\xi m'_y \dfrac{v_{\mathrm{r}\eta}}{\sin\delta_{\mathrm{r}}} \\ M_{y\zeta} = -\dfrac{\rho}{2} Sl\mathrm{d}\omega_\xi m'_y \dfrac{v_{\mathrm{r}\zeta}}{\sin\delta_{\mathrm{r}}} \end{cases}$$

6. 气动偏心产生的附加力矩和附加升力

弹箭的气动外形不对称时，即使攻角 $\delta = 0°$，仍有静力矩和升力，只有当 $\delta = \delta_{\mathrm{M}}$ 时，静力矩才为零，$\delta = \delta_{\mathrm{N}}$ 时升力才为零。因此，可将静力矩和升力矩写成如下形式：

$$\begin{cases} M_x = \rho v^2 Slm'_z(\delta - \delta_{\mathrm{M}}) / 2 \\ R_y = \rho v^2 SC'_y(\delta - \delta_{\mathrm{N}}) / 2 \end{cases} \tag{7-71}$$

因此，外形不对称的作用等效于增加了一个附加静力矩和附加升力矩，即

$$\begin{cases} \Delta M_z = -\rho v^2 Slm'_z\delta_{\mathrm{M}} / 2 \\ \Delta R_y = -\rho v^2 C'_y\delta_{\mathrm{N}} / 2 \end{cases} \tag{7-72}$$

式中：δ_{M}、δ_{N} 分别为附加力矩的气动偏心角和附加力的气动偏心角。

一般来说，δ_{M} 与 δ_{N} 并不相等，但是，当气动偏心角不对称主要由尾翼不对称引起时，$\delta_{\mathrm{N}} \approx S_{\mathrm{M}}$，因而可解释如下。

设攻角恰好为$\delta=\delta_{\mathrm{M}}$，则$M_z=0, R_y=\dfrac{\rho v^2}{2}SC_y'(\delta_{\mathrm{M}}-\delta_{\mathrm{N}})$；另外，此时总空气动力 R 必须沿弹轴反方向通过质心（图 7－8），此时阻力 R_x 方向仍与速度方向相反，升力则为

$$R_y=-R_x\tan\delta_{\mathrm{M}}\approx-\rho v^2 SC_x\delta_{\mathrm{M}}/2$$

令式（7－71）和式（7－72）中两个 R_y 表达式相等，并注意到$C_y'\gg C_x$，可得

$$\delta_{\mathrm{N}}=(1+C_x/C_y')\delta_{\mathrm{M}}\approx\delta_{\mathrm{M}}$$

当弹箭旋转时，附加力矩和附加气动力也将随之旋转，改变作用方向。与以前一样，现在的问题是：求出附加力矩在弹轴坐标系里的投影和，附加升力在速度坐标系里的投影。

沿弹轴从弹尾向弹头观察一个垂直于弹轴的横截面，气动偏心角 δ_{N} 所在的平面上 OE 轴相对于弹轴坐标系的 $O\eta$ 轴转过角 γ_1，如图 7－9 所示。在只研究附加升力和力矩时可认为 $\delta=0°$，并取 $\beta=0°$，则速度坐标系与弹轴坐标系重合。附加升力 ΔR_y 沿 OE 轴反方向，三个分量为

$$[\Delta R_{yx_2},\Delta R_{yy_2},\Delta R_{yx_2}]=\frac{-\rho v^2}{2}SC_y'\delta_{\mathrm{N}}[0,\cos\gamma_1,\sin\gamma_1] \tag{7-73}$$

式中：$\gamma_1=\gamma_{01}+\gamma$，$\gamma_{01}$ 表示气动偏心角 δ_{N} 的起始方位，或相对于弹体的方位，是个常数，故 $\dot{\gamma}_1=\dot{\gamma}$。

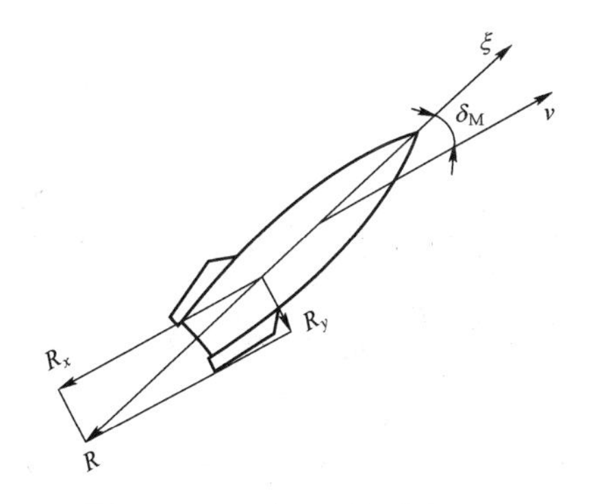

图 7－8　δ_{M} 与 δ_{N} 关系说明图

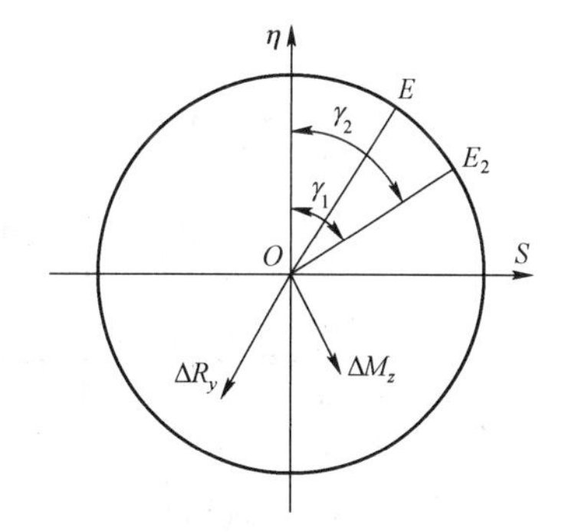

图 7－9　附加升力和附加力矩的方向

同理，设附加力矩的偏心角为 δ_{M}，所在平面为 OE_2 方向，与 $O\eta$ 轴的夹角为 γ_2，附加力矩 ΔM_z 的方向与 OE_2 垂直。

由图 7－9 可知，附加力矩的分量为

$$\begin{cases}\Delta M_{z\xi}=0\\[2ex] \Delta M_{z\eta}=-\dfrac{\rho v^2}{2}Slm_z'\delta_{\mathrm{M}}\sin\gamma_2\\[2ex] \Delta M_{z\xi}=\dfrac{\rho v^2}{2}Slm_z'\delta_{\mathrm{M}}\cos\gamma_2\end{cases} \tag{7-74}$$

式中：$\gamma_2=\gamma_{02}+\gamma$，$\gamma_{02}$ 表示气动偏心角 δ_{M} 的起始方位角，也是个常数，故 $\dot{\gamma}_2=\dot{\gamma}$。

7.4 弹箭的六自由度刚体弹道方程

将作用在弹箭上的所有的力和力矩的表达式代入弹箭刚体运动一般方程中去，就可以得到弹箭六自由度刚体运动方程的具体形式，这种方程常称为六自由度方程。

利用表 7-1，还可将地球自转角速度分量转换到速度坐标系中，再由科氏惯性力，定义 $\boldsymbol{F}_{\mathrm{K}}=-2m\boldsymbol{\Omega}_{\mathrm{E}}\times\boldsymbol{V}$，即得科氏惯性力在速度坐标系上的分量的矩阵表达式：

$$\begin{pmatrix} F_{\mathrm{K}X_2} \\ F_{\mathrm{K}Y_2} \\ F_{XZ_2} \end{pmatrix}=2\Omega_{\mathrm{E}}mv\begin{pmatrix} 0 \\ \sin\psi_2\cos\theta_{\mathrm{a}}\cos\Lambda\cos\alpha_{\mathrm{N}}+\sin\theta_{\mathrm{a}}\sin\psi_2\sin\Lambda+\cos\psi_2\cos\Lambda\sin\alpha_{\mathrm{N}} \\ -\sin\theta_{\mathrm{a}}\cos\Lambda\cos\alpha_{\mathrm{N}}+\cos\theta_{\mathrm{a}}\sin\Lambda \end{pmatrix} \tag{7-75}$$

再略去动不平衡 $\beta_{\mathrm{D}\eta}$、$\beta_{\mathrm{D}\zeta}$ 与横向角速度 ω_η、η_ζ 相乘积的项，可得弹箭六自由度刚体运动方程组：

$$\begin{cases} \dfrac{\mathrm{d}v}{\mathrm{d}t}=\dfrac{F_{x_2}}{m} \\ \dfrac{\mathrm{d}\theta_{\mathrm{a}}}{\mathrm{d}t}=\dfrac{F_{y_2}}{mv\cos\psi_2} \\ \dfrac{\mathrm{d}\psi_2}{\mathrm{d}t}=\dfrac{F_{z_2}}{mv} \\ \dfrac{\mathrm{d}\omega_\xi}{\mathrm{d}t}=\dfrac{1}{C}M_\xi \\ \dfrac{\mathrm{d}\omega_\eta}{\mathrm{d}t}=\dfrac{1}{A}M_\eta-\dfrac{C}{A}\omega_\xi\omega_\zeta+\omega_\eta^2\tan\varphi_2+\dfrac{A-C}{A}(\beta_{\mathrm{D}\eta}\ddot{\gamma}-\beta_{\mathrm{D}\zeta}\dot{\gamma}^2) \\ \dfrac{\mathrm{d}\omega_\zeta}{\mathrm{d}t}=\dfrac{1}{A}M_\zeta+\dfrac{C}{A}\omega_\xi\omega_\eta-\omega_\eta\omega_\zeta\tan\varphi_2+\dfrac{A-C}{A}(\beta_{\mathrm{D}\zeta}\ddot{\gamma}+\beta_{\mathrm{D}\eta}\dot{\gamma}^2) \\ \dfrac{\mathrm{d}\varphi_{\mathrm{a}}}{\mathrm{d}t}=\dfrac{\omega_\zeta}{\cos\varphi_2} \\ \dfrac{\mathrm{d}\varphi_2}{\mathrm{d}t}=-\omega_\eta \\ \dfrac{\mathrm{d}\gamma}{\mathrm{d}t}=\omega_\xi-\omega_\zeta\tan\varphi_2 \\ \dfrac{\mathrm{d}x}{\mathrm{d}t}=v\cos\psi_2\cos\theta_{\mathrm{a}} \\ \dfrac{\mathrm{d}y}{\mathrm{d}t}=v\cos\psi_2\sin\theta_{\mathrm{a}} \\ \dfrac{\mathrm{d}z}{\mathrm{d}t}=v\sin\psi_2 \end{cases} \tag{7-76}$$

$$\sin\delta_2=\cos\psi_2\sin\varphi_2-\sin\psi_2\cos\varphi_2\cos(\varphi_{\mathrm{a}}-\theta_{\mathrm{a}}) \tag{7-77}$$

$$\sin\delta_1=\cos\varphi_2\sin(\varphi_{\mathrm a}-\theta_{\mathrm a})/\cos\delta_2 \tag{7-78}$$

$$\sin\beta=\sin\psi_2\sin(\varphi_{\mathrm a}-\theta_{\mathrm a})/\cos\delta_2 \tag{7-79}$$

$$\begin{aligned}F_{x_2}=&-\frac{\rho v_{\mathrm r}}{2}Sc_x(v-w_{x_2})+\frac{\rho S}{2}c_y\frac{1}{\sin\delta_{\mathrm r}}[v_{\mathrm r}^2\cos\delta_2\cos\delta_1-v_{\mathrm r\xi}(v-w_{x_2})]+\\&\frac{\rho v_{\mathrm r}}{2}Sc_z\frac{1}{\sin\delta_{\mathrm r}}(-w_{z_2}\cos\delta_2\sin\delta_1+w_{y_2}\sin\delta_2)-mg\sin\theta_{\mathrm a}\cos\psi_2\end{aligned} \tag{7-80}$$

$$\begin{aligned}F_{y_2}=&\frac{\rho v_{\mathrm r}}{2}Sc_xw_{y_2}+\frac{\rho S}{2}c_y\frac{1}{\sin\delta_{\mathrm r}}(v_{\mathrm r}^2\cos\delta_2\cos\delta_1+v_{\mathrm r\eta}w_{y_2})-\\&\frac{\rho v_{\mathrm r}^2}{2}Sc_y'\delta_{\mathrm N}\cos\gamma_1+\frac{\rho v_{\mathrm r}}{2}Sc_z\frac{1}{\sin\delta_{\mathrm r}}[(v-w_{x_2})\sin\delta_2+\\&w_{z_2}\cos\delta_2\cos\delta_1]-mg\cos\theta_{\mathrm a}+2\varOmega_{\mathrm E}mv(\sin\psi_2\cos\theta_{\mathrm a}\cos\varLambda\cos\alpha_{\mathrm N}+\\&\sin\theta_{\mathrm a}\sin\psi_2\sin\varLambda+\cos\psi_2\cos\varLambda\sin\alpha_{\mathrm N})\end{aligned} \tag{7-81}$$

$$\begin{aligned}F_{z_2}=&\frac{\rho v_{\mathrm r}}{2}Sc_xw_{z_2}+\frac{\rho S}{2}c_y\frac{1}{\sin\delta_{\mathrm r}}(v_{\mathrm r}^2\cos\delta_2+v_{\mathrm r\zeta}w_{x_2})-\frac{\rho v_{\mathrm r}^2}{2}Sc_y'\delta_{\mathrm N}\sin\gamma_1+\\&\frac{\rho v_{\mathrm r}}{2}Sc_z\frac{1}{\sin\delta_r}[-w_{y_2}\cos\delta_2\cos\delta_1-(v-w_{x_2})\cos\delta_2\sin\delta_1]+\\&mg\sin\theta_{\mathrm a}\sin\psi_2+2\varOmega_{\mathrm E}mv(\sin\varLambda\cos\theta_{\mathrm a}-\cos\varLambda\sin\theta_{\mathrm a}\cos\alpha_{\mathrm N})\end{aligned} \tag{7-82}$$

$$M_\xi=-\frac{\rho Sld}{2}m_{xz}'v_{\mathrm r}\omega_\xi+\frac{\rho v_{\mathrm r}^2}{2}Slm_{xw}'\delta_f \tag{7-83}$$

$$M_\eta=\frac{\rho Sl}{2}v_{\mathrm r}m_z\frac{1}{\sin\delta_{\mathrm r}}v_{\mathrm r\zeta}-\frac{\rho Sld}{2}v_{\mathrm r}m_{zz}'\omega_\eta-\frac{\rho Sld}{2}m_y'\frac{1}{\sin\delta_{\mathrm r}}\omega_\xi v_{\mathrm r\eta}-\frac{\rho v^2}{2}Slm_z'\delta_{\mathrm M}\sin\gamma_2 \tag{7-84}$$

$$M_\zeta=\frac{\rho Sl}{2}v_{\mathrm r}m_z\frac{1}{\sin\delta_{\mathrm r}}v_{\mathrm r\eta}-\frac{\rho Sld}{2}v_{\mathrm r}m_{zz}'\omega_\zeta-\frac{\rho Sld}{2}m_y'\frac{1}{\sin\delta_{\mathrm r}}\omega_\xi v_{\mathrm r\zeta}+\frac{\rho v^2}{2}Slm_z'\delta_{\mathrm M}\cos\gamma_2 \tag{7-85}$$

$$v_{\mathrm r}=\sqrt{(v-w_{x_2})^2+w_{y_2}^2+w_{z_2}^2},\delta_{\mathrm r}=\arccos(v_{\mathrm r\xi}/v_{\mathrm r}) \tag{7-86}$$

$$v_{\mathrm r\xi}=(v-w_{x_2})\cos\delta_2\cos\delta_1-w_{y_2}\cos\delta_2\sin\delta_1-w_{z_2}\sin\delta_2 \tag{7-87}$$

$$v_{\mathrm r\eta}=v_{\mathrm r\eta_2}\cos\beta+v_{\mathrm r\zeta_2}\sin\beta,v_{\mathrm r\zeta}=-v_{\mathrm r\eta_2}\sin\beta+v_{\mathrm r\zeta_2}\cos\beta \tag{7-88}$$

而

$$v_{\mathrm r\eta_2}=-(v-w_{x_2})\sin\delta_1-w_{y_2}\cos\delta_1 \tag{7-89}$$

$$v_{\mathrm r\zeta_2}=-(v-w_{x_2})\sin\delta_2\cos\delta_1+w_{y_2}\sin\delta_2\sin\delta_1-w_{z_2}\cos\delta_2 \tag{7-90}$$

$$w_{x_2}=w_x\cos\psi_2\cos\theta_{\mathrm a}+w_z\sin\psi_2,w_{y_2}=-w_x\sin\theta_{\mathrm a} \tag{7-91}$$

$$w_{z_2}=-w_x\sin\psi_2\cos\theta_{\mathrm a}+w_z\cos\psi_2 \tag{7-92}$$

$$w_x=-w\cos(\alpha_{\mathrm W}-\alpha_{\mathrm N}),w_z=-w\sin(\alpha_{\mathrm W}-\alpha_{\mathrm N}) \tag{7-93}$$

这就是弹箭准确的六自由度刚体弹道方程，说明如下。

（1）方程共有 15 个变量：v、θ_a、ψ_2、φ_a、φ_2、δ_2、δ_1、ω_ξ、ω_η、ω_ζ、γ、x、y、z、β，也有 15 个方程。当已知弹箭结构参数、气动力参数、射击条件、气象条件、起始条件就可积分求得弹箭的运动规律和任意时刻的弹道诸元。

（2）弹道方程计算的准确度，取决于各个参数的准确程度。

（3）根据所研究问题的不同，由此方程组出发经过不同的简化可得到其他形式的弹箭运动方程。

（4）无风时，只需要令 $w=0$。

（5）当只仿真计算弹箭散布时，可去掉其中地球旋转引起的科氏惯性力。

（6）对于火箭弹主动段，需要考虑火箭发动机的推力及其影响。

第8章
弹箭飞行的稳定性原理

8.1 概　　述

稳定飞行是指弹箭在飞行中受到扰动后其攻角逐渐减小，或保持在一个小角度范围内，稳定飞行是对弹箭飞行的基本要求。如果不能保证稳定飞行，攻角将会很快增大，此时不但达不到预定射程，而且会使落点散布急剧增大。

弹箭的运动由其运动微分方程确定，故其运动稳定性在数学上就是其运动微分方程的稳定性。数学上关于稳定性有多种定义，而最常用的是李雅普诺夫（Lyapunov）稳定性定义，李雅普诺夫稳定性的图形如图8－1所示。该图表示$t=t_0$时，从由β确定的、未扰运动的邻域内出发的扰动解$y_i(t)$在$t\to\infty$时不超出由ε确定的、未扰动解$\xi_i(t)$的邻域。即只要起始扰动足够小，扰动运动与未扰动运动之差就足够小，则未扰动运动是稳定的。

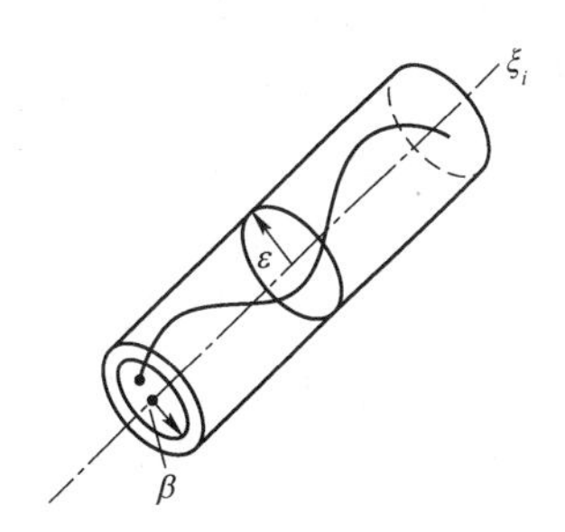

图8－1　李雅普诺夫稳定性的图形

以上是关于初始扰动作用下系统稳定性的定义，初始扰动是在$t=t_0$时对系统的扰动（t_0不一定就是炮口），$t>t_0$以后就消失。然而，实际的动力系统运动时，往往还受到经常性或连续性的干扰（如重力、弹箭外形不对称、质量分布不均、常值风的干扰等），这就需要给出在经常扰动作用下的系统稳定性定义，即李雅普诺夫稳定性定义的推广。

李雅普诺夫稳定性是一个局部性概念，它只考虑了某个特解附近的稳定性特性，并且未扰动运动与扰动运动服从同一个数学模型，在同一时刻进行比较，此外研究的是时间无限长情况下的稳定性。有许多动力系统不符合李雅普诺夫稳定性定义，但是在实际上是稳定的。因此，许多学者根据需要又提出了其他的稳定性定义，如存在经常干扰情况下的稳定性定义、有限时间内的稳定性定义等。

在外弹道学中所讲的弹箭的未扰动运动都是指不考虑弹箭围绕质心转动、假设攻角$\delta=0^\circ$时的质心运动。由质点弹道方程求解出的弹道称为理想弹道，弹箭沿此弹道上的运动称为基准运动（未扰动运动）。我们所研究的弹箭飞行稳定性，是指这个运动在受到起始扰动和经常干扰作用下的稳定性。我们定义，只要此攻角δ满足一定的限制：$\delta<\delta_1$（δ_1为限制值）或$\delta\to 0^\circ$，弹箭的运动就是稳定的。

使炮弹和无控火箭稳定飞行的方法有两种：尾翼稳定和旋转稳定（陀螺稳定）。

8.2　尾翼弹飞行稳定的原理及必要条件

尾翼式弹箭（简称尾翼弹）如滑膛穿甲弹、滑膛榴弹、迫击炮弹、低速旋转迫击炮弹等，在弹药的设计中已被广泛采用。选择尾翼稳定方式的主要原因有以下几个方面：

（1）尾翼稳定弹药相比旋转稳定弹药，在总体设计上可以采用较大的长细比。为了比相应的旋转弹药有更大的内部容积，只要其长度不超过勤务处理（如储存、维修、装填等）的限制，尾翼稳定弹药可以尽可能地增加弹长。

（2）对某些弹药而言，弹药的威力或者其他毁伤效应可能会受弹体高速旋转的影响。例如，对成型装药的破甲弹，采用不旋转或者低速旋转尾翼弹的设计方案，则可使弹药的毁伤威力不受影响。

（3）当弹药需要用大射角发射时，如果采用高速旋转稳定的设计方式，则会出现在大射角发射的情况下动力平衡角过大，进而导致飞行失稳或者密集度变差，而尾翼稳定弹药则可避免这种情况。

（4）弹药的内部结构可能使弹药在高速旋转时变成动态不稳定的，甚至使这种弹药在使用现有火炮发射时达不到陀螺稳定所要求的旋转速度。

尾翼稳定原理比较容易理解，古代的弓箭就是靠尾翼稳定的。其实质是使空气动力的压力中心位于质心之后，此时的静力矩就是稳定力矩，其作用方向是使攻角减小的方向。除了设置尾翼以外，凡能使静力矩成为稳定力矩的方式都属于尾翼稳定的范畴。

尾翼稳定的必要条件是压心在质心以后，即 $m_z' < 0$ 。但是，并非满足此条件就够了，一般还需要一定的富余量。如图 8－2 所示，压心 X_P 至质心 X_C 的距离与弹长 L 之比称为稳定储备量，即

$$B=\frac{X_P-X_C}{L}\times 100\% \tag{8-1}$$

并要求

$$B>0 \tag{8-2}$$

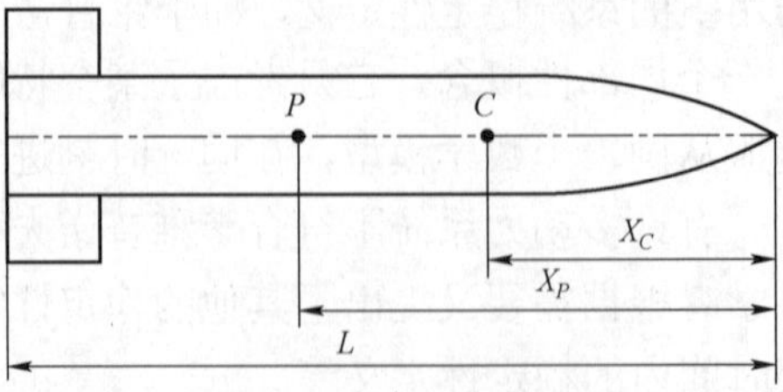

图 8－2　尾翼弹的静稳定储备量示意图

通常认为尾翼弹的稳定储备量在 10%～30%比较适合。稳定储备量大并非肯定就能稳定，当尾翼弹转速过高时也会发生不稳定。这说明满足稳定储备量的要求仅仅是稳定飞行的必要条件。

对尾翼弹而言，静态稳定性一般以静稳定储备量来衡量，之所以要有一定的静稳定

储备量，主要有两个原因：一是要保证尾翼弹在各种条件下都要确保静态稳定性；二是在全弹道上要保证攻角较小。

从气动力的观点来看，当弹形一定时，压力中心位置随马赫数和攻角的变化而变化，特别是在跨声速区，压力中心位置的变化剧烈。实际上，弹道上各点的速度（马赫数）随初速、射角及气象条件的不同而变化，因而压力中心也随之变化。另外，截至目前，无论是用理论分析、数值模拟或者试验方法求出的压力中心位置，都有一定的误差，而且弹药的质心位置也有误差，因此要有一定的储备量。

静稳定储备量只是对弹药正确飞行的起码要求，保证弹药不翻转。对于某一个具体的弹药而言，应当存在一个最佳的静稳定储备量，使弹药在全弹道上攻角较小。从外弹道学方面考虑，静稳定储备量大一些可使弹药在飞行中减小攻角。但是，从后效期对弹药运动的影响考虑则情况不同。如果静稳定储备量过大，由于后效期反向气流的作用，将产生翻转力矩，使起始扰动增大，因而静稳定储备量不宜过大。另外，增大静稳定储备量也势必影响弹药的质量分布和尾部结构。所以，在总体设计中应综合考虑，选取合适的静稳定储备量。此量的最佳值问题有待深入研究，但应肯定的是：必须根据具体情况确定，不可能有一定统一的数值，随着条件的不同而变化。

8.3 高速旋转弹飞行稳定的原理及陀螺稳定条件

陀螺稳定是利用高速旋转产生的陀螺效应来改变弹轴的运动规律，以此来达到稳定飞行的目的。玩具陀螺之所以能不倒就是同样的道理。

不旋转的弹箭，当受到外力矩作用使弹轴产生一个角速度后，如果不再受到其他外力矩的作用，则弹轴将以此角速度继续在此平面内转动，只有受到另一个力矩的作用后才能改变转动方向。但是，高速旋转弹箭的弹轴运动规律与不旋转弹箭完全不同。

高速旋转弹箭的运动与陀螺仪完全相似。如图 8-3 所示，不妨把弹箭看成高速旋转的陀螺转子，其转速为 $\dot{\gamma}$。设想有一个框架，弹箭可以在框架上绕弹轴自转，框架可以绕框架轴转动。如果使框架轴以角速度 $\dot{\varphi}$ 逆时针转动，则弹箭和框架在随同框架轴转动的同时，必将产生一个绕框架轴的角加速度，使弹尖向外转动，就像受到一个绕框架轴的力矩作用一样。这种现象称为陀螺效应，这个假想的绕框架轴的力矩就是陀螺力矩。

在具体说明陀螺力矩产生的原因之前，为了容易理解陀螺力矩的物理本质，首先介绍两个惯性力的示例。

第一个最简单的示例如图 8-4（a）所示，在火车的车厢内放一个小球，当火车以加速度 a 向前加速时，若使小球与车厢保持相对位置不变，必须设法给小球提供向前的力。例如，用绳子将小球拉住，这样小球才能与车厢一起向前加速运动。如果不给小球提供此力，小球相对车厢向后运动，好像受到一个向后的作用力一样。如果假想在小球上加一个向后的力（其大小等于小球的质量与车厢加速度的乘积，方向与车厢加速度方向相反），则在车厢（非惯性参考系）内研究小球的运动时，就可以像在惯性参考系内一样用牛顿定律来研究小球的运动了。此假想的力就是由于车厢加速度运动产生的惯性力。

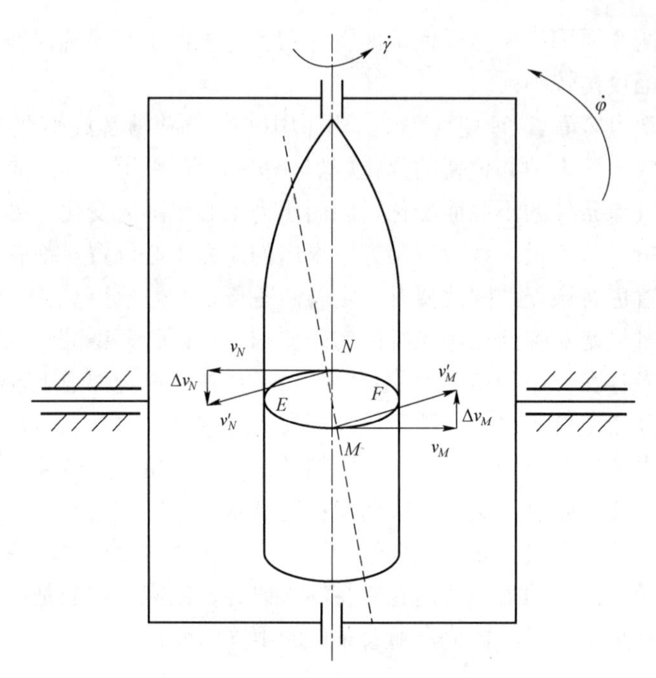

图 8-3　陀螺力矩的物理本质

第二个例子如图 8-4（b）所示。设一个小球处在圆盘的槽内，当圆盘绕其中心轴以角速度ω旋转时，若使小球与圆盘保持位置不变，则必须设法给小球提供向心力。例如，用绳子将小球拉住，这样小球才能随圆盘一起做圆周运动。如果不给小球提供此力（将绳子剪断），则小球将沿槽向外运动，好像受到一个向外的力一样。这个假想的向外的力就是由于圆盘旋转产生的惯性力。如果加上此假想的惯性力，就可以像在惯性参考系中一样来观察小球的运动了。

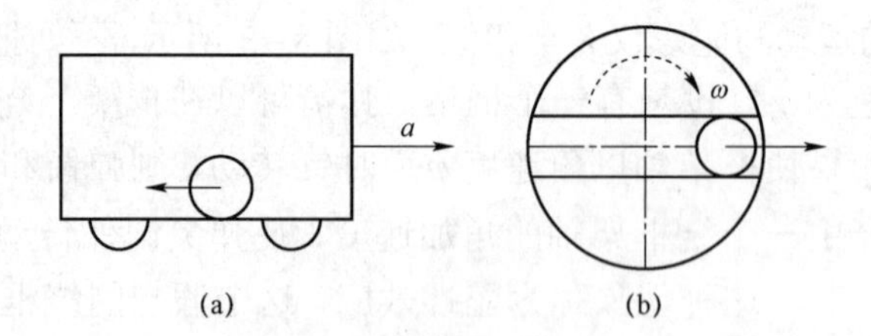

图 8-4　惯性力的示例

（a）加速运动的车厢和小球；（b）旋转运动的圆盘和小球

下面具体说明陀螺力矩产生的原因。

如图 8-3 所示，在弹上取 4 个小质点M、N和E、F。当弹绕弹轴高速自转时，这些小质点的速度都是与弹轴垂直的。设弹轴以角速度$\dot{\varphi}$转动，并设想转了一个小角度，弹轴转到了虚线所示位置。则M、N两点的速度方向都将随之发生变化（E、F两点速度方向不变），M点速度由v_M变为v'_M，产生了一个向上的速度增量Δv_M；N点速度由v_N变为v'_N，产生一个向下的速度增量Δv_N。这意味着，如果弹轴以角速度$\dot{\varphi}$做平面摆动时，则M点将产生向上的加速度，N点将产生向下的加速度。但要使M点产生向上的加速度必须向其提供向上的力才有可能。在外界没有提供此力的条件下，M 点必然向下加速运动，N 点必然向上加速运动。也就是弹轴和框架以 $\dot{\varphi}$ 逆时针转动的同时，必然绕框架轴使弹头向纸面外加速转动，其角加速度矢量向右，好像受到一个向右的力矩矢量作用一样。此力矩就是陀螺力矩，其实质是惯性力矩。以上说明：高速旋转的右旋弹箭，当其产生一个使弹头向左的角速度的同时，必然产生一个向右的惯性力矩。

与前面两个例子对比可以体会到，提出惯性力矩概念的作用在于，加惯性力和惯性力矩后便可应用在一般环境（惯性参考系）中或研究一般运动对象（不旋转物体）时的方法，来研究特殊环境（非惯性参考系）中或特殊的运动对象（高速旋转物体）的运动。这样可以更适合人们观察运动的习惯，加上陀螺力矩后就可以像观察不旋转弹箭一样观察高速旋转弹箭的角运动了。

陀螺力矩的大小与自转角速度 $\dot{\gamma}$、极转动惯量 C、摆动角速度 $\dot{\varphi}$ 成正比。陀螺力矩等于三者的乘积，即 $C\dot{\gamma}\dot{\varphi}$，写成矢量形式为 $C\dot{\boldsymbol{\gamma}}\times\dot{\boldsymbol{\varphi}}$。

在陀螺力矩的作用下，由于陀螺力矩矢量的方向始终与角速度矢量垂直，所以弹轴不可能再做平面摆动。此时弹轴将在空间做复杂的角运动，弹轴上任意点都在做曲线运动，且自转角速度越大，此曲线的曲率越大。在转速足够高时有可能使弹轴的运动局限在一个小的范围内，通常将弹轴的这种性质称为定向性。转速越高，弹轴的运动范围越小，弹轴的定向性越强。利用弹轴的这种定向性，在一定条件下就能使弹的攻角保持在很小的范围内，这就是陀螺稳定原理。

基于陀螺稳定原理的旋转弹箭在空中飞行时将形成包括进动和章动的复杂的角运动，如图 8－5 所示。

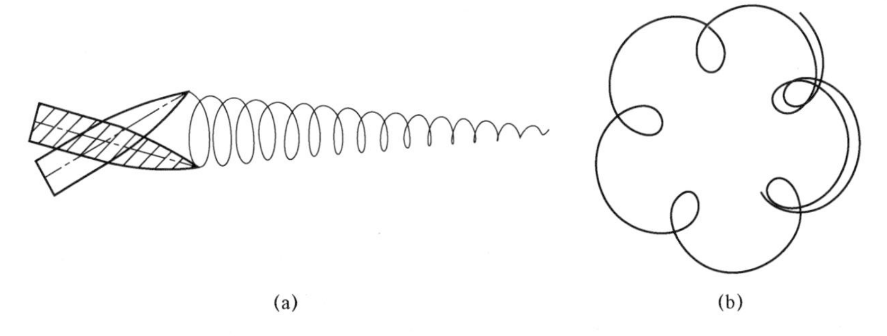

(a)　(b)

图 8－5　旋转稳定弹箭的进动和章动运动

（a）进动；（b）章动

但是，并非所有高速旋转弹箭都能稳定飞行，决定弹箭能否稳定飞行的一个重要参数称为陀螺稳定因子，定义为

$$S_{\mathrm{g}}=\left(\frac{C\dot{\gamma}}{2A}\right)^2\bigg/\left(\frac{M_z}{A\delta}\right) \tag{8-3}$$

式（8－3）的分子与 $\dot{\varphi}=1$ 时的陀螺力矩有关；式（8－3）的分母与 $\delta=1$ 时静力矩有关。陀螺稳定因子 S_{g} 的大小反映陀螺力矩相对静力矩的大小。当 S_{g} 很大时，陀螺力矩的作用胜过翻转力矩，弹箭飞行可能是稳定的；当 $S_{\mathrm{g}}\to 0$ 时，翻转力矩的作用胜过陀螺力矩，弹箭的运动不可能稳定。由旋转稳定炮弹角运动理论可以知道，保证稳定飞行的必

要条件是$S_g>1$，这个条件称为陀螺稳定条件。因此，要使弹箭稳定飞行必须使自转角速度$\dot{r}$大于一定数值。

工程上考虑到各种条件下要确保陀螺稳定性，一般要求

$$S_g>1.3 \tag{8-4}$$

要保证旋转弹在全弹道上都满足陀螺稳定性，必须在弹道上每一点都满足陀螺稳定性条件。需要注意到的是，陀螺稳定因子中的变化参数有自转角速度$\dot{r}$和弹箭的速度。自转角速度$\dot{r}$在全弹道上并非常数，而是衰减的；弹箭的速度在大部分弹道上也是衰减的，一直到出现弹速极小值后才可能又增加。但是，这两个变化的参数中，自转角速度衰减得较慢，而弹箭的速度衰减相对较快，因而一般只要保证在炮口满足陀螺稳定性即可。但是，对于远程的弹药，可能在落点附近出现$S_g<1$，在弹药的设计中需要注意这个问题。

8.4 弹箭飞行的动态稳定条件

为了保证弹箭稳定飞行，除了必须满足以上条件外，还必须同时满足动态稳定条件。

1. 动态稳定条件

陀螺稳定因子也可推广应用于尾翼弹。尾翼弹的静稳定条件$m_z'<0$和旋转稳定弹箭的陀螺稳定条件$S_g>1$可以用一个不等式表示，即

$$1/S_g<1 \tag{8-5}$$

当$m_z'<0$时，$S_g<0$，自然满足式（8-5）；$m_z'>0$时，如果$S_g>1$，则也能满足式（8-5）。所以，式（8-5）是两种稳定方式共同的稳定必要条件。

动态稳定条件比式（8-5）要求要高一些，动态稳定条件为

$$1/S_g<1-S_d^2 \tag{8-6}$$

式中：S_d为动稳定因子，它的大小取决于马格努斯力矩系数、赤道阻尼力矩系数和升力系数等。

对于静不稳定弹箭$(m_z'>0)$，$S_g>0$，式（8-5）要求$1/S_g$小于一个比1还小的数，也就是要求S_g大于1，因而动稳定条件比陀螺稳定条件要求高一些。

对于静稳定弹（$m_z'<0$），$S_g<0$，当转速$\dot{\gamma}=0$时，$1/S_g=-\infty$，式（8-6）永远成立，即不旋转的静稳定弹永远是动稳定的。对于旋转的静稳定弹，如果马格努斯力矩系数等于0，则$|S_d|<1$，此时式（8-6）也永远成立，弹仍然永远是稳定的。但是，如果马格努斯力矩系数不等于0，便有可能$|S_d|>1$。由式（8-6）可知，转速过高时就可能出现动不稳定现象。这说明尾翼弹发生动不稳定是由马格努斯力矩引起的，尾翼弹由于转速过高而出现不稳定的现象在试验中曾经发生过。

2. 动态稳定域的划分

动态稳定条件取决于两个变量：$1/S_g$和S_d。如果以S_d为横坐标，以$1/S_g$为纵坐标，并将动态稳定条件公式取等号，则

$$1/S_g=1-S_d^2 \tag{8-7}$$

这是坐标平面上以纵轴为对称轴的抛物线，此抛物线与横轴相交于 $S_d = \pm 1$ 两点，如图 8－6 所示。此抛物线将整个坐标平面分成内外两部分，在抛物线内部的点都满足式（8－6），故此区域称为动态稳定域，抛物线外部的区域称为动态不稳定域。

此抛物线的顶点在纵轴的（0，1）点处。在 $1/S_g = 1$ 横线以下的区域都满足陀螺稳定条件 $1/S_g < 1$，称为陀螺稳定域；反之，在 $1/S_g = 1$ 横线以上的区域称为陀螺不稳定域。

坐标平面横轴以下的区域 $1/S_g < 0$，称为静稳定域，横轴以上称为静不稳定域。由图 8－6 可知，静稳定域内的点必满足陀螺稳定，但是静不稳定域中的点只有一部分满足陀螺稳定；动态稳定域内的点必然陀螺稳定，但是陀螺稳定域内的点只有一部分满足动态稳定。

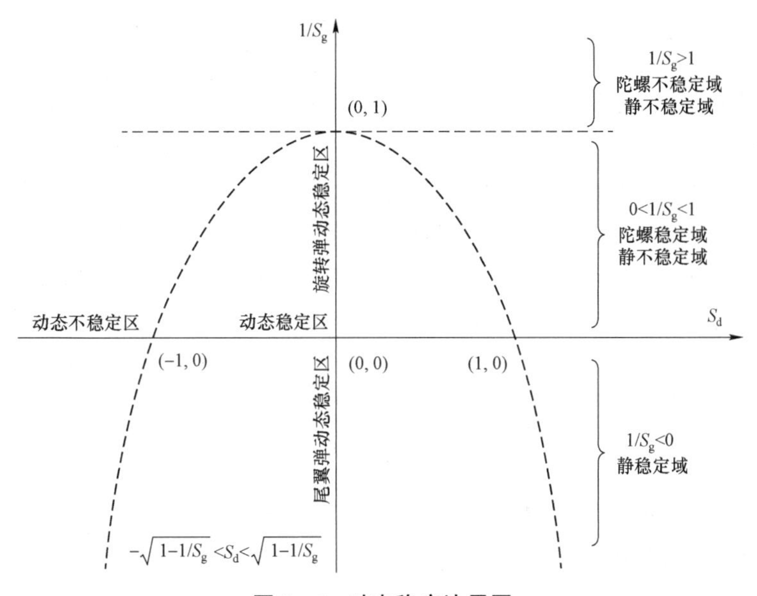

图 8－6　动态稳定边界图

8.5　动力平衡角、偏流和追随稳定条件

8.5.1　动力平衡角和偏流产生的原因

在不考虑弹道弯曲时，在起始扰动作用下弹轴将围绕速度矢量做复杂的角运动，此时速度矢量就是弹轴的平衡位置。在考虑弹道弯曲时，即使在没有其他扰动的情况下也会产生角运动。由于弹道弯曲，最初产生的攻角是向上的，即弹轴（弹头）在速度矢量上方。高速旋转的右旋弹箭在翻转力矩和陀螺力矩的作用下，弹轴将向右上方运动，继而向右下方运动。由于速度矢量不断向下转动，弹轴很难绕到速度矢量的左侧，故其平衡位置不再是速度矢量，而是偏向射击面右侧的某一个平衡位置。此平衡位置称为动力平衡轴，它与速度矢量的夹角称为动力平衡角或为动态平衡角。

为了易于理解动态平衡的概念，先举一个简单的示例。如图 8-7 所示，在静止的汽车中用绳子吊一个小球，当受到扰动时，小球将在铅直线两侧摆动。铅直线就是它的平衡位置，在此位置上小球受力（重力和绳子拉力）达到平衡状态。当汽车匀加速运动时，小球不再绕铅直线摆动。这时新的平衡位置将偏离铅直线向后倾斜一个角度。小球将在此新的位置两侧前后摆动，当摆动衰减后小球即平衡于此倾斜位置。其原因是当汽车向前加速时，小球将受到一个与加速度 a 方向相反的惯性力 $-ma$，这时只有在新的位置上小球受力才能达到平衡。为了寻求新的平衡位置，设该位置上绳子与铅直线的夹角为 α，绳长为 l，则惯性力对悬点 O 的力矩为 $mal\cos\alpha$，方向为逆时针；重力对悬点的力矩为 $mgl\sin\alpha$，方向为顺时针。只有当以上两个力矩相等时小球才能平衡。设两个力矩相等即可求出平衡位置对应的倾斜角为 $\alpha=\arctan(a/g)$，此平衡位置就是动态平衡位置，即动参考系加速运动时的平衡位置。

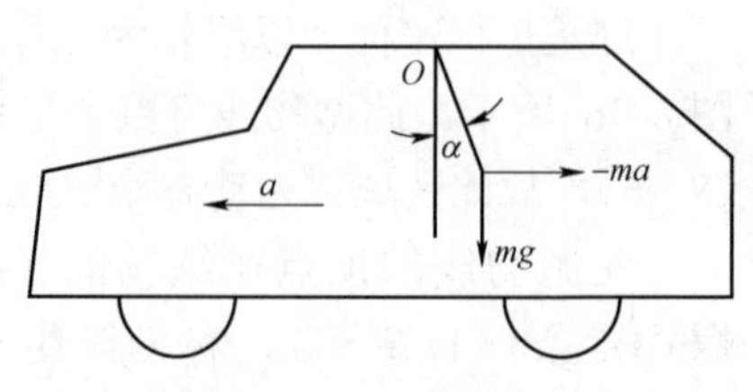

图 8-7　动态平衡的概念

当弹道弯曲时，弹轴也同样存在动态平衡位置。为了方便说明问题，仍可如图 8-1 那样设想有一个框架。当弹道以角速率 $|\dot{\theta}|$ 向下弯曲时，设想陀螺框架也随之向下转动，此时必将产生使弹头向左转动的陀螺力矩，其大小为 $C\dot{\gamma}|\dot{\theta}|$。若使弹轴达到动态平衡，必须有反方向的外力矩与之对等。弹箭在飞行中所受的主要外力矩是翻转力矩，如果弹轴能有一个向右的攻角，则可产生一个与上述陀螺力矩方向相反的翻转力矩 M_z。如果此攻角的大小能使翻转力矩的大小与 $\dot{\theta}$ 产生的陀螺力矩相等，即

$$M_z = C\dot{\gamma}|\dot{\theta}| \tag{8-8}$$

则弹轴可达到动态平衡，此攻角即动力平衡角 δ_{p}。将翻转力矩公式代入式（8-8）等号左边，即可求出动力平衡角：

$$\delta_{\mathrm{p}} = 2C\dot{\gamma}|\dot{\theta}|/(\rho v^2 S_M l m_z') \tag{8-9}$$

与小球的例子对比，速度矢量的方向相当于小球的铅直位置；偏向右方的动力平衡轴相当于向后倾斜的平衡位置；弹道弯曲角速率 $|\dot{\theta}|$ 相当于汽车的加速度 a；陀螺力矩 $C\dot{\gamma}|\dot{\theta}|$ 相当于惯性力 ma；翻转力矩相当于小球所受重力；动力平衡角 δ_{p} 相当于绳子的倾斜角 α。

弹箭在飞行过程中，$\dot{\theta}$ 是随时间变化的，所以动力平衡角也是随时间变化的。由于弹道顶点附近 $|\dot{\theta}|$ 最大且 v 最小，由式（8-9）可知，弹道顶点附近动力平衡角最大。射角越大则顶点速度越小，因而射角越大动力平衡角越大。

既然弹道上始终存在一个向右的平衡攻角，因而便会出现一个向右的升力。在此升力作用下弹道即偏向右方，这就是所谓的偏流。由于射角越大动力平衡角越大，故射角越大偏流越大。

8.5.2　追随稳定条件

如上所述，弹轴在追随速度矢量向下转动的过程中，将同时产生动力平衡角。当动

力平衡角过大时，理论和试验表明，弹箭的运动将会发生不稳定现象，致使攻角发散，因而在设计中要求最大动力平衡角必须小于某一个容许值，这就是追随稳定条件，即

$$\delta_p \leqslant [\delta_p] \tag{8-10}$$

动力平衡角的允许值$[\delta_p]$，目前没有标准的数据，表 8－1 给出了部分榴弹在大射角时的最大动力平衡角，可供弹箭设计时参考。

表 8－1　几种榴弹的最大动力平衡角

名　　称	射角/（°）	初速/（m·s⁻¹）	最大动力平衡角
某 122 mm 杀伤爆破榴弹	65	515	11° 53′
某 122 mm 杀伤爆破榴弹	65	800	9° 14′
某 152 mm 杀伤爆破榴弹	60	508	9° 11′
某 152 mm 杀伤爆破榴弹	60	655	5° 56′

由式（8－9）可知，动力平衡角随自转角速度$\dot{\gamma}$的增大而增大，为了实现追随稳定条件必须控制转速不能太高，以使在最大射角下弹道顶点的动力平衡角小于容许值。追随稳定条件与动态稳定条件是矛盾的，因为动态稳定条件要求静不稳定弹箭的转速不能太低。这个矛盾有时会给设计带来一些困难。特别是在初速比较高的情况下，由于最大弹道高很高，弹道顶点空气密度很小。由式（8－9）可知，空气密度小也能使动力平衡角过大。所以除了初速比较小的榴弹炮外，一般线膛火炮都不用大于最大射角的射角射击。

保证追随稳定的难易程度除了与翻转力矩系数m_s'有关外，还与弹道系数有关。当弹道系数太大时，弹道顶点速度太小，由式（8－9）可知，此时也会使动力平衡角过大。涡轮式火箭加阻力环后在大射角射击时往往出现弹底着地，致使引信不能起爆，也是这个缘故。

8.6　低速旋转尾翼弹的共振不稳定性

弹箭设计中除了需要满足动态稳定条件外，还应满足共振稳定条件，也就是避免共振。尾翼弹有其固有的摆动周期，此固有周期的长短取决于稳定力矩系数和赤道转动惯量等。如果尾翼弹的自转周期接近摆动周期，则将发生共振，在此情况下攻角将明显增大，设计时应避免。静不稳定弹箭不存在固有摆动周期，故不存在共振问题。

低速旋转尾翼弹的共振，与理论力学中弹性质点系统的共振现象类似。弹箭旋转时，不对称因素为周期性强迫力矩。如果弹箭旋转一周的时间等于弹箭摆动周期，将发生共振，也就是外加强迫力矩将周期性地增强弹箭的摆动。

假设弹箭旋转一周的时间为$2\pi/\dot{\gamma}$，弹箭的摆动周期为$2\pi/(\bar{v}\sqrt{k_z})$，其中$k_z=\dfrac{\rho S}{2A}lm_z'$，$m_z'$为静力矩系数导数，则共振产生的条件可表示为

$$2\pi / \dot{\gamma} = 2\pi / (\overline{v}\sqrt{k_z}) \tag{8-11}$$

对于低速旋转的尾翼弹，除了共振不稳定性之外，如果转速选择不当，还有可能产生由马格努斯效应引起的不稳定性。

关于马格努斯效应问题不做详细分析。但是需要指出的是，当尾翼弹旋转之后，如果有攻角存在，则将产生马格努斯力和马格努斯力矩，它是一个不稳定因素。马格努斯力和马格努斯力矩的大小与转速成比例，所以不应使转速过大。

当马格努斯力和马格努斯力矩对尾翼弹的飞行稳定性影响不大时，为了避免共振，可选择高于共振转速 2～4 倍的弹箭的转速；而当马格努斯力和马格努斯力矩对飞行稳定性影响较大时，应选择低于共振转速的转速。

第9章 弹箭飞行的散布特性

9.1 概　　述

在基本假设条件下，弹箭质心在空中的飞行轨迹一般称为理想弹道，实际上在弹箭飞行过程中必然受到各种干扰，这些干扰因素可以分为系统的（非随机的）和偶然的（随机的）两种情况。

系统的干扰因素有弹箭质量、装药量、药温、气温、气压、风等和标准条件的系统差异，以及旋转弹箭的动力平衡角引起的偏流现象等。它们造成了实际弹道与理想弹道之间的系统偏差，但是属于可修正的量。

偶然的干扰因素有起始扰动、发射时炮口的跳动以及气象条件包括风的随机变化，这些因素将造成弹箭的散布现象。所谓弹箭的散布，可以直观地理解为，用同一门火炮，连续地进行多发条件相同的射击。发射条件相同是指用同一个发射位置、同一个射向射角、一组弹箭和装药等，各发弹箭的落点（或者说弹道）虽经修正也不能重合，而是有不同的落点散布（或者说不同的弹道）。换言之，弹药的散布是不可修正的，只能是设法减小。

以地面火炮和火箭为例，它们最重要的弹道诸元是落点处的射程和侧偏，由一组 n 发弹的弹道散布就造成了射程和侧偏的散布，使之成为随机变量。因为上述各因素对其平均值的随机变化都影响射程和侧偏，但是每一个因素的影响都只占总影响的一小部分，根据概率论的中心极限定理，射程和侧偏的概率密度将服从正态分布。正态分布用随机变量的均值表示散布中心，用均方差或者中间偏差表示相对于均值的分散程度。

设 n 发弹的射程和侧偏分别为 x_i 和 z_i，则其平均值为 x_{a} 和 z_{a}，均方差为 σ_{a} 和 σ_{a}，中间误差为 E_x 和 E_z，其计算公式如下：

$$\begin{cases} x_{\mathrm{a}} = \sum_{i=1}^{n} x_i / n \\ \sigma_x = \sqrt{\sum_{i=1}^{n} (x_i - x_{\mathrm{a}})^2 / (n-1)} \\ E_x = 0.674\,5\sigma_x \end{cases} \tag{9-1}$$

和

$$\begin{cases} z_a = \sum_{i=1}^{n} z_i / n \\ \sigma_z = \sqrt{\sum_{i=1}^{n} (z_i - z_a)^2 / (n-1)} \\ E_z = 0.674\,5\sigma_z \end{cases} \tag{9-2}$$

在弹道学和射击学中，衡量偏差一般用中间误差的概念，或者称为中间偏差、概率误差、或然误差、公算偏差，其定义为随机变量出现在均值左、右各一个 E 的范围内的概率为 50%，如图 9-1 所示。从图 9-1 中可以看出各个区域内所对应的落点分布概率。需要注意到落点在均值左右 4 倍中间误差、3 倍均方差范围内的概率均大于 99%，近似为 1。因此，可以认为弹箭的落点可能的范围为均值左右 4 倍中间误差或者 3 倍均方差范围内。一组弹箭落点的射程或者侧偏的中间误差越小，其密集度越高。

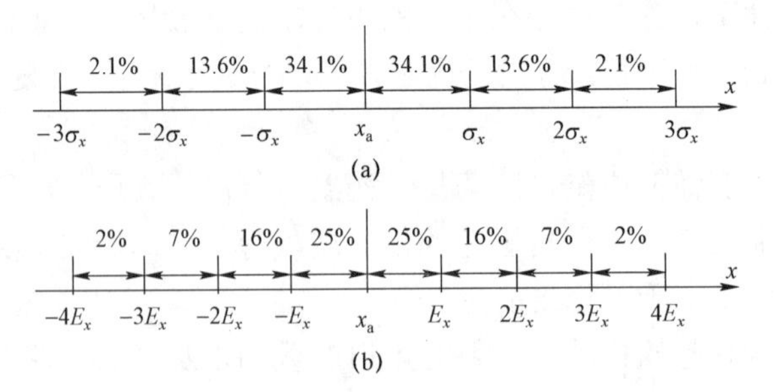

图 9-1　均方差与中间误差对应的弹道落点分布区域

（a）落点散布均方差示意图；（b）落点散布中间误差示意图

9.2　弹箭飞行散布的主要影响因素

9.2.1　射角对散布的影响

射角是由仰角和跳角两部分组成。本小节首先阐明跳角形成的机理，然后介绍射角误差产生的原因。仰角是发射前炮管轴线与水平面的夹角。实际上，发射过程中炮管不可能完全保持原来位置，由于发射过程中炮管的振动和角变位，使弹箭出炮口时炮管轴线的方向并不与发射前重合，二者之间产生一个小的角度，此角度就形成了跳角的一部分。

弹箭在炮管内运动的过程中，其质心不仅能产生平行于炮管的速度，而且由于炮口的横向振动，还可能赋予弹箭质心一个与炮管轴线垂直的速度分量。此外，在半约束期内当弹箭绕其后定心部（或弹带）以角速度 $\dot{\varphi}$ 摆动时，也能使其质心产生一个与炮管轴线垂直的速度分量 $v_{\perp}$，如图 9-2 所示。此垂直分量 $v_{\perp}$ 与平行分量 $v_{//}$ 合成的速度矢量 $\boldsymbol{v}$ 与炮管轴线构成一个夹角 γ，这也是跳角的一个组成部分。

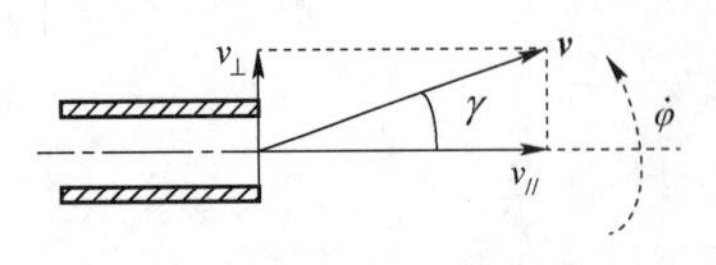

图 9-2　垂直于炮管的速度分量引起的跳角

以上两部分跳角的随机成分都很大，但也可能存在一定的系统分量。

高速旋转的弹箭如果有质量偏心，其质心绕弹轴的高速旋转也能产生一个与炮管轴线垂直的速度分量。由于质量偏心的力向是任意的，所以这个垂直分量产生的跳角完全是随机的。

此外，弹箭出炮口时在半约束期内要产生一个摆动角速度，即起始扰动。此摆动角速度在自由飞行期的初始段上会使弹的飞行速度方向产生一个平均的偏转角度。这个偏转角是在出炮口以后形成的，不会影响初速的方向，它本不属于跳角的组成部分。但是，由于它对弹道的影响与跳角相似，而且在用立靶测量跳角时不可能将它与跳角完全区分开来，所以也可以将它作为跳角的组成部分，这一部分即为气动跳角。

至于产生炮管振动和角变位的原因，除了炮管的突然后坐外，炮管弯曲也是原因之一。比较长的炮管由于重力的作用或者由于加工误差，都可能产生少许弯曲。炮管内高压气体对弯曲的炮管能起伸直的作用，由于这个作用是突然发生的，所以将产生振动。

还有一些原因也能使炮管弯曲，例如，当炮管在太阳光下直接曝晒时，由于太阳光照射部分单侧受热膨胀会引起炮管向下弯曲；另外，当灼热的炮管受到雨水的浇淋时，由于炮管上侧局部冷却，会使其向上弯曲。这些情况都应设法避免。

由跳角形成的原因可以看出跳角的随机性是很大的，它是形成散布的重要原因。跳角中也可能有一些系统的成分，致使火炮产生平均跳角。此平均跳角的影响本来是可以修正的，但是由于每门炮的平均跳角与表定跳角都不可能完全相同，而且平均跳角很难被准确地测量，所以跳角的影响不可能得到完全修正，以致其成为射角误差的主要来源之一。

仰角误差产生的原因如下：

（1）由于瞄准具的安装误差，其光轴不可能与炮管轴线完全平行；在用象限仪赋予火炮仰角时，炮尾平台与炮管轴线也有一定的不平行度，这些都能产生系统的仰角误差。

（2）射手的操作误差，既能产生随机误差，也可能产生系统误差。这些系统误差都是不可测的，因而无法修正，也将产生射击误差。

火箭的偏角对弹道有较大的影响。与跳角相似，偏角也可以分解为纵向分量和横向分量。横向分量影响射击方向，能引起方向散布；纵向分量能改变弹道倾角，其随机成分将引起射程散布。在计算散布时，偏角纵向分量的影响可以近似当成射角误差来考虑。

9.2.2　弹道系数对散布的影响

弹箭的最大直径、弹箭形状和质量的任何随机变化都能引起弹道系数的变化和射程散布。例如，弹箭最大直径在公差范围内的变化，弹箭表面粗糙度的不同和弹带被膛线切割情况的不一致性，这些都是随机的，都能引起射程散布。弹箭质量的误差虽然可以根据射表中的弹箭质量分级加以修正，但是也只能得到部分修正。弹箭质量在同一个等级中仍是变化的，也会引起散布。此外，由于每发弹箭质心位置和转动惯量等结构上的差异，引起弹箭飞行中攻角变化规律的不一致性，攻角大小的变化可以改变空气阻力的大小，也将产生散布。由于质点弹道不考虑攻角的存在，无法考虑这个影响。相对而言，将这个因素归入弹道系数变化更为合适，因为它与弹道系数的变化都是通过空气阻力加速度影响弹道的，而且都是由弹箭结构上的变化引起的。

9.2.3 初速对散布的影响

弹箭和火药的质量都是在一定公差范围内变化的，都会产生初速误差。弹箭质量变化不仅影响弹道系数，而且影响初速，二者引起的射程偏差符号是相反的，射表中的修正量是综合二者影响算出的总的修正量。在利用射表中的修正量进行修正时，只能得到部分修正，仍将引起散布。每发弹的火药质量都是随机变化的，且每组火药质量的平均值也不相同，由内弹道学知火药的质量也将影响初速。射表中没有对火药质量的修正，火药质量的误差不仅会引起散布，而且可以改变平均弹着点的位置，产生射击误差。

火药温度偏离表定值也会产生初速误差。药温的误差可以利用射表中的修正量进行修正，但由于很难精确测出火药内部的温度，所以修正后仍会有一定的误差，这一误差将造成射击误差。如果每发弹的药温不完全相同，则射击时还会产生散布。

迫击炮弹在炮管内运动时，弹、炮之间有比较大的间隙。每发弹的最大直径皆不相同，弹炮间隙也各不相同，漏出火药气体质量的多少也会影响初速。此初速误差随机性较大，是引起迫击炮弹初速散布的重要原因。

此外，随着火炮射击发数的增加，炮管的磨损和药室容积的变化将使初速逐渐减小，此初速误差称为初速减退量，这一误差可以利用射表中的修正量进行修正。但是，由于初速减退量存在测量误差，因而仍将存在一定的系统误差，即射击误差。

火箭的最大速度误差的作用与初速误差相似。影响火箭最大速度的因素有弹体的质量、发射药的质量和温度，有时火药不完全燃烧也会影响最大速度。由于飞行中惯性力的作用，在发动机工作后期有时可能会有火药碎块从发动机中喷出，这些火药没有燃烧，因而使最大速度减小。

9.2.4 气象条件对散布的影响

气温和气压都是缓慢变化的。在一组弹的射击过程中可以认为气温和气压是不变的，它们对散布没有影响。但是，测量气温的误差和近似层权的误差使气温的影响不可能得到准确的修正，因而将产生一定的射击误差。

风的变化比气温、气压的变化快，因而可能产生散布。风的变化主要在低空，高空风是比较恒定的，越靠近地面，风的阵性越大。考虑地面炮的层权是上面大、下面小，也就是高空风起作用大、低空风起作用小。当弹道比较高时，风对炮弹散布的影响是比较小的。反之，火箭的风偏主要产生在主动段，而且越靠近炮口，弹道对风越敏感。所以，低空风（特别是地面风）的阵性必然使火箭产生较大散布。

目前，气球测风的误差是比较大的，而且由于测风与射击的地点和时间上的差异又会造成一定的系统误差，再加上近似层权的误差，所以风的修正不准确对火炮和火箭都可能造成较大的射击误差，其中对火箭造成的射击误差更大。

9.3　射程散布的计算方法与特性

由于气象因素对弹箭散布影响不大，影响射程散布的因素可概括为初速、射角和弹道系数三个方面，则射程散布为

$$B_X = \sqrt{Q_{\theta_0}^2 \cdot B_{\theta_0}^2 + Q_{v_0}^2 \cdot B_{v_0}^2 + Q_{\delta c/c}^2 \cdot \left(\frac{100B_c}{c}\right)^2} \tag{9-3}$$

式中：B_X、B_{θ_0}、B_{v_0} 和 B_c 分别为射程、射角、初速和弹道系数的概率误差（或称中间误差、概率偏差），B_{θ_0} 以分（′）为单位。Q_{θ_0}、Q_{v_0}、$Q_{\delta c/c}$ 可以根据 c、v_0 和 θ_0 从弹道计算或者从《地面火炮外弹道表》中查出。

当 B_{θ_0}、B_{v_0} 和 B_c 已知时，根据式（9-3）可算出 B_X。下面说明 B_{θ_0}、B_{v_0} 和 B_c 的获取方法。由于初速可以用多普勒雷达直接测量，B_{v_0} 可以利用每次试验所测初速数据直接统计而得，所用初速数据越多，所得 B_{v_0} 越具有代表性。目前，B_{θ_0} 尚无法直接测出，可利用射击试验反求。由于小射角时射角对弹道影响比较大，而弹道系数和初速影响都比较小，所以小射角时的散布可认为全部由射角误差引起。由式（9-3）忽略后面两项即得 B_X 与 B_{θ_0} 的关系，在测出 B_X 并查出 Q_{θ_0} 后即可计算出 B_{θ_0}。但是，考虑到小射角时弹着点的地面高差对射程影响比较大，为了避免地面不平的影响，最好利用对立靶射击的方法来得 B_{θ_0}，即利用立靶上弹着点的高低散布反求 B_{θ_0}。B_c 也无法直接测量，可利用最大射角下的射击试验反求。在最大射角下 $Q_{\theta_0}\approx 0$，射角误差对射程无影响，如在射击试验时同时测出几组弹的 B_{v_0}，由式（9-3）可得

$$B_c = \frac{c}{100 \times Q_{\delta c/c}} \sqrt{B_X^2 - Q_{v_0}^2 B_{v_0}^2} \tag{9-4}$$

在求出 B_{v_0}、B_{θ_0} 和 B_c 之后，利用式（9-3）即可计算出任意射角下的射程散布。

对于火箭，只需要用最大速度的概率误差代替 B_{v_0}、用主动段终点偏角纵向分量的概率误差代替 B_{θ_0}，式（9-3）仍可使用。最大速度的概率误差可用多普勒雷达直接测量，主动段终点偏角（其中包括随机风引起的偏角）可用小射角射击试验来反求。

为了具体了解弹道系数、初速和射角的散布分别引起的射程中间偏差，以及其在总的射程中间偏差中所占的比例大小，表 9-1 中列出了四种火炮弹药射表上摘录的有关数据。

表 9-1　四种榴弹的射程散布分析

弹药	85 mm 加农炮榴弹	122 mm 加榴炮榴弹	130 mm 加农炮榴弹	152 mm 加农炮榴弹
v_0/（m·s^{-1}）	793	885	930	770
θ_0/（°）	35	45	45	45
c	0.796	0.521	0.471	0.521
X/m	15 650	23 900	272 00	20 470
B_c/c/%	0.60	0.65	0.35	0.70

续表

弹药	85 mm 加农炮榴弹	122 mm 加榴炮榴弹	130 mm 加农炮榴弹	152 mm 加农炮榴弹
B_{v_0} /（m・s^{-1}）	1.8	1.3	1.4	1.6
B_{θ_0} /（′）		1.12	0.72	0.90
$Q_{\delta c/c}$	93	154	197	116
Q_{v_0}	17.5	31	39	29
Q_{θ_0}		1.109	1.863	0.553
$Q_{\delta c/c}\cdot\left(\dfrac{100B_c}{c}\right)$ /m	55.8	100.1	69.0	81.2
$Q_{v_0}\cdot B_{v_0}$ /m	31.5	40.3	54.6	46.4
$Q_{\theta_0}\cdot B_{\theta_0}$ /m		1.23	1.34	0.50
B_X /m	64	108	88	94
B_X/X	1/250	1/210	1/310	1/220

从表 9－1 可以看出，对于这四种榴弹而言，造成射程散布的主要原因是由于弹道系数的随机变化，这一结论主要根据是：由表 9－1 中弹道系数散布所引起的射程中间偏差的数值，均大于初速和射角分别引起的射程中间偏差值。因此，在弹药的设计中，应该重点考虑弹道系数的散布问题。弹道系数的散布原因主要可以归纳为起始扰动、弹速、弹形、质量分布等因素的随机变化，特别是起始扰动问题有待深入研究。

另外，从表 9－1 可以看出由初速引起的射程中间偏差也不容忽视，其在总的射程中间偏差中也占有很大的比例，故应注意减小初速的散布值。表 9－1 中唯独射角引起的散布偏差很小，这是由于在最大射程角附近的射角微小变化对射程的影响很小，但是在小射角射击时并非如此，这一点需要说明。

9.4 方向散布的计算方法与特性

引起方向散布的因素，除了跳角的横向分量外，还有偏流的误差、横风的阵变等。由于弹道弯曲，高速旋转的右旋弹箭将产生系统的右偏，即偏流。既然偏流是系统偏差，不应引起散布，但是影响偏流的因素中有质心位置、极转动惯量等，这些因素的随机误差通过改变偏流的大小也能产生方向散布。但是目前尚难于直接测出偏流的中间偏差。

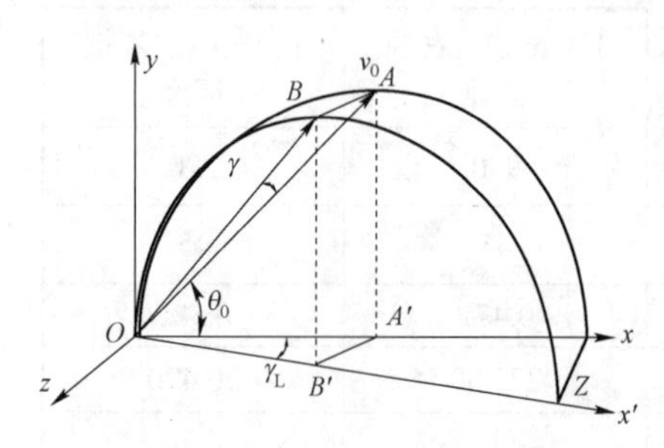

图 9－3　横向跳角与方向散布的关系

高空风比较恒定，横风对炮弹的方向散布影响很小。但是，低空风对火箭主动段偏角影响很大，因而将引起较大的方向散布。

下面研究跳角横向分量引起的方向散布。如图 9－3 所示，设有一横向跳角 γ 存在，使初速矢量由 $\overrightarrow{OA}$ 转到 $\overrightarrow{OB}$，使射击面由 xOy 平面转到 $x'Oy$ 平面。两射击面之间的夹角γ在水平面内的投影，用γ_L表示，下面求γ_L与γ的关系。设两个初速矢量的矢端A和矢端B在水平面内的投影分别为A'和B'，由于线段$\overrightarrow{AB}$是水平的，故其投影长度不变，即

$$\overrightarrow{AB}=\overrightarrow{A'B'} \tag{9-5}$$

由于角γ和γ_L都很小，当用弧度（rad）表示时，有

$$\gamma=\frac{\overrightarrow{AB}}{\overrightarrow{OA}} \tag{9-6}$$

$$\gamma_L=\frac{\overrightarrow{AB}}{\overrightarrow{OA}} \tag{9-7}$$

由直角三角形$\triangle OAA'$，可知

$$\overline{OA'}=\overline{OA}\cos\theta_0 \tag{9-8}$$

将式（9－8）代入式（9－5），并考虑式（9－5）和式（9－6），可得角γ在水平面上的投影为

$$\gamma_L=\frac{\overrightarrow{A'B'}}{\overrightarrow{OA}\cos\theta_0}=\frac{\overrightarrow{AB}}{\overrightarrow{OA}\cos\theta_0}=\frac{\gamma}{\cos\theta_0} \tag{9-9}$$

在求出两个射击面之间的夹角后，即可直接求出由此产生的侧偏，即

$$Z=X\gamma_L=\frac{X\gamma}{\cos\theta_0} \tag{9-10}$$

设跳角的概率误差为B_r（rad），方向散布为B_z，则

$$B_z=\frac{X}{\cos\theta_0}B_r \tag{9-11}$$

偏流误差引起的方向散布可由旋转稳定弹箭的角运动的相关理论计算。

火箭的方向散布主要由偏角的横向分量造成。由于火箭主动段比较短，而且偏角在主动段的初始段即已形成，所以式（9－11）也近似适用于火箭，只需将B_r换成偏角的概率误差B_ϕ即可，B_ϕ中已包含了横风的影响。

下面讨论散布随着射程增大的变化规律，以及射程散布与方向散布的比例关系。

由于小射角时，射程散布主要来自射角误差，且射程对射角的敏感因子随射角增大而减小，所以在射角很小时，射程散布随射角增大而减小。随着射角的继续增大，初速和弹道系数引起的散布所占比例很快上升。所以Q_{v_0}和$Q_{\delta c/c}$随射角的变化规律也就起了作用，于是随着射程增大，射程散布逐渐增大。

由式（9－11）可以看出，跳角引起的方向散布是随射程增大而增大的；而偏流本身是随射程增大而急剧增大的，它的误差也是随射程而增大的，总的方向散布随射程的增大而增大。

火炮的方向散布很小，一般小于射程散布。在小射角时，方向散布与射程散布的比值更小些。

火箭有完全不同的散布规律。由于偏角的纵向分量在射程散布中起主导作用，所以

射程散布随射程增大而减小。另外，由于其方向散布比火炮大得多，在大射程时可以比射程散布大几倍。所以，火箭的散布椭圆在小射角时纵轴比横轴长，而大射角时横轴比纵轴长。

9.5 立靶散布的特性

立靶射击时，射程散布转化为高低散布。在影响高低散布的各种因素中，影响最大的是射角的随机误差，其中主要是由跳角产生的误差。射角误差可以改变弹道的初始方向，在近距离上即可显示其作用。根据弹道刚性原理可以证明，射角误差引起的高低散布与靶距成直线关系。

初速是通过改变弹道的弯曲程度来影响立靶弹道高的。由质心弹道方程可知，速度增大，则$|\mathrm{d}\theta/\mathrm{d}t|$减小，由此弹道曲率减小，立靶弹着点随之上移。在近距离上弹道接近直线，初速对弹道高影响很小；随着射击距离的增大，弹道弯曲程度增大，速度对弹道曲率起作用的时间也加长了，初速对弹道高的影响急剧增大。表 9－2 列出了 1%的初速误差在各靶距上引起的高低散布。从表 9－2 中数据可以明显看出，在近距离上初速引起的散布是很小的，但在远距离上散布急剧增大。2 000 m 上的散布比 1 000 m 处要大 4～5 倍。由表 9－2 还可看出，初速越小或弹道系数越大，则高低散布越大。这是因为在此情况下弹道更弯曲的缘故。

表 9－2　1%的初速误差在各靶距上引起的高低散布

X/m ╲ $v_0/(\mathrm{m\cdot s^{-1}})$	c_{43}=1.0				c_{43}=1.2			
	500	1 000	1 500	2 000	500	1 000	1 500	2 000
800	0.04	0.18	0.41	0.78	0.04	0.18	0.44	0.85
960	0.03	0.12	0.28	0.54	0.03	0.12	0.30	0.56

弹道系数是通过影响速度变化规律来进一步改变弹道弯曲程度的，它对弹道高的影响比初速更间接。弹道系数对速度的影响需要一个累积过程，因而它对近距离上的高低散布影响更小。表 9－3 列出了 1%的弹道系数误差在各靶距上引起的高低散布。从表中数据可以明显看出以上所述事实。同样由表 9－3 还可看出，初速越小或弹道系数越大，则高低散布越大。这同样是因为在此情况下弹道更弯曲的缘故。

表 9－3　1%的弹道系数误差在各靶距上引起的高低散布

X/m ╲ $v_0/(\mathrm{m\cdot s^{-1}})$	c_{43}=1.0				c_{43}=1.2			
	500	1 000	1 500	2 000	500	1 000	1 500	2 000
800	0	0.01	0.03	0.08	0	0.01	0.04	0.11
960	0	0	0.02	0.05	0	0.01	0.02	0.06

弹道越弯曲，则初速和弹道系数的变化对弹道高的影响越大；如果弹道接近直线，

则初速和弹道系数的变化对弹道将几乎没有影响。由此可知，增加弹道的平直程度可以减小初速和弹道系数误差引起的高低散布。

根据以上原理可知飞机俯冲投弹比水平投弹的精度要高得多。原因是俯冲投弹时弹道弯曲程度小，初速（航速）和弹道系数误差对弹道影响小，而航速的测量误差是比较大的。

小射角情况下的纵风基本上与弹箭速度平行，它可以改变弹箭与空气的相对速度的大小，因而通过改变空气阻力来影响弹道，由此可知纵风对弹道高的影响与弹道系数相似。空气阻力与相对速度平方成正比，在纵风风速为弹箭速度 1%的情况下，它对弹道的影响只相当于弹道系数改变 0.01%的情况，由此可见纵风对高低散布的影响是很小的。

气温、气压变化很平稳，对高低散布无影响。

反坦克导弹和增程弹主动段偏角的纵向分量的作用与射角的随机误差相同，也是引起高低散布的重要因素。

综上所述，射角误差是影响高低散布最直接的因素，在近距离内它是影响高低散布的唯一因素。初速是通过改变弹道曲率来影响高低散布的，在弹道比较平直的条件下它对弹道几乎没有影响。只有在远距离上，由于弹道弯曲，初速误差才对高低散布有影响，而且弹道越弯曲它的影响越大。弹道系数是通过改变速度来改变弹道曲率的，它对弹道的影响更为间接，由于它对速度的影响需要有一个过程，因而只有在更远的距离上它才对弹道有影响。气象因素对高低散布没有影响。

影响方向散布的主要因素是跳角的横向分量。小射角下偏流很小，偏流误差对方向散布无影响。

地面风阵性很大，而低伸弹道的高度又很低，所以横风对方向散布有一定的影响。在已知横风的阵性特征值 w_z 后，横风引起的散布为

$$Z_w = w_z\left(T - \frac{X}{v_0\cos\theta_0}\right) \tag{9-12}$$

式中：T 为弹箭飞行时间。

横风对反坦克导弹和增程弹的影响比对炮弹的影响大得多，它们的方向散布为

$$Z_w = w_z\left(T - \frac{X}{v_0\cos\theta_0}\left(1-\psi^*\right)\right) \tag{9-13}$$

式中：ψ^* 为初始攻角 $\delta_0 = 1$ 时的偏角。

反坦克导弹和增程弹主动段终点偏角的横向分量也是引起方向散布的主要原因。

9.6　射击误差及其与散布的相互关系

射击误差可概括为以下几个方面：

（1）武器系统本身的误差。包括每门火炮的实际跳角与表定跳角之差造成的误差、初速测量和修正的误差、瞄准具光轴与炮管轴线不平行造成的误差等。

（2）射击准备误差。包括气象测试及其弹道平均值的计算误差、药温测试误差等。

（3）射表误差和操作误差。

一般来说，射表误差的大小与散布大小有关，减小武器的散布有利于减小射表误差，因而有利于减小射击误差。同时武器散布的减小也要求相应地减小射击误差，这样才能提高射击效果。如果只注意减小散布而不同时减小射击误差是不能达到良好的射击效果的，有时甚至效果更差。射击误差大意味着平均弹着点远离目标中心，这时如果武器散布大，则还有可能偶尔出现一些远离平均弹着点的弹，还有命中目标的可能；如果武器散布很小，所有的弹着点都紧靠在平均弹着点附近，则目标上很少有落弹的可能性，如图 9－4 所示。由图可见，随着武器性能的提高，散布大幅度减小，则必须大力减小射击误差。

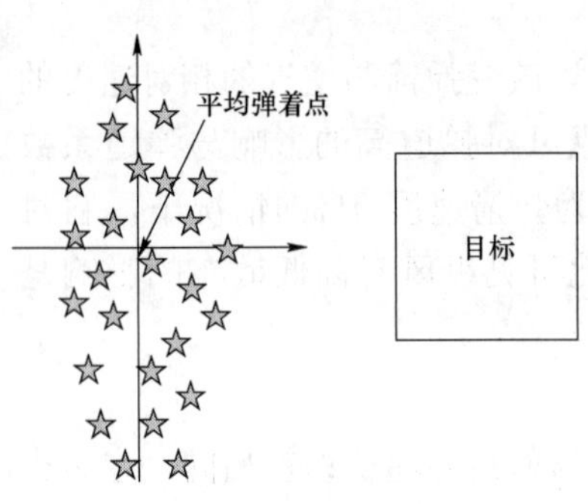

图 9－4　射击误差与散布的关系

第10章 智能/灵巧弹药飞行原理

10.1 弹道修正弹的概念

普通弹箭在飞行中如果受到各种干扰或由于目标机动使弹道偏离预定目标或机动目标是无法纠正的，导致其命中目标的概率低。导弹有纠正弹道的能力，但价格太高，只适合打击高价值点目标，对于使用数量大的常规弹箭是不适合的，于是出现了一种介于二者之间的弹箭——弹道修正弹，它是普通弹箭与现代技术相结合的典范。这种弹箭在弹道的恰当弧段上能根据弹箭偏离预定轨迹或目标的情况，使用燃气动力（脉冲的或连续的）或空气力对弹道予以修正，减小弹道偏差，向固定目标或移动目标靠近，从而较大幅度地提高了对目标的命中概率，但价格比导弹便宜得多。

在弹道上，修正位置的选择与作用在弹箭上的不同扰动因素有关。例如，如果炮弹的脱靶量是由飞行中的扰动因素产生的，则必须在扰动形成的过程中或弹道末段、目标附近进行修正；而对于火箭，终点脱靶量的极大部分是由主动段上的扰动产生的，因而应在主动段或临界段上修正这些扰动的影响，对于大射程弹箭还要增加末段修正。

为了实现弹道修正，首先要有弹道偏差测量装置；然后还要有根据弹偏差解算出控制信号的弹道数学模型、软件和微型计算机；最后还要有进行弹道修正的执行机构。

弹道偏差是指弹箭现在位置与“理想弹道”位置的偏差，或者是与目标位置的偏差。为了确定这个偏差，需要测定弹箭的位置以及目标位置。弹箭在弹道上的位置可以通过头部修正模块中的全球定位系统（GPS）接收器接收GPS卫星信号得知，或者采用微机电系统（MEMS）测量装置测得，也可以用地面雷达跟踪弹箭来探知；对于地面目标的位置可以由前方观察员用激光测距机测量，也可以通过侦察机、发射侦察弹、巡飞弹等探知，还可以用侦察卫星定位；对于空中活动目标则可以用弹头的红外、毫米波、激光、无线电敏感器等确定其方位。执行机构主要有阻力结构、小型脉冲火箭发动机或者鸭舵。阻力结构用于在弹道上适当时机展开以增大阻力、改变弹道；小型脉冲火箭发动机沿弹体圆周径向布置则可以产生改变质心速度方向的力，还可以产生使弹体转动的力矩；鸭舵可以利用空气动力产生操纵弹体转动的力矩和升力。鸭舵可以采用连续工作方式，也可以采用继电工作方式，后者采用脉冲调宽技术，形成所需方向上的周期平均控制力和控制力矩。

弹道修正技术可用于尾翼稳定弹，如迫击炮弹、航空炸弹和尾翼式弹箭，也可以用于旋转稳定弹。如果用地面雷达测量弹箭当前位置并形成控制指令发送给弹箭，则弹上机构可以简化，只需要有指令接收装置和执行机构，价格低廉，但是需要地面高价值设备，且不能实现“打了不管”；如果所有测控装置都放在弹上，则具有不需要地面高价值设备并能实现“打了不管”的优点，但有每发弹价格高的缺点。

同时，要求测控装置体积小、抗发射过载能力强、成本低以及准确迅速解算弹道形成控制指令是弹道修正弹的难点。下面分别介绍一维弹道修正和二维弹道修正情况。

10.2　一维弹道修正弹飞行力学模型

一维弹道修正是最简单的弹道修正，主要用于对地面火炮的射程进行修正。如图10－1所示，对目标A射击时，瞄准比目标远的B点，通过在弹道上接近目标处恰当位置展开头部引信上的阻力器增大阻力，使射程减小，向目标接近，从而起到了修正各种原因造成的弹道偏差的作用，使弹箭的纵向密集度提高。但是，这种“打远修近”的修正模式要损失一部分火炮弹箭的射程；带来的好处则是实现起来简单，可作为弹道修正技术研究的第一步。目前，有人提出用加纵向阻尼片减小旋转弹转速和偏流实现侧向修正。

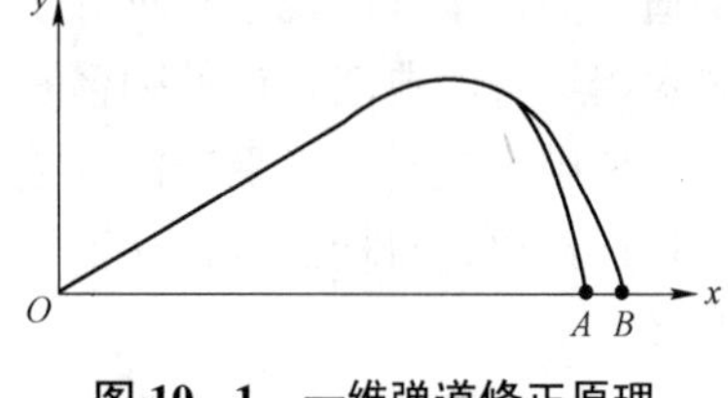

图10－1　一维弹道修正原理

阻力器是一维弹道修正的执行机构，一般都装在头部引信上，其外形各种各样。图10－2所示为一种扇形阻力器闭合和展开的形状；图10－3所示为几种平面和斜面阻力器形状，阻力片又分带圆凹槽的、有泄气孔的和无泄气孔的等不同类型。

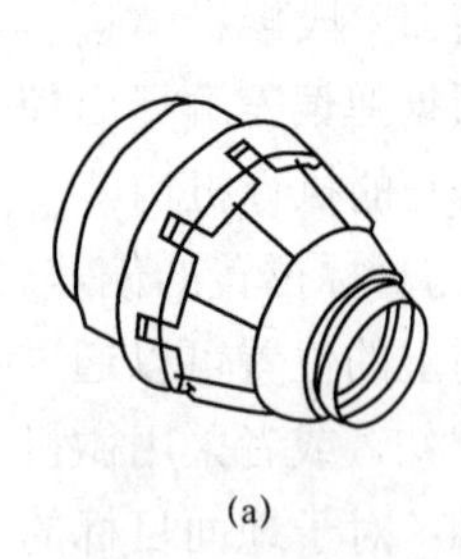

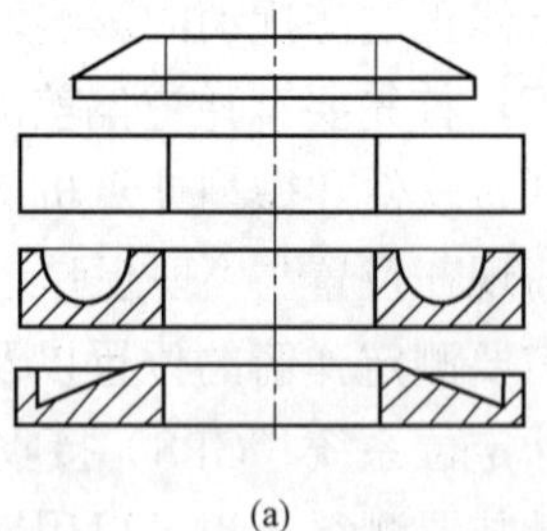

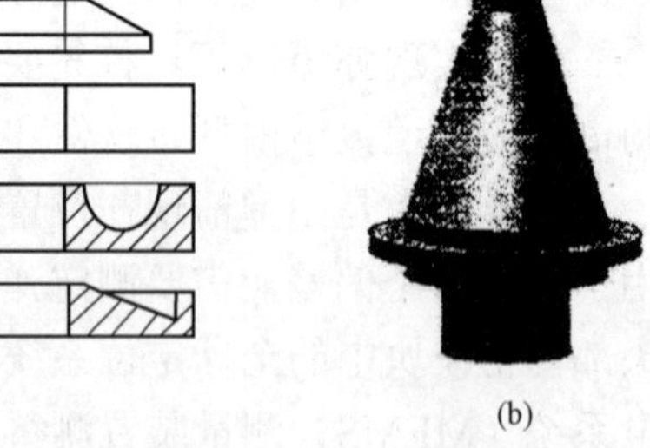

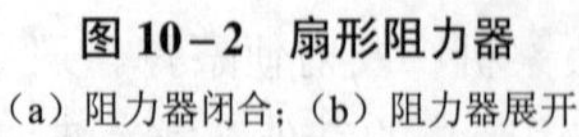

(a)　(b)

图10－2　扇形阻力器

(a) 阻力器闭合；(b) 阻力器展开

(a)　(b)

图10－3　各种平板形阻力器

(a) 平板形阻力片；(b) 引信上的平板形阻力器

阻力器的形状和面积大小，决定了阻力器展开后在不同马赫数上的阻力系数和阻力的大小，这直接关系到此后的减速过程和弹道改变情况。由于阻力器气动外形复杂，其气动力数据主要由风洞或试验获取。阻力器阻力越大，弹道修正能力越强；但是，在展开时抖动也更剧烈，影响修正时的运动平稳性，必须综合考虑。

对于具体的弹箭进行一维弹道修正及阻力器设计时要充分考虑到弹箭本身的散布E_{x_1}（如迫击炮弹约为1/200）、射击准备诸元误差E_{x_3}（约为射程的4/1 000）以及修正机构工作中由装定误差、模型误差、弹道参数测量误差、弹道解算误差以及执行机构误差等造成的对目标A的散布E_{x_2}之间的关系。其中，E_{x_2}即是对修正后的散布指标要求。

图 10－4 中，目标距离炮位的射程为 X_L，射击时对瞄准点 B 瞄准，称 AB 间的距离 X_k 为射程扩展量。由于有射击诸元（射角）准备误差 E_{x_3}，使弹箭的落点散布中心可分布在 $\pm 4E_{x_3}$ 椭圆内，而落点围绕散布中心可分布在 $\pm 4E_{x_1}$ 椭圆内。

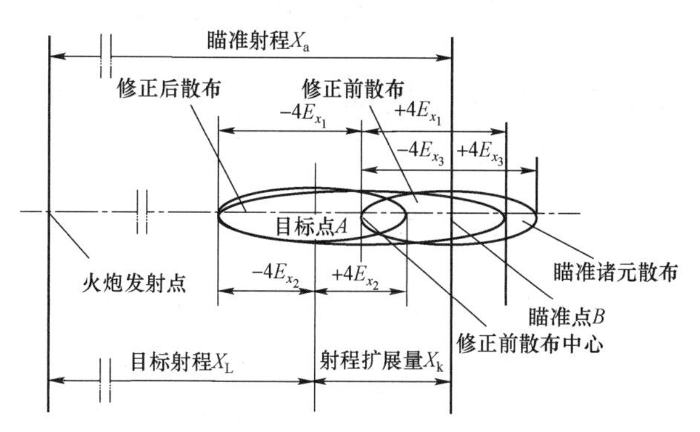

图 10－4　最佳射程扩展量的确定

当散布中心出现在射击准备椭圆 $4E_{x_3}$ 最左边，而落点又出现在射弹散布椭圆 $4E_{x_1}$ 最左边时，如果落点还不越出在修正后对目标 A 的散布椭圆 $4E_{x_1}$ 之内时，射程扩展量 X_k 最佳，由图 10－5 可知，最佳射程扩展量为

$$X_k = (4E_{x_1} + 4E_{x_3}) - 4E_{x_2} \tag{10-1}$$

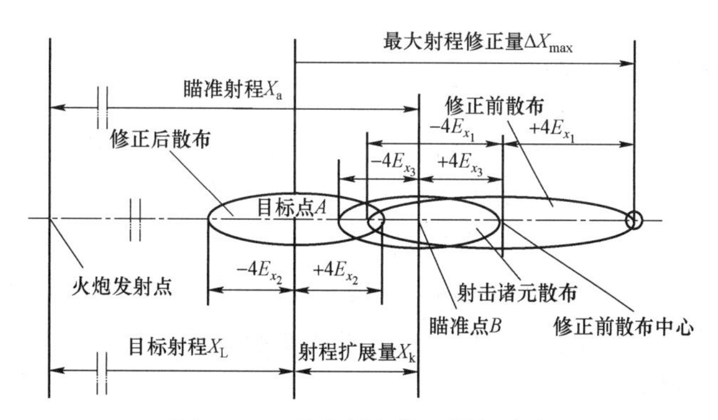

图 10－5　最大射程修正量的确定

当散布中心出现在 $4E_{x_3}$ 椭圆最右边而落点又出现在 $4E_{x_1}$ 椭圆的最远点 D 点时，所需要的最大射程修正量记为 ΔX_{max}，由图 10－5 可知最大射程修正量为

$$\Delta X_{max} = X_k + 4E_{x_3} + 4E_{x_1} \tag{10-2}$$

由 X_k 可以确定最佳瞄准点 B，由 ΔX_{max} 可以确定所需的最大修正能力以便设计阻力片面积大小。

一般修正都在弹道上最小速度点之后。首先，在修正引信的敏感器测得弹箭的最小速度和相应时刻后，解算出初速、射角及弹箭的当前位置；然后，根据射击前装定的目标射程计算射程修正量，确定阻力机构打开的时间，这个过程必须迅速、准确地完成，故弹道数学模型必须简洁、正确、有效。一般在事前要在不同的射角上，对修正前和修正后两种不同阻力系数大量计算弹道，确定在不同时刻上，有不同弹道诸元偏差Δx、Δy、Δv以及不同非标准因素（如非标准气温、气压、风等）下的射程修正量，并且拟合成适当的函数关系存入引信计算机中，以便于迅速查找计算，快速决策打开阻力器的时刻。因此，需要花大量精力计算、仿真、分析并通过试验校正。

10.3 固定鸭舵式二维弹道修正弹飞行力学模型

10.3.1 固定鸭舵式二维弹道修正弹

目前，各国学者提出了制导炮弹的多种二维修正控制方式，一般可以归为两类：基于气动力的修正控制和基于直接力的修正控制。基于气动力的二维弹道修正常用的是基于鸭舵式或正常舵式的控制方式，该方式可连续提供用于修正力和力矩。另外，基于摆动头锥的修正控制方式也属于该种类型。基于直接力的修正控制方式通过在弹箭质心位置附近沿弹体圆周布置脉冲推冲器，利用脉冲推力矢量修正弹道轨迹，该方式具有响应速度快、控制方式简单的特点。

对基于固定鸭舵式的弹道修正引信，国内外学者进行了大量研究。本节以多刚体理论，将弹箭作为滚转角速度不同的两个刚体进行研究。针对修正组件气动外形不对称的问题，在修正组件质心建立新坐标系，分析其在弹箭飞行过程中的受力；应用多刚体理论，研究两个刚体间的相对运动关系和相互作用。

10.3.2 弹箭受力分析

图 10－6 所示为固定鸭舵式弹道修正装置的示意图。舵 1 和舵 3 具有相同的舵偏角，但舵偏角方向不同，称为一对差动舵；舵 2 与舵 4 舵偏角方向均相同，称为一对操纵舵。引信通过螺纹连接到弹体上，并与弹体同轴。在来流作用下，差动舵形成的导转力矩使修正装置头部产生与弹体方向相反的滚转角速度，而修正装置尾部将与弹体一同旋转。将转速不同的两部分作为不同的刚体进行分析，并分别将其称为修正组件和弹体，分别用下标“f”和“a”进行标记。

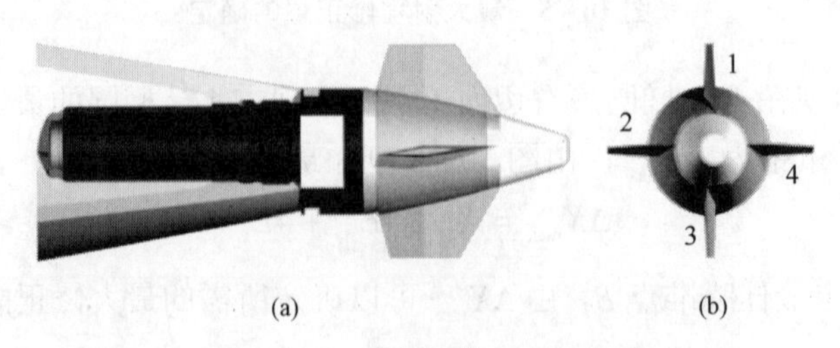

图 10－6 引信舵片分布示意图

1、2、3、4—舵

由于弹箭气动外形非对称，若来流速度大小一定，来流从不同方位吹向图 10－6 所示姿态的弹箭，弹箭所受气动力不同。在弹箭飞行过程中，弹箭轴线与弹箭质心速度矢量的夹角（以下称为章动角 δ）按二圆运动的规律变化，并且修正组件绕弹箭轴线旋转。弹箭所受气动力不断变化，并且比轴对称外形弹箭的受力复杂。

假设修正组件与弹体之间无气动耦合现象，将修正组件和弹体作为不同的刚体进行分析。

1. 修正组件受力

引入修正组件体坐标系、修正组件速度坐标系，如图 10－7 所示，坐标系定义如下：

（1）地面发射系 $Oxyz$。坐标原点 O 取发射点，Ox 轴在发射点水平面内指向发射瞄准方向，Oy 轴沿发射点的铅直线向上，Oz 轴垂直于 Oxy 平面，构成右手系。

（2）修正组件体坐标系 $O_f x_{f_1} y_{f_1} z_{f_1}$。坐标原点 O 位于修正组件质心，$O_f x_{f_1}$ 轴沿修正组件轴线，$O_f x_{f_1}$ 轴在修正组件纵向对称面内垂直于 $O_f x_{f_1}$ 轴，$O_f x_{f_1}$、$O_f y_{f_1}$ 和 $O_f z_{f_1}$ 轴构成右手系。

（3）修正组件速度坐标系 $O_f x_{f_2} y_{f_2} z_{f_2}$。坐标原点 O 位于修正组件质心，$O_f x_{f_1}$ 轴沿修正组件速度方向，$O_f x_{f_2}$ 轴在修正组件纵向对称面内垂直于 $O_f x_{f_2}$ 轴，$O_f x_{f_2}$、$O_f y_{f_2}$ 和 $O_f z_{f_2}$ 轴构成右手系。

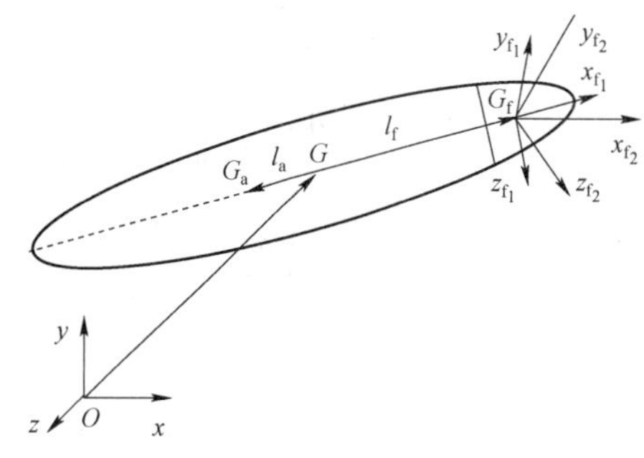

图 10－7　坐标系定义

图 10－7 中，G 为弹箭质心，G_f 和 G_a 分别为修正组件和弹体的质心，且分别距质心 G 的距离为 l_f 和 l_a，则

$$m_a \boldsymbol{l}_a = -m_f \boldsymbol{l}_f \tag{10-3}$$

引入攻角 α_f 和侧滑角 β_f，定义如下：

（1）攻角 α_f 为修正组件速度矢量在修正组件纵向对称面内的投影与 $O_f x_{f_1}$ 轴的夹角，规定 $O_f x_{f_1}$ 轴在上时攻角 α_f 为正。

（2）侧滑角 β_f 为修正组件速度矢量与修正组件纵向对称面的夹角，规定速度矢量指向修正组件纵向对称面右侧时侧滑角 β_f 为正。

几何关系方程为

$$\begin{cases} \sin\beta_f = \cos\theta[\cos\gamma_f \sin(\psi-\sigma) + \\ \qquad \sin\varphi\sin\gamma_f\cos(\psi-\sigma)] - \sin\theta\cos\varphi\sin\gamma_f \\ \sin\alpha_f\cos\beta_f = \cos\theta[\sin\varphi\cos\gamma_f\cos(\psi-\sigma) - \\ \qquad \sin\gamma_f\sin(\psi-\sigma)] - \sin\theta\cos\varphi\cos\gamma_f \end{cases} \tag{10-4}$$

式中：φ、ψ、γ_f、θ、σ 分别为修正组件的俯仰角、偏航角、滚转角、修正组件速度倾角和修正组件速度偏角。

通过攻角 α_f、侧滑角 β_f 和马赫数插值获得了气动参数后，经计算得到修正组件所受空气动力。

修正组件受力包括空气动力、重力和弹体对修正组件的力，弹体对修正组件的力 $\boldsymbol{F}_{fa} = (F_{fa,x} \quad F_{fa,y} \quad F_{fa,z})^T$，$F_{fa,x}$、$F_{fa,y}$、$F_{fa,z}$ 为其在发射坐标系下的分量。将修正组件受力投影到发射坐标系中，有

$$\begin{pmatrix} \dfrac{\mathrm{d}v_{\mathrm{f},x}}{\mathrm{d}t} \\ \dfrac{\mathrm{d}v_{\mathrm{f},y}}{\mathrm{d}t} \\ \dfrac{\mathrm{d}v_{\mathrm{f},z}}{\mathrm{d}t} \end{pmatrix} = \frac{1}{m_{\mathrm{f}}}\left(\begin{pmatrix} F_{\mathrm{fa},x} \\ F_{\mathrm{fa},y} \\ F_{\mathrm{fa},z} \end{pmatrix} + \begin{pmatrix} F_{\mathrm{f},x} \\ F_{\mathrm{f},y} \\ F_{\mathrm{f},z} \end{pmatrix} - \begin{pmatrix} 0 \\ m_{\mathrm{f}}g \\ 0 \end{pmatrix}\right) \tag{10-5}$$

式中：$v_{\mathrm{f},x}$、$v_{\mathrm{f},y}$、$v_{\mathrm{f},z}$、$F_{\mathrm{f},x}$、$F_{\mathrm{f},y}$、$F_{\mathrm{f},z}$ 分别为修正组件质心速度及其所受空气动力在发射坐标系中的分量；m_{f} 为修正组件的质量。

将修正组件所受气动力矩分解到准弹体坐标系，并在准弹体坐标系建立动力学方程：

$$\begin{pmatrix} J_{\mathrm{f},x}\dfrac{\mathrm{d}\omega_{\mathrm{f},x_4}}{\mathrm{d}t} \\ J_{\mathrm{f},y}\dfrac{\mathrm{d}\omega_{\mathrm{f},y_4}}{\mathrm{d}t} \\ J_{\mathrm{f},z}\dfrac{\mathrm{d}\omega_{\mathrm{f},z_4}}{\mathrm{d}t} \end{pmatrix} + \begin{pmatrix} (J_{\mathrm{f},z}-J_{\mathrm{f},y})\omega_{\mathrm{f},y_4}\omega_{\mathrm{f},z_4} \\ (J_{\mathrm{f},x}-J_{\mathrm{f},z})\omega_{\mathrm{f},x_4}\omega_{\mathrm{f},z_4}+J_{\mathrm{f},z}\omega_{\mathrm{f},z_4}\dot{\gamma}_{\mathrm{f}} \\ (J_{\mathrm{f},y}-J_{\mathrm{f},x})\omega_{\mathrm{f},x_4}\omega_{\mathrm{f},y_4}-J_{\mathrm{f},y}\omega_{\mathrm{f},y_4}\dot{\gamma}_{\mathrm{f}} \end{pmatrix} = \begin{pmatrix} M_{\mathrm{f},x_4}+M_{\mathrm{fa},x_4} \\ M_{\mathrm{f},y_4}+M_{\mathrm{fa},y_4} \\ M_{\mathrm{f},z_4}+M_{\mathrm{fa},z_4} \end{pmatrix} \tag{10-6}$$

式中：$J_{\mathrm{f},x}$、$J_{\mathrm{f},y}$、$J_{\mathrm{f},z}$ 为修正组件相对弹箭质心的转动惯量；ω_{f,x_4}、ω_{f,y_4}、ω_{f,z_4} 为修正组件角速度在准弹体坐标系中的分量；M_{f,x_4}、M_{f,y_4}、M_{f,z_4}、M_{fa,x_4}、M_{fa,y_4}、M_{fa,z_4} 分别为修正组件所受气动力矩和弹体对修正组件的力矩在准弹体坐标系中的分量。

2. 弹体受力

弹体为旋成体气动外形，其受力和力矩相对简单。为了便于分析受力，建立相应的坐标系，原点位于弹体的质心上。弹体的质心运动方程为

$$\begin{pmatrix} \dfrac{\mathrm{d}v_{\mathrm{a},x}}{\mathrm{d}t} \\ \dfrac{\mathrm{d}v_{\mathrm{a},y}}{\mathrm{d}t} \\ \dfrac{\mathrm{d}v_{\mathrm{a},z}}{\mathrm{d}t} \end{pmatrix} = \frac{1}{m_{\mathrm{a}}}\left(\begin{pmatrix} F_{\mathrm{af},x} \\ F_{\mathrm{af},y} \\ F_{\mathrm{af},z} \end{pmatrix} + \begin{pmatrix} F_{\mathrm{a},x} \\ F_{\mathrm{a},y} \\ F_{\mathrm{a},z} \end{pmatrix} - \begin{pmatrix} 0 \\ m_{\mathrm{a}}g \\ 0 \end{pmatrix}\right) \tag{10-7}$$

将弹体所受气动力矩分解到准弹体坐标系，并在准弹体坐标系建立动力学方程：

$$\begin{pmatrix} J_{\mathrm{a},x}\dfrac{\mathrm{d}\omega_{\mathrm{a},x_4}}{\mathrm{d}t} \\ J_{\mathrm{a},y}\dfrac{\mathrm{d}\omega_{\mathrm{a},y_4}}{\mathrm{d}t} \\ J_{\mathrm{a},z}\dfrac{\mathrm{d}\omega_{\mathrm{a},z_4}}{\mathrm{d}t} \end{pmatrix} + \begin{pmatrix} (J_{\mathrm{a},z}-J_{\mathrm{a},y})\omega_{\mathrm{a},y_4}\omega_{\mathrm{a},z_4} \\ (J_{\mathrm{a},x}-J_{\mathrm{a},z})\omega_{\mathrm{a},x_4}\omega_{\mathrm{a},z_4}+J_{\mathrm{a},z}\omega_{\mathrm{a},z_4}\dot{\gamma}_{\mathrm{a}} \\ (J_{\mathrm{a},y}-J_{\mathrm{a},x})\omega_{\mathrm{a},x_4}\omega_{\mathrm{a},y_4}-J_{\mathrm{a},y}\omega_{\mathrm{a},y_4}\dot{\gamma}_{\mathrm{a}} \end{pmatrix} = \begin{pmatrix} M_{\mathrm{a},x_4}+M_{\mathrm{af},x_4} \\ M_{\mathrm{a},y_4}+M_{\mathrm{af},y_4} \\ M_{\mathrm{a},z_4}+M_{\mathrm{af},z_4} \end{pmatrix} \tag{10-8}$$

式中：$J_{\mathrm{a},x}$、$J_{\mathrm{a},y}$、$J_{\mathrm{a},z}$ 为弹体相对弹箭质心的转动惯量；ω_{a,x_4}、ω_{a,y_4}、ω_{a,z_4} 为弹体角速度在准弹体坐标系中的分量；M_{a,x_4}、M_{a,y_4}、M_{a,z_4}、M_{af,x_4}、M_{af,y_4}、M_{af,z_4} 分别为弹体所受气动力矩和修正组件对弹体的力矩在准弹体坐标系中的分量。

10.3.3　二体运动分析

在轴承的约束下，修正组件和弹体具有相同的俯仰角速度和偏航角速度，即

$$\begin{cases}\omega_{f,y}=\omega_{a,y}=\omega_y\\ \omega_{f,z}=\omega_{a,z}=\omega_z\\ \dot{\omega}_{f,y}=\dot{\omega}_{a,y}=\dot{\omega}_y\\ \dot{\omega}_{f,z}=\dot{\omega}_{a,z}=\dot{\omega}_z\end{cases} \tag{10-9}$$

式中：ω_y、ω_z 分别为发射坐标系下弹箭绕质心的偏航角速度和俯仰角速度；$\dot{\omega}_y$、$\dot{\omega}_z$ 分别为其相应的偏航角加速度和俯仰角加速度。

以弹箭质心为基点，则发射坐标系下修正组件和弹体的质心速度矢量分别为

$$\boldsymbol{v}_f=\boldsymbol{v}+\boldsymbol{\omega}_f\times\boldsymbol{l}_f \tag{10-10}$$

$$\boldsymbol{v}_a=\boldsymbol{v}+\boldsymbol{\omega}_a\times(-\boldsymbol{l}_a) \tag{10-11}$$

设弹箭质心加速度为 $\boldsymbol{a}$，以弹箭质心为基点，则修正组件和弹体的质心加速度矢量分别为

$$\boldsymbol{a}_f=\boldsymbol{a}+\dot{\boldsymbol{\omega}}_f\times\boldsymbol{l}_f+\boldsymbol{\omega}_f\times(\boldsymbol{\omega}_f\times\boldsymbol{l}_f) \tag{10-12}$$

$$\boldsymbol{a}_a=\boldsymbol{a}+\dot{\boldsymbol{\omega}}_a\times(-\boldsymbol{l}_a)+\boldsymbol{\omega}_a\times[\boldsymbol{\omega}_a\times(-\boldsymbol{l}_a)] \tag{10-13}$$

由式（10－3）可得

$$\begin{aligned}m_f\boldsymbol{a}_f+m_a\boldsymbol{a}_a=m_f[\boldsymbol{a}+\dot{\boldsymbol{\omega}}_f\times\boldsymbol{l}_f+\boldsymbol{\omega}_f\times(\boldsymbol{\omega}_f\times l_f)]+\\ m_a\{\boldsymbol{a}+\dot{\boldsymbol{\omega}}_a\times(-\boldsymbol{l}_a)+\boldsymbol{\omega}_a\times[\boldsymbol{\omega}_a\times(-\boldsymbol{l}_a)]\}=m\boldsymbol{a}\end{aligned} \tag{10-14}$$

修正组件和弹体通过轴承连接，不计安装误差，两个刚体同轴，且准弹体坐标系下偏航角速度和俯仰角速度相同，即 $\omega_{f,y_4}=\omega_{a,y_4}=\omega_{y_4}$，$\omega_{f,z_4}=\omega_{a,z_4}=\omega_{z_4}$。在保证连接强度的条件下，两组件间通过轴承传递俯仰力矩和偏航力矩。由于轴承摩擦的存在，差动舵形成的导转力矩需要克服轴承的摩擦力矩使修正组件旋转；在修正过程中，制动器输出摩擦力矩改变修正组件转速从而调整弹体姿态。两个摩擦力矩构成准弹体坐标系中两组件间的轴向力矩。由式（10－8）可将式（10－5）和式（10－7）的第 2 个和第 3 个方程分别相加，并消去两刚体间的相互作用力矩，可得

$$\begin{cases}J_y\dfrac{d\omega_{y_4}}{dt}+[(J_{a,x}-J_{a,z})\omega_{a,x_4}+(J_{f,x}-J_{f,z})\omega_{f,y_4}]\omega_{z_4}+\\ \qquad(J_{f,z}\dot{\gamma}_f+J_{a,z}\dot{\gamma}_a)\omega_{z_4}=M_{f,y4}+M_{m,y4}\\ J_z\dfrac{d\omega_{z_4}}{dt}+[(J_{a,y}-J_{a,x})\omega_{a,x_4}+(J_{f,y}-J_{f,x})\omega_{f,x_4}]\omega_{y_4}-\\ \qquad(J_{f,y}\dot{\gamma}_f+J_{a,y}\dot{\gamma}_a)\omega_{y_4}=M_{f,z4}+M_{a,z4}\end{cases} \tag{10-15}$$

10.3.4　飞行力学建模

弹箭质心速度矢量为 $\boldsymbol{v}=(v_x\quad v_y\quad v_z)^T$，由式（10－14）可得

$$m\begin{pmatrix}\dfrac{\mathrm{d}v_x}{\mathrm{d}t}\\ \dfrac{\mathrm{d}v_y}{\mathrm{d}t}\\ \dfrac{\mathrm{d}v_z}{\mathrm{d}t}\end{pmatrix}=\begin{pmatrix}F_{\mathrm{f},x}\\ F_{\mathrm{f},y}\\ F_{\mathrm{f},z}\end{pmatrix}+\begin{pmatrix}F_{\mathrm{a},x}\\ F_{\mathrm{a},y}\\ F_{\mathrm{a},z}\end{pmatrix}-\begin{pmatrix}0\\ mg\\ 0\end{pmatrix} \tag{10-16}$$

弹箭绕质心的角运动方程为

$$\begin{cases}J_{\mathrm{f},x}\dfrac{\mathrm{d}\omega_{\mathrm{f},x_4}}{\mathrm{d}t}+(J_{\mathrm{f},z}-J_{\mathrm{f},y})\omega_{y_4}\omega_{z_4}=M_{\mathrm{f},x_4}+M_{\mathrm{fa},x_4}\\ J_{\mathrm{a},x}\dfrac{\mathrm{d}\omega_{\mathrm{a},x_4}}{\mathrm{d}t}+(J_{\mathrm{a},z}-J_{\mathrm{a},y})\omega_{y_4}\omega_{z_4}=M_{\mathrm{a},x_4}+M_{\mathrm{af},x_4}\\ J_y\dfrac{\mathrm{d}\omega_{y_4}}{\mathrm{d}t}+[(J_{\mathrm{a},x}-J_{\mathrm{a},z})\omega_{\mathrm{a},x_4}+(J_{\mathrm{f},x}-J_{\mathrm{f},z})\omega_{\mathrm{f},y_4}]\omega_{z_4}+\\ \qquad(J_{\mathrm{f},z}\dot{\gamma}_{\mathrm{f}}+J_{\mathrm{a},y}\dot{\gamma}_{\mathrm{a}})\omega_{z_4}=M_{\mathrm{f},y_4}+M_{\mathrm{a},y_4}\\ J_{\mathrm{z}}\dfrac{\mathrm{d}\omega_{z_4}}{\mathrm{d}t}+[(J_{a,y}-J_{a,x})\omega_{\mathrm{a},x_4}+(J_{\mathrm{f},y}-J_{\mathrm{f},x})\omega_{\mathrm{f},x_4}]\omega_{y_4}-\\ \qquad(J_{f,y}\dot{\gamma}_{\mathrm{f}}+J_{\mathrm{a},y}\dot{\gamma}_{\mathrm{a}})\omega_{y_4}=M_{\mathrm{f},z_4}+M_{\mathrm{a},z_4}\end{cases} \tag{10-17}$$

式中：$J_y=J_{\mathrm{f},y}+J_{\mathrm{a},y}$；$J_z=J_{\mathrm{f},z}+J_{\mathrm{a},z}$。

弹箭质心运动方程为

$$\begin{pmatrix}\dfrac{\mathrm{d}x}{\mathrm{d}t} & \dfrac{\mathrm{d}y}{\mathrm{d}t} & \dfrac{\mathrm{d}z}{\mathrm{d}t}\end{pmatrix}^{\mathrm{T}}=(v_x\quad v_y\quad v_z)^{\mathrm{T}} \tag{10-18}$$

弹箭角运动方程为

$$\begin{pmatrix}\dot{\gamma}_{\mathrm{f}}\\ \dot{\gamma}_{\mathrm{a}}\\ \dot{\psi}\\ \dot{\phi}\end{pmatrix}=\begin{pmatrix}1 & 0 & 0 & -\tan\varphi\\ 0 & 1 & 0 & -\tan\varphi\\ 0 & 0 & 1 & 0\\ 0 & 0 & 0 & \dfrac{1}{\cos\varphi}\end{pmatrix}\begin{pmatrix}\omega_{\mathrm{f},x}\\ \omega_{\mathrm{a},x}\\ \omega_z\\ \omega_y\end{pmatrix} \tag{10-19}$$

综合以上分析可得弹箭飞行力学数学模型。由于修正组件与弹体滚转角速度不同，需要用不同的方程进行描述，可将该模型称为七自由度弹道模型。

10.4 末制导脉冲二维弹道修正尾翼弹飞行力学模型

10.4.1 脉冲发动机弹道修正原理

本节主要介绍脉冲发动机用于滚转尾翼弹的末制导飞行控制。脉冲控制方案是在弹体质心处或质心附近周向布置一些小型脉冲发动机，如图 10－8 所示。按照脉冲发动机在弹体上的布置位置，可分为力操纵方式和力矩操纵方式。力操纵方式常将脉冲发动机布置在质心，力矩操纵方式常将脉冲发动机布置在质心前一段距离处，在控制力作用的同时产生控制力矩，改变弹体的飞行攻角，从而改变作用在弹体上的气动力。力矩操纵方式的控制效率较高，能有效地提高控制回路的响应速度，但容易引起弹体的章动，对飞行的稳定性有一定影响。

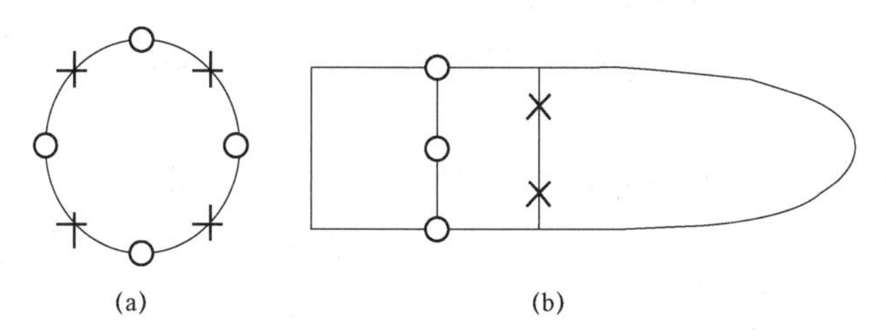

图 10－8　脉冲发动机布置示意图

（a）周向；（b）轴向

弹箭飞行过程中，弹载弹道参数探测装置（或导引头）对目标和弹箭弹道之间参数进行实时测量，并经过弹道信息处理装置迅速进行计算、判断，形成控制指令，使弹体侧向某发动机工作产生侧向推力，实现弹道修正，经过若干次作用形成简易弹道控制。相对而言，这种方案结构简洁、技术上容易实现，成本较低且提高精度幅度较大。

10.4.2　弹箭有控飞行弹道模型

以迫击炮弹为例，通过设计尾翼斜切角使弹体微转，采用脉冲发动机和弹体追踪律进行弹道控制。迫击炮弹在脉冲作用下的有控弹道模型，只要在常规弹道模型的基础上增加脉冲控制力和控制力矩即可得到。本节主要给出脉冲控制力和控制力矩的投影分量。

设周向有一个脉冲冲量为 $\hat{p}$ ，对应的脉冲力为

$$p=\hat{p}/(t_e-t_s) \tag{1-20}$$

式中：t_s 为单脉冲作用起始时刻；t_e 为单脉冲作用终止时刻，则侧向控制力在弹体坐标系 $O'\xi\eta\zeta$ 上的分量为

$$\begin{pmatrix} F_{p\xi} \\ F_{p\eta} \\ F_{p\xi} \end{pmatrix} = p\begin{pmatrix} 0 \\ -\cos\gamma_p \\ -\sin\gamma_p \end{pmatrix} \tag{1-21}$$

式中：γ_p 为点火脉冲发动机相对于弹体坐标系中 $O'\eta$ 轴的方位角。

将脉冲发动机产生的控制力和控制力矩分别向地面坐标系和第一弹轴坐标系 $O'\xi\eta_1\zeta_1$ 各轴投影，可以得到本次脉冲作用的控制力和控制力矩的分量分别为 (F_{px},F_{py},F_{pz})、$(M_{p\xi},M_{p\eta},M_{p\zeta})$。

$$\begin{pmatrix} F_{px} \\ F_{py} \\ F_{pz} \end{pmatrix} = p\begin{pmatrix} -\sin\varphi_a(-\cos\gamma_p\cos\gamma+\sin\gamma_p\sin\gamma)+ \\ \quad\sin\varphi_2\cos\varphi_a(\cos\gamma_p\sin\gamma+\sin\gamma_p\cos\gamma) \\ \cos\varphi_a(-\cos\gamma_p\cos\gamma+\sin\gamma_p\sin\gamma)+ \\ \quad\sin\varphi_2\sin\varphi_a(\cos\gamma_p\sin\gamma+\sin\gamma_p\cos\gamma) \\ -\cos\varphi_2(\cos\gamma_p\sin\gamma+\sin\gamma_p\cos\gamma) \end{pmatrix} \tag{10-22}$$

$$\begin{pmatrix} M_{p\xi} \\ M_{p\eta} \\ M_{p\zeta} \end{pmatrix} = pL_p \begin{pmatrix} 0 \\ \sin\gamma_p \cos\gamma + \cos\gamma_p \sin\gamma \\ \sin\gamma_p \sin\gamma - \cos\gamma_p \cos\gamma \end{pmatrix} \tag{10-23}$$

式中：φ_a 为弹轴高低摆动角；φ_2 为弹轴侧向摆动角；γ 为滚转角；L_p 为周向推力偏心距，推力作用点在质心与弹头之间时为正。

将脉冲发动机控制力在地面坐标系的投影式（10－22）和控制力矩在第一弹轴坐标系的投影式（10－23）代入常规火箭弹弹道方程，可以得到有控条件下的质心运动方程和绕心运动方程，建立迫弹在脉冲作用下的有控弹道微分方程组。

10.4.3 脉冲推力控制仿真算法

本节中的脉冲修正方案采用弹体追踪律，即利用弹－目连线与弹轴所成夹角 β 对迫击炮弹进行末段弹道控制。当 β 超过预先设定的阈值时，使用脉冲发动机，在控制力和控制力矩的作用下，β 减小。实际修正过程中，目标的方位信息可由弹载探测器测得，从而可确定脉冲发动机的作用方位和点火序号。而在对脉冲作用过程的弹道仿真计算时，需要由弹箭飞行的弹道参数和目标的坐标信息计算脉冲作用方位，并确定点火序号。下面以右旋弹为例，给出具体的仿真模型及算法。

1. 脉冲作用方位

设某一个脉冲发动机布置在弹体坐标系的 $O'\eta$ 轴上，编号为 0，按顺时针方向脉冲发动机的序号依次增大。T 为目标在 $O'\eta_1\zeta_1$ 平面上的投影，则脉冲发动机理想作用方位在 $O'T$ 的反向延长线上，如图 10－9 所示。记第一弹轴坐标系 $O'\eta_1$ 轴与理想作用方位的夹角为 γ'，$O'\eta$ 轴与理想作用方位的夹角为 θ'。要选择脉冲发动机的点火序号，必须要确定 θ'，从图 10－9 中可以看出 $\theta' = \gamma' - \gamma$，所以问题转化为求取 γ'。

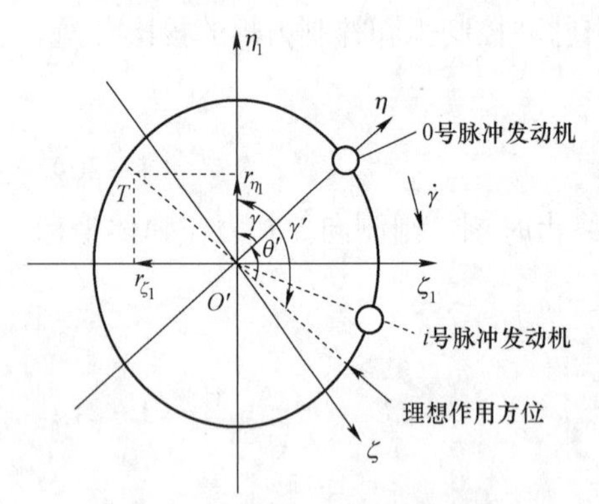

图 10－9　脉冲作用方位图

设目标点坐标为 (x_0, y_0, z_0)，弹道上脉冲控制处弹体质心坐标为 (x, y, z)，以弹体质心为始端，目标为末端，可得弹－目连线在地面坐标系中的空间矢量 $\boldsymbol{r}$，利用第一弹轴坐标系向地面坐标系的转换矩阵 $\boldsymbol{A}_{\varphi_a\varphi_2}$，将其投影至第一弹轴坐标系上，可得

$$\begin{pmatrix} r_\xi \\ r_{\eta_1} \\ r_{\zeta_1} \end{pmatrix} = \begin{pmatrix} (\cos\varphi_a \cos\varphi_2)(x_0 - x) + (\cos\varphi_2 \sin\varphi_a)(y_0 - y) + \\ \sin\varphi_2 (z_0 - z) \\ -\sin\varphi_a (x_0 - x) + \cos\varphi_a (y_0 - y) \\ (-\sin\varphi_2 \cos\varphi_a)(x_0 - x) - (\sin\varphi_2 \sin\varphi_a)(y_0 - y) + \\ \cos\varphi_2 (z_0 - z) \end{pmatrix} \tag{10-24}$$

弹－目连线与弹轴夹角为

$$\beta = \arccos\frac{\gamma_\xi}{|\boldsymbol{r}|} \tag{10-25}$$

T 点分布在四个象限的不同位置，可得不同组合条件下 γ' 的计算公式：

$$\gamma' = \begin{cases} \arctan(r_{\xi_1}/r_{\eta_1}) & (r_{\eta_1} < 0, r_{\xi_1} \leqslant 0) \\ \pi + \arctan(r_{\xi_1}/r_{\eta_1}) & (r_{\eta_1} > 0, r_{\xi_1} \leqslant 0) \\ \pi + \arctan(r_{\xi_1}/r_{\eta_1}) & (r_{\eta_1} > 0, r_{\xi_1} \leqslant 0) \\ 2\pi + \arctan(r_{\xi_1}/r_{\eta_1}) & (r_{\eta_1} < 0, r_{\xi_1} \geqslant 0) \\ \pi/2 & (r_{\eta_1} = 0, r_{\xi_1} = 0) \\ 3\pi/2 & (r_{\eta_1} = 0, r_{\xi_1} > 0) \end{cases} \tag{10-26}$$

由于脉冲发动机的作用时间 t_p 通常为几毫秒至几十毫秒，而在作用时间内弹体仍在滚转，滚转角速率为 $\dot{\gamma}$。为了使脉冲发动机的总作用尽量沿理想作用方位，需要给出提前作用角 $\dot{\gamma}t_p/2$。这样脉冲发动机整个作用过程可近似认为对称于理想作用方位，因此实际作用方位角为

$$\theta'_s = \theta' - \dot{\gamma}t_p/2 = \gamma' - \gamma - \dot{\gamma}t_p/2 \tag{10-27}$$

2. 脉冲发动机点火序号选择

根据脉冲发动机的作用方位，需要选择合适位置的脉冲发动机进行弹道控制，即确定脉冲发动机的点火序号。假设弹体上沿周向均匀布置了 n 个脉冲发动机，序号 m=0, 1, 2, …, $n-1$，则相邻两个脉冲发动机之间的夹角为 $2\pi/n$。

首次使用脉冲发动机进行弹道修正时，脉冲发动机点火序号为

$$N = \mathrm{ent}\frac{\theta' - \dot{\gamma}t_p/2}{2\pi/n} = \mathrm{ent}\frac{\gamma' - \gamma - \dot{\gamma}t_p/2}{2\pi/n} \tag{10-28}$$ [①]

由于每个脉冲发动机只能使用一次，在后续的弹道控制中，可能会出现由式(10-28)求得的脉冲发动机已在前面使用过的情况。此时，应将 N 以步长 1 递减，直至所得脉冲发动机可以使用。若脉冲发动机已全部使用完毕，则不予选择。

10.5 滑翔增程弹飞行力学模型

增程技术是弹箭技术重点发展方向之一，而滑翔增程是目前采用的较为有效的一种弹箭增程技术。弹箭滑翔增程是指在飞行弹道某位置处（通常在弹道顶点附近），弹上的俯仰舵偏转，使全弹产生一个攻角，由此增大作用在全弹上的升力，使弹道下降趋缓，炮弹向前滑翔飞行，实现增程的目的。在弹箭滑翔飞行技术中，弹箭的气动布局、全飞行弹道特性、飞行中参数的实时测量、弹箭控制机构和控制方案与策略等，均是一些重要的问题。其中，在一定气动布局下，弹道模型的建立、整个飞行弹道特性和控制特性的分析为舵面设计和控制方案等提供了基础。因此，本节针对某前舵、中舵式（鸭式布局）滑翔增程弹，研究该气动布局下的弹道模型及其弹道特性。前舵、中舵式气动布局由一对

① ent( ) 为数学符号，取整数的意思，所取整数不大于括号中的数。

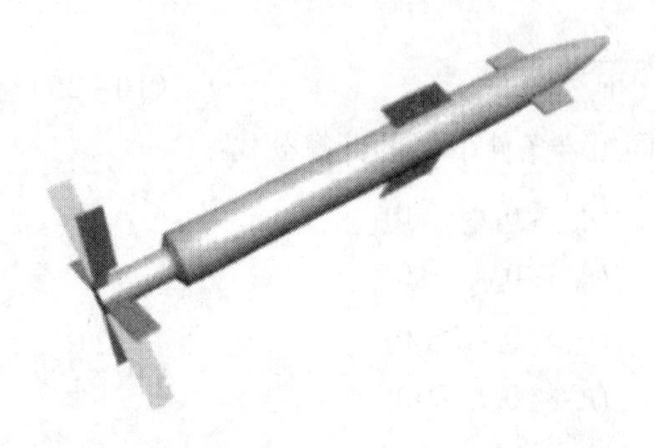

图 10－10 滑翔增程弹前舵、中舵式气动布局

前舵、一对中舵布置在弹体前部的不同位置，弹翼在弹体的尾部，如图 10－10 所示。

某大口径炮弹采用火箭助推滑翔增程，该炮弹以一定的初速发射出去，一出炮口尾翼张开保持稳定飞行，出炮口几秒后弹上的小型火箭助推发动机工作，给弹箭以推力帮助弹箭（爬高）增程，发动机工作结束后炮弹像普通尾翼弹一样继续在升弧段上飞行；当在升弧段某时刻，弹载探测系统开始工作，中舵张开，差动控制调整弹体姿态，保证弹体在进入滑翔段时姿态正常；在弹道顶点附近前舵张开，根据弹上的滑翔控制系统调节舵机与舵翼匹配，不断调整炮弹的滑翔姿态，向前滑翔至弹道终点。

根据上面的炮弹滑翔工作过程，整个飞行弹道可以划为三段（图 10－11）：① 普通段飞行弹道，从炮弹出炮口到中舵张开前；② 滚控段飞行弹道，从中舵张开到前舵张开前；③ 滑控段飞行弹道，从前舵张开到整个飞行结束。由于三段弹道所受的力和力矩不同、各自的特性与功能不同，因此，下面分别给出三段弹道的弹道模型。

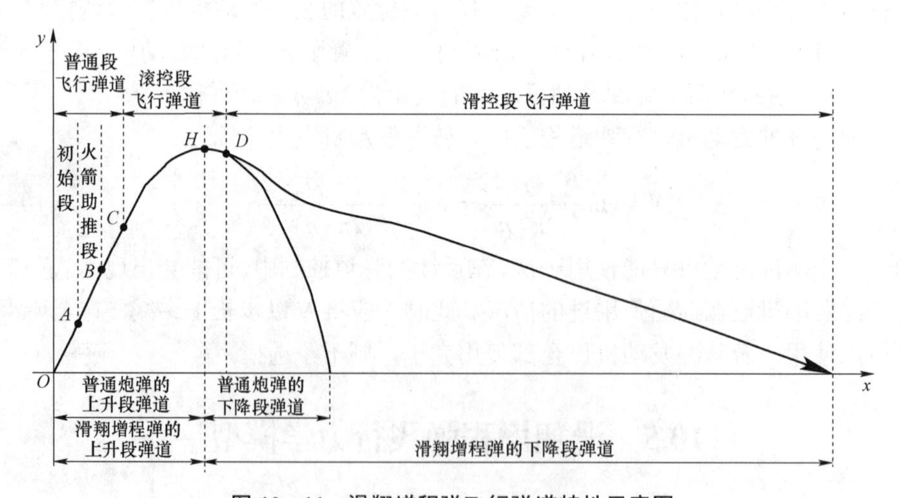

图 10－11 滑翔增程弹飞行弹道特性示意图

1. 普通段飞行弹道模型

炮弹在该段弹道上所受的力有火箭推力 $\boldsymbol{F}_{\mathrm{p}}$、重力 $\boldsymbol{G}$、空气阻力 $\boldsymbol{F}_{\mathrm{d}}$、升力 $\boldsymbol{F}_{\mathrm{l}}$、马格努斯力 $\boldsymbol{F}_{\mathrm{m}}$ 和科氏惯性力 $\boldsymbol{F}_{\mathrm{k}}$；力矩有推力矩 $\boldsymbol{M}_{\mathrm{p}}$、静力矩 $\boldsymbol{M}_{\mathrm{s}}$、赤道阻尼力矩 $\boldsymbol{M}_{\mathrm{ed}}$、极阻尼力矩 $\boldsymbol{M}_{\mathrm{pd}}$ 和马格努斯力矩 $\boldsymbol{M}_{\mathrm{m}}$。将这些力和力矩分别投影到速度坐标系和弹轴坐标系内，就得到炮弹的质心运动方程和绕心运动方程。

2. 滚控段飞行弹道模型

炮弹在该段增加了中舵产生的力和力矩，设 τ 为滑翔弹中舵的舵偏角，从弹尾向前看，在弹体坐标系中 τ 使 ξ 轴右转为正。一对中舵差动在弹体坐标系 $O'\xi\eta\zeta$ 内产生

的力为

$$\begin{bmatrix} F_{\tau\xi} \\ F_{\tau\eta} \\ F_{\tau\zeta} \end{bmatrix} = \begin{bmatrix} -\dfrac{\rho(v_\xi^2+v_\zeta^2)S}{2}C_{x0}^{\tau}(1+k_2\tau^2) \\ \dfrac{\rho(v_\xi^2+v_\zeta^2)S}{2}\dot{C}_y^{\tau}\left(\dfrac{v_\zeta}{v_\xi}\right) \end{bmatrix} \tag{10-29}$$

式中：C_{x0}^{τ}、$\dot{C}_y^{\tau}$ 分别为一对中舵的零升阻力系数、升力系数导数；v_ξ、v_η、v_ζ 分别为速度在弹体坐标系中的投影；ρ、S、k_2 分别为空气密度、特征面积和中舵诱导阻力系数。

将式（10－29）投影到速度坐标系中得到中舵所受的力为

$$\begin{bmatrix} F_{\tau x_2} \\ F_{\tau y_2} \\ F_{\tau z_2} \end{bmatrix} = \begin{bmatrix} F_{\tau\xi}\cos\delta_1\cos\delta_2 + F_{\tau\zeta}(\sin\delta_1\sin\gamma - \\ \cos\gamma\cos\delta_1\sin\delta_2) \\ F_{\tau\xi}\cos\delta_2\sin\delta_1 - F_{\tau\zeta}(\cos\delta_1\sin\gamma + \\ \cos\gamma\sin\delta_1\sin\delta_2) \\ F_{\tau\xi}\sin\delta_2 + F_{\tau\zeta}\cos\gamma\cos\delta_2 \end{bmatrix} \tag{10-30}$$

式中：δ_1、δ_2、γ 分别为弹体的攻角和滚转角。

中舵在弹轴坐标系 $O'\xi\eta_1\zeta_1$ 上产生的力矩包括中舵导转力矩 $\boldsymbol{M}_{\mathrm{r}\tau}$ 和中舵极阻尼力矩 $\boldsymbol{M}_{\mathrm{pd}\tau}$。中舵导转力矩为

$$\boldsymbol{M}_{\mathrm{r}\tau} = \frac{\rho Sl}{2}(v_\xi^2+v_\zeta^2)\dot{m}_{\mathrm{r}\tau}\begin{bmatrix} \tau \\ 0 \\ 0 \end{bmatrix} \tag{10-31}$$

式中：$\dot{m}_{\mathrm{r}\tau}$ 为中舵的导转力矩系数导数。

中舵极阻尼力矩为

$$\boldsymbol{M}_{\mathrm{pd}\tau} = -\frac{\rho Sld}{2}v_\xi\dot{\gamma}\dot{m}_{\mathrm{pd}\tau}\begin{bmatrix} 1 \\ 0 \\ 0 \end{bmatrix} \tag{10-32}$$

式中：$\dot{m}_{\mathrm{pd}\tau}$ 为中舵的极阻尼力矩系数导数；l、d 分别为全弹长和弹径。

将中舵所产生的力和力矩加在普通段飞行弹道模型中，得到滚控段飞行弹道模型。

3. 滑控段飞行弹道模型

炮弹在该段增加了前舵产生的力和力矩，设前舵的舵偏角为 α，定义前舵在弹体坐标系的 $O\xi\zeta$ 平面内，从弹尾向前看，相对于 ξ 轴向上为正。在弹体坐标系 $O'\xi\eta\zeta$ 内一对前舵所受的力为

$$\begin{bmatrix} F_{\mathrm{a}\xi} \\ F_{\mathrm{a}\eta} \\ F_{\mathrm{a}\zeta} \end{bmatrix} = \begin{bmatrix} -\dfrac{\rho(v_\xi^2+v_\eta^2)\cdot S}{2}C_{\mathrm{d}}^{\alpha}(1+k_1\alpha^2) \\ 0 \\ \dfrac{\rho(v_\xi^2+v_\eta^2)\cdot S}{2}\dot{C}_1^{\alpha}\left(\alpha+\dfrac{v_\eta}{v_\xi}\right) \\ 0 \end{bmatrix} \tag{10-33}$$

式中：C_{d}^{α} 、$\dot{C}_{1}^{\alpha}$ 、k_1 分别为一对前舵的零升阻力系数、升力系数导数和前舵诱导阻力系数。

将式（10－33）投影到速度坐标系中，得到前舵所受的力为

$$\begin{bmatrix} F_{\mathrm{a}x_2} \\ F_{\mathrm{a}y_2} \\ F_{\mathrm{a}z_2} \end{bmatrix} = \begin{bmatrix} F_{\mathrm{a}\xi}\cos\delta_1\cos\delta_2 - F_{\mathrm{a}\eta}(\sin\delta_1\cos\gamma + \\ \sin\gamma\cos\delta_1\sin\delta_2) \\ F_{\mathrm{a}\xi}\cos\delta_2\sin\delta_1 - F_{\mathrm{a}\zeta}(\cos\delta_1\cos\gamma - \\ \sin\gamma\sin\delta_1\sin\delta_2) \\ F_{\mathrm{a}\xi}\sin\delta_2 + F_{\mathrm{a}\eta}\sin\gamma\cos\delta_2 \end{bmatrix} \tag{10-34}$$

前舵在弹轴坐标系 $O'\xi\eta_1\zeta_1$ 上产生的力矩包括前舵翻转力矩 $\boldsymbol{M}_{\mathrm{ha}}$ 和前舵极阻尼力矩 $\boldsymbol{M}_{\mathrm{pda}}$ 。前舵翻转力矩为

$$\boldsymbol{M}_{\mathrm{ha}} = \begin{bmatrix} 0 \\ -F_{\mathrm{a}\eta} l_{\mathrm{fc}} \sin\gamma \\ F_{\mathrm{a}\eta} l_{\mathrm{fc}} \cos\gamma \end{bmatrix} \tag{10-35}$$

式中：l_{fc} 为前舵的压心到弹箭质心的距离。

前舵极阻尼力矩为

$$\boldsymbol{M}_{\mathrm{pda}} = -\frac{\rho Sld}{2}\dot{m}_{\mathrm{pd}_{(\mathrm{a})}} v_{\xi}\dot{\gamma}\begin{bmatrix} 1 \\ 0 \\ 0 \end{bmatrix} \tag{10-36}$$

式中：$\dot{m}_{\mathrm{pd}_{(\mathrm{a})}}$ 为前舵的极阻尼力矩系数导数。

将前舵所产生的力和力矩加在滚控段飞行弹道模型中，得到滑控段飞行弹道模型。

4. 控制模型

为了滑翔增程，必须在滚控段进行滚转控制，调整弹体姿态，保证弹体在进入滑翔段时姿态正常；在滑翔段进行滑翔控制，使得炮弹在弹道上都以最大升阻比飞行。因此，弹道控制在滑翔增程中起着至关重要的作用。滑翔增程弹的控制模型为

$$\begin{cases} \tau - \tau^*(t) = 0 \\ \alpha - \alpha^*(t) = 0 \end{cases} \tag{10-37}$$

式中：τ 、α 分别为中舵、前舵的实际舵偏角；$\tau^*(t)$ 、$\alpha^*(t)$ 分别为中舵、前舵的理想舵偏角。

根据弹载探测系统提供的信息，应用不同的控制策略可以实现不同的控制。

第 11 章 制导弹箭飞行原理*

11.1 制导弹箭常用坐标系及其转换

11.1.1 坐标系定义

制导弹箭在飞行过程受到重力、空气动力、推力和控制力等作用，各力的作用点和作用方位各不相同，在某些定义的坐标系内描述会比较直观、简洁。由于制导弹箭动力学矢量方程通常建立在同一个选定的坐标系内，因而需要将作用在制导弹箭的各种力、力矩及其描述弹体运动学关系的矢量在选定坐标系上投影。为了使建立的制导弹箭的弹道模型尽可能简单、便于分析研究，本章在进行建模、弹道分析和计算时采用了如下正交笛卡儿坐标系：

（1）地面坐标系 $Axyz$。地面坐标系固联于地面，原点 A 为弹箭发射点（严格为发射瞬时炮弹的质心）；Ax 轴为射击铅直面与水平面的交线，并且指向射击方向为正；Ay 轴与 Ax 轴垂直且位于射击铅直面内，指向上为正；Az 轴按右手法则确定。研究弹箭时，地面坐标系可视为惯性坐标系，是分析研究弹箭运动轨迹及其弹道的参考基准。

（2）平动坐标系 $Oxyz$。平动坐标系 $Oxyz$ 的各坐标轴与地面坐标系相应的坐标轴平行且方向相同，原点 O 为弹箭的质心（当考虑弹箭的质量偏心时，原点 O 为全弹的几何中心），弹箭在飞行过程中，各坐标轴的方向相对于地面始终保持不变。

（3）弹体坐标系 $Ox_1y_1z_1$。原点 O 为弹箭的质心（当考虑弹箭的质量偏心时，原点 O 为全弹的几何中心），Ox_1 轴与弹体的纵轴一致且指向前为正；Oy_1 轴位于弹体的纵向对称平面内，与 Ox_1 轴垂直且向上为正；Oz_1 轴按右手法则确定。弹体坐标系与弹体固联，一般用于表示全弹在空间的运动姿态。

（4）弹道坐标系 $Ox_2y_2z_2$。原点 O 为弹箭的质心，Ox_2 轴与弹箭飞行速度矢量 $\boldsymbol{v}$ 的方向一致；Oy_2 轴位于包含 $\boldsymbol{v}$ 的铅直面内，与 Ox_2 轴垂直且向上为正；Oz_2 轴按右手法则确定。弹道坐标系通常用于建立弹箭质心运动的动力学标量方程。

（5）速度坐标系 $Ox_3y_3z_3$。原点 O 为弹箭的质心，Ox_3 轴与弹箭飞行速度矢量 $\boldsymbol{v}$ 的方

---

* 本章出现了 ϕ 和 ψ、ϑ 和 θ 字符，因它们分别代表了不同的物理量，故在本章中的部分字符和其他章节存在不统一现象。这是因为传统无控弹箭飞行力学沿用外弹道学中的字符，本章沿用的是导弹飞行力学中的字符，该字符体系更适合描述制导弹箭。

向一致；Oy_3 轴位于弹箭纵向对称平面内，与 Ox_3 轴垂直且向上为正；Oz_3 轴按右手法则确定。一般弹箭所受空气动力的计算常以速度坐标系为准。

（6）准弹体坐标系 $Ox_4y_4z_4$。原点 O 为弹箭的质心，Ox_4 轴与弹体的纵轴一致且指向前为正；Oy_4 轴位于弹体纵轴的铅直平面内，与 Ox_4 轴垂直且向上为正；Oz_4 轴按右手法则确定。

（7）准速度坐标系 $Ox_5y_5z_5$。原点 O 为弹箭的质心，Ox_5 轴与弹箭飞行速度矢量 $\boldsymbol{v}$ 重合；Oy_5 轴位于弹箭纵轴的铅直平面内，与 Ox_5 轴垂直且向上为正；Oz_5 轴按右手法则确定。

11.1.2 坐标系的转换关系

为方便描述制导弹箭的空间运动状态，必须选择合适的坐标系。尽管如此，经常需要将一个坐标系内的物理量转换到另一个坐标系内，还需要知道不同坐标系之间的转换关系。例如，通常将作用于弹上的力投影分解到弹道坐标系下，而准速度坐标系主要通过两个气流角 α^*、β^* 所描述的制导弹箭相对于气流的方位，来确定作用在制导弹箭上的空气动力的大小。

上述各个坐标系之间的转换关系，可以通过定义相应的角度经旋转进行变换。两个空间笛卡儿坐标系，若三个坐标轴都不重合，可以通过绕三个坐标轴的三次初等旋转使得两个坐标系重合。绕三个坐标轴的初等旋转矩阵为

$$\begin{cases}\boldsymbol{L}_x(\phi)=\begin{bmatrix}1 & 0 & 0\\ 0 & \cos\phi & \sin\phi\\ 0 & -\sin\phi & \cos\phi\end{bmatrix}\\ \boldsymbol{L}_y(\phi)=\begin{bmatrix}\cos\phi & 0 & -\sin\phi\\ 0 & 1 & 0\\ \sin\phi & 0 & \cos\phi\end{bmatrix}\\ \boldsymbol{L}_z(\phi)=\begin{bmatrix}\cos\phi & \sin\phi & 0\\ -\sin\phi & \cos\phi & 0\\ 0 & 0 & 1\end{bmatrix}\end{cases} \tag{11-1}$$

以 x 轴的旋转为例，$\boldsymbol{L}_x(\phi)$ 是绕 x 轴按右手法则逆时针旋转 ϕ 角的初等坐标变换矩阵，因而有 $\boldsymbol{L}_x^{\mathrm{T}}(\phi)=\boldsymbol{L}_x(-\phi)$。如果只要求旋转到使两个坐标系有一个坐标轴重合，那么通过两次旋转即可得到。

1. 准弹体坐标系与平动坐标系之间的关系

弹体坐标系与平动坐标系之间的关系通常由俯仰角 ϑ、偏航角 ψ 两个角度确定，如图 11－1 所示。平动坐标系 $Oxyz$ 与准弹体坐标系 $Ox_4y_4z_4$ 之间的转换矩阵 $\boldsymbol{L}(\vartheta,\psi)$ 定义，如图 11－1 所示。以平动坐标系 $Oxyz$ 为基准：首先绕 Oy_4 轴旋转 ψ 角，Ox 轴、Oz 轴分别转换到 Ox' 轴、Oz_4 轴上，形成坐标系 $Ox'yz_4$；然后绕 Oz_4 轴旋转 ϑ 角，形成准弹体坐标系 $Ox_4y_4z_4$。因此，转换矩阵 $\boldsymbol{L}(\vartheta,\psi)$ 为相应的两个初等旋转矩阵的乘积，即

$$\begin{bmatrix} x_4 \\ y_4 \\ z_4 \end{bmatrix} = \boldsymbol{L}(\vartheta,\psi)\begin{bmatrix} x \\ y \\ z \end{bmatrix} \tag{11-2}$$

式中

$$\boldsymbol{L}(\vartheta,\psi)=\boldsymbol{L}_z(\vartheta)\boldsymbol{L}_y(\psi)=\begin{bmatrix} \cos\vartheta\cos\psi & \sin\vartheta & -\cos\vartheta\sin\psi \\ -\sin\vartheta\cos\psi & \cos\vartheta & \sin\vartheta\sin\psi \\ \sin\psi & 0 & \cos\psi \end{bmatrix} \tag{11-3}$$

2. 准弹体坐标系与准速度坐标系之间的关系

准弹体坐标系与准速度坐标系之间的关系通常由攻角 α^*、侧滑角 β^* 两个角度确定，如图 11－2 所示。攻角 α^* 为制导弹箭质心的速度矢量 $\boldsymbol{v}$（沿 Ox_5 轴方向）在铅直面 Ox_4y_4 的投影与弹体纵轴 Ox_4 的夹角。规定 Ox_4 轴在 $\boldsymbol{v}$ 的投影线上方（产生正升力）时，所对应的攻角 α^* 为正；反之为负。侧滑角 β^* 为制导弹箭速度矢量 $\boldsymbol{v}$ 与铅直面 Ox_4y_4 之间的夹角。规定沿速度方向看，若来流从右侧流向弹体（产生负的侧向力）时，所对应的侧滑角 β^* 为正；反之为负。

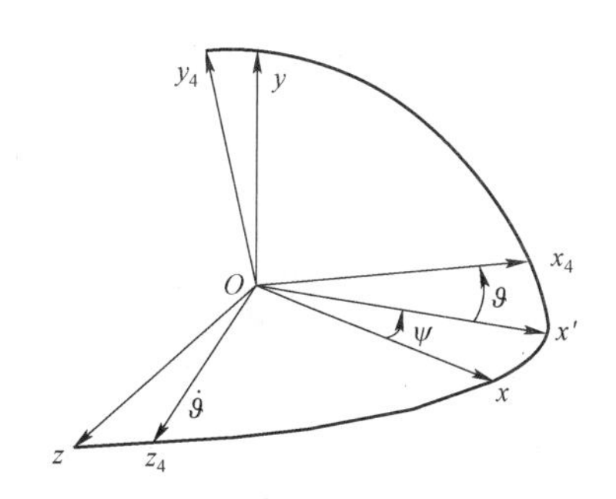

图 11－1　准弹体坐标系与平动坐标系之间的关系

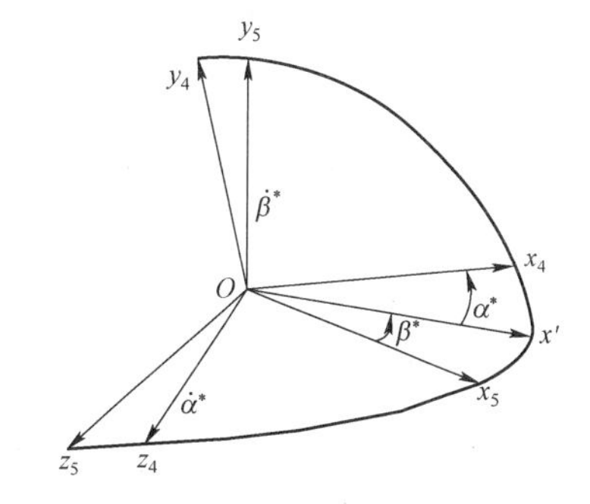

图 11－2　准速度坐标系与准弹体坐标系之间的关系

准弹体坐标系与准速度坐标系的转换关系为

$$\begin{bmatrix} x_4 \\ y_4 \\ z_4 \end{bmatrix} = \boldsymbol{L}(\alpha^*,\beta^*)\begin{bmatrix} x_5 \\ y_5 \\ z_5 \end{bmatrix} \tag{11-4}$$

式中

$$\boldsymbol{L}(\alpha^*,\beta^*)=\boldsymbol{L}_z(\alpha^*)\boldsymbol{L}_y(\beta^*)=\begin{bmatrix} \cos\alpha^*\cos\beta^* & \sin\alpha^* & -\cos\alpha^*\sin\beta^* \\ -\sin\alpha^*\cos\beta^* & \cos\alpha^* & \sin\alpha^*\sin\beta^* \\ \sin\beta^* & 0 & \cos\beta^* \end{bmatrix} \tag{11-5}$$

3. 弹体坐标系与准弹体坐标系之间的关系

弹体坐标系与准弹体坐标系之间的关系可以由滚转角 γ 确定。滚转角 γ 为弹体坐标系 Oy_1 轴与包含弹体纵轴的铅直面之间的夹角，如图 11－3 所示。规定由弹体尾部沿纵轴前视，若 Oy_1 轴位于铅直面 Ox_4y_4 的右侧为正；反之为负。

弹体坐标系与准弹体坐标系之间的转换关系为

$$\begin{cases}\begin{bmatrix}x_1\\y_1\\z_1\end{bmatrix}=\boldsymbol{L}(\gamma)\begin{bmatrix}x_4\\y_4\\z_4\end{bmatrix}\\ \boldsymbol{L}(\gamma)=\boldsymbol{L}_x(\gamma)=\begin{bmatrix}1&0&0\\0&\cos\gamma&\sin\gamma\\0&-\sin\gamma&\cos\gamma\end{bmatrix}\end{cases} \tag{11-6}$$

4. 弹道坐标系与平动坐标系之间的关系

弹道坐标系与平动坐标系之间的关系通常可由弹道倾角θ、弹道偏角ψ_v两个角度确定，如图 11－4 所示。弹道倾角θ为制导弹箭的速度矢量 $\boldsymbol{v}$ 与平动坐标水平面Oxz（地面坐标系 $OAxz$）之间的夹角。规定速度矢量$\boldsymbol{v}$指向水平面上方时，θ为正；反之为负。弹道偏角ψ_v为制导弹箭质心运动速度矢量$\boldsymbol{v}$在平动坐标系水平面 Oxz 上的投影线Ox'轴与平动坐标系中 Ox 轴之间的夹角。规定当逆着 Oy 轴看，以最小角度将 Ox 轴转到 Ox' 轴，为逆时针旋转时，ψ_v角为正；反之为负。

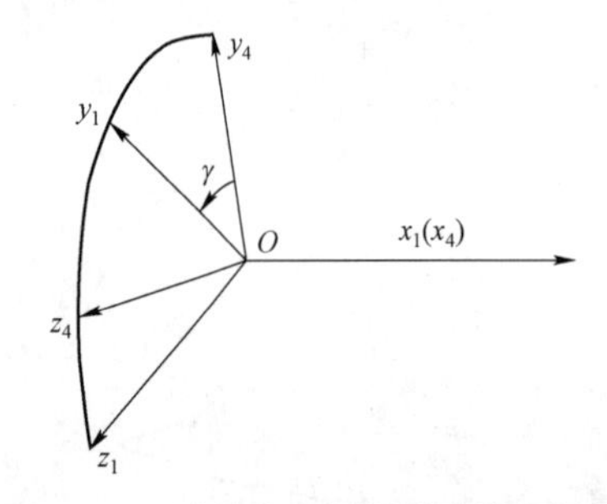

图 11－3　弹体坐标系与准弹体坐标系之间的关系

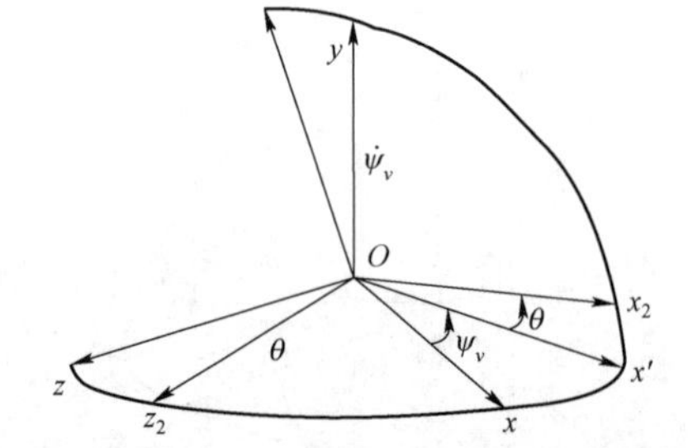

图 11－4　弹道坐标系与平动坐标系之间的关系

弹道坐标系与平动坐标系之间的转换关系为

$$\begin{bmatrix}x_2\\y_2\\z_2\end{bmatrix}=\boldsymbol{L}(\theta,\psi_v)\begin{bmatrix}x\\y\\z\end{bmatrix} \tag{11-7}$$

式中

$$\boldsymbol{L}(\theta,\psi_v)=\boldsymbol{L}_z(\theta)\boldsymbol{L}_y(\psi_v)=\begin{bmatrix}\cos\theta\cos\psi_v&\sin\theta&-\cos\theta\sin\psi_v\\-\sin\theta\cos\psi_v&\cos\theta&\sin\theta\sin\psi_v\\\sin\psi_v&0&\cos\psi_v\end{bmatrix} \tag{11-8}$$

5. 准速度坐标系与弹道坐标系之间的关系

如图 11－5 所示，这两个坐标系对应的Ox_5轴和Ox_2轴均与制导弹箭的速度矢量$\boldsymbol{v}$重合，所以它们之间的关系可由速度倾斜角γ_v^*确定。速度倾斜角γ_v^*为准速度坐标系中Oy_5轴与包含速度矢量$\boldsymbol{v}$的铅直平面Ox_2y_2之间的夹角。规定沿Ox_2轴逆时针旋转，γ_v^*为正；反之为负。

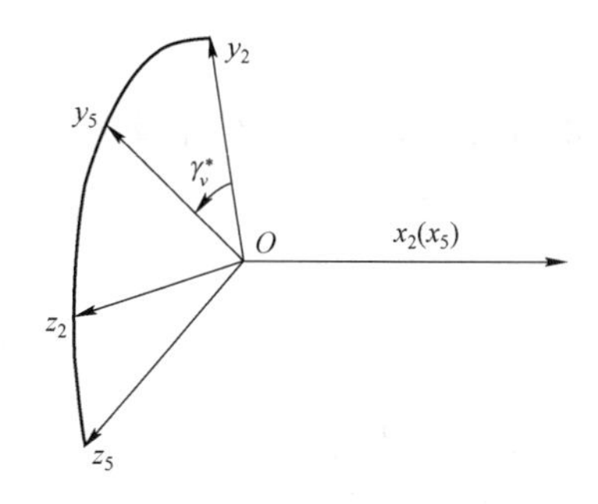

图 11－5　弹道坐标系与准速度坐标系之间的关系

准速度坐标系与弹道坐标系之间的转换关系为

$$\begin{bmatrix} x_5 \\ y_5 \\ z_5 \end{bmatrix} = \boldsymbol{L}(\gamma_v^*)\begin{bmatrix} x_2 \\ y_2 \\ z_2 \end{bmatrix}$$

式中

$$\boldsymbol{L}(\gamma_v^*) = \boldsymbol{L}_x(\gamma_v^*) = \begin{bmatrix} 1 & 0 & 0 \\ 0 & \cos\gamma_v^* & \sin\gamma_v^* \\ 0 & -\sin\gamma_v^* & \cos\gamma_v^* \end{bmatrix} \tag{11－9}$$

11.2　作用在制导弹箭上的力和力矩

11.2.1　作用在制导弹箭上的力

1. 重力

弹箭在大气层内飞行，可视重力场为平行力场，弹箭所受的重力向下与地面垂直，其大小为

$$G = mg \tag{11－10}$$

式中：m 为弹箭的瞬时质量；$g = g_0 r_0^2 / (r_0 + y)^2$ 为重力加速度，其中我国的有效地球半径 γ_0 和重力加速度地面标准值 g_0 均见本书第 1 章。

重力在弹道坐标系 $Ox_2y_2z_2$ 上的分量可表示为

$$\begin{bmatrix} G_{x_2} \\ G_{y_2} \\ G_{z_2} \end{bmatrix} = \begin{bmatrix} \cos\theta\cos\psi_v & \sin\theta & -\cos\theta\sin\psi_v \\ -\sin\theta\cos\psi_v & \cos\theta & \sin\theta\sin\psi_v \\ \sin\psi_v & 0 & \cos\psi_v \end{bmatrix}\begin{bmatrix} 0 \\ -mg \\ 0 \end{bmatrix} = \begin{bmatrix} -mg\sin\theta \\ -mg\cos\theta \\ 0 \end{bmatrix} \tag{11－11}$$

2. 火箭发动机推力

弹箭火箭发动机推力 P 为

$$P = m_c u_e + S_a(p_a - p_H) \tag{11－12}$$

式中：m_c 为单位时间内燃料的消耗量；u_e 为燃气在喷管出口处的平均有效喷出速度；S_a 为发动机喷管出口处的横截面积；p_a 为发动机喷管出口处燃气流静压强；p_H 为弹箭所

处高度的大气静压强。

假设推力 P 的方向与弹体的纵轴重合，其在弹道坐标系 $Ox_2y_2z_2$ 上的分量可表示为

$$\begin{bmatrix} P_{x_2} \\ P_{y_2} \\ P_{z_2} \end{bmatrix} = \boldsymbol{L}^{\mathrm{T}}(\gamma_v^*)\boldsymbol{L}^{\mathrm{T}}(\alpha^*, \beta^*)\begin{bmatrix} P \\ 0 \\ 0 \end{bmatrix} = \begin{bmatrix} P\cos\alpha^*\cos\alpha^* \\ P(\sin\alpha^*\cos\gamma_v^* + \cos\alpha^*\sin\alpha^*\sin\gamma_v^*) \\ P(\sin\alpha^*\sin\gamma_v^* - \cos\alpha^*\sin\alpha^*\cos\gamma_v^*) \end{bmatrix} \quad (11-13)$$

3. 作用在制导弹箭上的总空气动力

作用在制导弹箭上的总空气动力 $\boldsymbol{R}$ 在准速度坐标系 $Ox_5y_5z_5$ 下进行计算分解，其沿 Ox_5、Oy_5 与 Oz_5 轴的分量分别为阻力 X、升力 Y 和侧向力 Z，可用相应的气动力系数表示为

$$\begin{cases} X = 0.5\rho v^2 SC_x = qSC_x \\ Y = 0.5\rho v^2 SC_y = qSC_y \\ Z = 0.5\rho v^2 SC_z = qSC_z \end{cases} \quad (11-14)$$

式中：C_x、C_y、C_z 分别为全弹的阻力、升力和侧向力系数；$S = \pi d^2/4$ 为弹体特征面积，d 为弹径；ρ、v、$q = 0.5\rho V^2$ 分别为空气密度、弹箭速度、动压。

按马赫数和雷诺数不变的情况计算各气动力系数的导数 $\dot{C}_{x_2} = \partial C_x/\partial\alpha^2$、$C_y^\alpha = \partial C_y/\partial\alpha$ 和 $C_z^\beta = \partial C_y/\partial\beta$，各气动力系数可写为 $C_x = C_{x_0} + C_{x_2}(\alpha^2 + \beta^2)$、$C_y = C_{y_0} + C_y^\alpha\alpha$ 和 $C_z = C_{z_0} + C_z^\beta\alpha$。其中，$C_{x_0}$、$C_{y_0}$ 和 C_{z_0} 分别为零攻角和侧滑角时的阻力系数、升力系数和侧向力系数。对于本节研究的滚转轴对称弹箭有 $C_{y_0} = C_{z_0} = 0$。

总空气动力在弹道坐标系上可分解为

$$\begin{bmatrix} R_{x_2} \\ R_{y_2} \\ R_{z_2} \end{bmatrix} = \boldsymbol{L}^{\mathrm{T}}(\gamma_v^*)\begin{bmatrix} -X \\ Y \\ Z \end{bmatrix} = \begin{bmatrix} -X \\ Y\cos\gamma_v^* - Z\sin\gamma_v^* \\ Y\sin\gamma_v^* + Z\cos\gamma_v^* \end{bmatrix} \quad (11-15)$$

11.2.2 作用在制导弹箭上的力矩

制导弹箭在飞行过程中，将受到各种气动力矩的作用，本节忽略了一些影响较小的次要力矩因素，只讨论静力矩、阻尼力矩、尾翼导转力矩和马格努斯力矩对制导弹箭飞行的影响。为了便于分析制导弹箭的姿态变化，将作用在弹箭上的力矩沿准弹体坐标系 $Ox_4y_4z_4$ 进行分解。

1. 气动静力矩

气动静力矩指制导弹箭由于飞行攻角和侧滑角的存在使得空气动力合力作用线不再通过质心，从而产生对质心的力矩，其大小与空气动力的大小和作用位置有关。空气动力作用线与制导弹箭纵轴的交点称为压心。对于本节研究的尾翼制导弹箭，静力矩为稳定力矩。为了便于研究和计算气动力矩，将其沿准弹体坐标系 $Ox_4y_4z_4$ 分解为滚转静力矩、偏航静力矩和俯仰静力矩。当把制导弹箭看作理想的轴对称弹体时，滚转静力矩为零。

静力矩的一般计算表达式为

$$M_s=\begin{bmatrix}M_{sx_4}\\M_{sy_4}\\M_{sz_4}\end{bmatrix}=qSL\begin{bmatrix}0\\m_{y_0}\\m_{z_0}\end{bmatrix}=qSL\begin{bmatrix}0\\m_y^{\beta}\beta\\m_y^{\alpha}\alpha\end{bmatrix}\tag{11-16}$$

式中：m_{y_0}、m_{z_0} 分别为偏航静力矩系数和俯仰力矩系数；L 为制导弹箭的特征长度，一般取弹箭的长度。

力矩系数 m_{z_0} 与飞行马赫数 Ma、飞行高度 H、攻角 α 等有关，即 $m_{z_0}=f(Ma,H,\alpha)$。在限定攻角、侧滑角 β 幅值时，气动特性呈线性关系，m_y^{β}、m_y^{α} 为静力矩系数导数，弹体为静稳定时 $m_y^{\beta}<0$、$m_z^{\alpha}<0$。

2. 阻尼力矩

当制导弹箭存在滚转角速度、偏航角速度和俯仰角速度时，将产生与这些角度大小成比例的气动阻尼力矩，从而衰减制导弹箭的角运动，其方向总是与这些角速度的方向相反。阻尼力矩在准弹体坐标系的投影为

$$\boldsymbol{M}_{\omega}=\begin{bmatrix}M_{\omega x_4}\\M_{\omega y_4}\\M_{\omega z_4}\end{bmatrix}=qS\begin{bmatrix}Dm_x^{\bar{\omega}_x}\cdot\omega_{x_4}L/v\\Dm_y^{\bar{\omega}_y}\cdot\omega_{y_4}L/v\\Dm_z^{\bar{\omega}_z}\cdot\omega_{z_4}L/v\end{bmatrix}\tag{11-17}$$

式中：$m_x^{\bar{\omega}_x}$、$m_y^{\bar{\omega}_y}$ 和 $m_z^{\bar{\omega}_z}$ 分别为滚转阻尼力矩系数、偏航阻尼力矩系数和俯仰阻尼系数；D 为制导弹箭的参考直径。

3. 尾翼导转力矩

本节研究的制导弹箭采用斜置尾翼提供弹体的滚转控制力矩，驱动弹体绕纵轴自转，使得制导弹箭在飞行中保持一定的滚转速度，在准弹体系中的投影为

$$\begin{bmatrix}M_{\omega x_4}\\M_{\omega y_4}\\M_{\omega z_4}\end{bmatrix}=qSDm_{\omega x}^{\varepsilon}\begin{bmatrix}\varepsilon\\0\\0\end{bmatrix}\tag{11-18}$$

式中：$m_{\omega x}^{\varepsilon}$ 为尾翼导转力矩系数导数；ε 为尾翼导转角，由尾翼斜置产生。

4. 马格努斯力矩

当制导弹箭以一定的角速度 ω_x 绕弹体纵轴旋转，且以某一个攻角飞行时，由于旋转和来流横向分速的联合作用，在垂直于攻角平面的方向上将产生侧向力。若马格努斯力的压心与质心不重合，将产生对质心的力矩，这个力矩称为马格努斯力矩。马格努斯力通常不超过相应法向力的 5%，但旋转弹箭的马格努斯力矩有时较大。在制导弹箭的动稳定性分析时，必须考虑马格努斯力矩的影响。通常马格努斯力矩在准弹体坐标系下的分量可表示为

$$\begin{bmatrix}M_{mx_4}\\M_{my_4}\\M_{mz_4}\end{bmatrix}=qSL\begin{bmatrix}0\\m_y^{\alpha}\alpha\\m_z^{\beta}\beta\end{bmatrix}\tag{11-19}$$

式中：m_y^{α}、m_z^{β} 为马格努斯力矩系数导数。

当制导弹箭是依靠斜置尾翼来获得并维持一定的滚转角速度 ω_x 时，系数 m_y^α 、m_z^β 近似为滚转角速度 ω_x 的线性函数，即 $-\partial m_y^\alpha / \partial\omega_x = \partial m_z^\beta / \partial\omega_x = -m_y^{\alpha\omega_x} = m_z^{\beta\omega_x} = C$ 。

5. 总空气力矩

除控制力矩外的上述空气动力之和，在准弹体坐标系上的分量可表示为

$$\begin{bmatrix} M_{x_4} \\ M_{y_4} \\ M_{z_4} \end{bmatrix} = \begin{bmatrix} M_{sx_4} + M_{\omega x_4} + M_{\omega x_4} + M_{mx_4} \\ M_{sy_4} + M_{\omega y_4} + M_{\omega y_4} + M_{my_4} \\ M_{sz_4} + M_{\omega z_4} + M_{\omega z_4} + M_{mz_4} \end{bmatrix} = qS \begin{bmatrix} Dm_x^{\bar{\omega}_x}\omega_{x_4} L / v + Dm_{\bar{\omega}x}^{\varepsilon}\varepsilon \\ Lm_y^\beta \beta + Lm_y^{\bar{\omega}_y}\omega_{y_4} L / v + Lm_y^\alpha \alpha \\ Lm_y^\alpha \alpha + Lm_z^{\bar{\omega}_z}\omega_{z_4} L / v + Lm_z^\beta \beta \end{bmatrix} \quad (11-20)$$

事实上，除上述介绍的空气动力矩外，还有质量偏心引起的力矩，俯仰、偏航角速度对滚转引起的交叉力矩等，通常这些因素是次要的，因而这里没有进行讨论。

11.3 制导弹箭的控制力和控制力矩

制导弹箭的鸭舵位于弹体前部，舵面偏转产生的气动力矩控制效率较高，将显著改变飞行姿态。制导弹箭在出炮口后无控飞行，当鸭舵张开后，舵面在控制信号作用下偏转产生附加升力，改变作用于弹体的气动力和力矩，从而调节飞行弹道。

11.3.1 控制力

控制力是指由于舵面的偏转而产生的附加气动力，制导弹箭采用两对对称布置的鸭舵，每对舵片实施同步偏转。由于弹体的滚转，每对舵片形成的控制力方向随着弹体的自转而不断发生改变。下面，在忽略舵面偏转产生的诱导阻力假设下，对两对舵舵偏产生的瞬时控制力进行分析。

1. 左、右舵片的控制力

该控制力对舵片的偏转产生与弹体坐标系中 Oy_1 轴平行的力，用 $F_{cy_1}^{e}$ 表示。该力的大小计算如下：

$$F_{cy_1}^{e} = C_{yc} qS = qSC_{yc}^{\delta_e}\delta_e \quad (11-21)$$

式中：C_{yc} 为舵面控制力系数；$C_{yc}^{\delta_e}$ 为舵面效率；δ_e 为舵面偏转角，当舵面前沿向上偏转时 δ_e 为正。

2. 上、下舵片的控制力

该控制力对舵片的偏转产生与弹体坐标系中 Oz_1 轴平行的力，用 $F_{cz_1}^{a}$ 表示。该力的大小计算如下：

$$F_{cz_1}^{a} = C_{zc} qS = qSC_{zc}^{\delta_a}\delta_a \quad (11-22)$$

式中：C_{zc} 为舵面控制力系数；δ_a 为舵面偏转角，当舵面前沿向上偏转时 δ_a 为正。

控制力 $F_{cy_1}^{e}$ 在弹体坐标系的投影为 $[0, F_{cy_1}^{e}, 0]^{\mathrm{T}}$ ，控制力 $F_{cz_1}^{a}$ 在弹体坐标系的投影为 $[0, 0, F_{cz_1}^{a}]^{\mathrm{T}}$ 。根据弹体坐标系与准弹体坐标系的转换关系，可以得到控制力 $\boldsymbol{F}_c$ 在准弹体坐标系上的投影为

$$\begin{bmatrix} F_{cx_4} \\ F_{cy_4} \\ F_{cz_4} \end{bmatrix} = \boldsymbol{L}^{\mathrm{T}}(\gamma) \begin{bmatrix} 0 \\ F_{cy_1}^{e} \\ F_{cz_1}^{a} \end{bmatrix} = \begin{bmatrix} 0 \\ F_{cy_1}^{e}\cos\gamma - F_{cz_1}^{a}\sin\gamma \\ F_{cy_1}^{e}\sin\gamma + F_{cz_1}^{a}\cos\gamma \end{bmatrix} \tag{11-23}$$

式中：F_{cy_4} 为俯仰控制力；F_{cz_4} 为偏航控制力。

根据弹道坐标系与准弹体坐标系的转换关系，可以得到控制力 $\boldsymbol{F}_c$ 在弹道坐标系的投影为

$$\begin{bmatrix} F_{cx_2} \\ F_{cy_2} \\ F_{cz_2} \end{bmatrix} = \boldsymbol{L}^{\mathrm{T}}(\gamma_v^*) \begin{bmatrix} F_{cx_5} \\ F_{cy_5} \\ F_{cz_5} \end{bmatrix} = \boldsymbol{L}^{\mathrm{T}}(\gamma_v^*)\boldsymbol{L}^{\mathrm{T}}(\alpha,\beta) \begin{bmatrix} F_{cx_4} \\ F_{cy_4} \\ F_{cz_4} \end{bmatrix} \tag{11-24}$$

11.3.2　控制力矩

制导弹箭通过调节舵面偏转，提供一定控制力，同时产生俯仰控制力矩和偏航控制力矩。控制力矩在弹轴方向上的力矩为零，舵面瞬时控制力矩 $\boldsymbol{M}_c$ 在弹体坐标系上投影为

$$\begin{bmatrix} M_{cx_1} \\ M_{cy_1} \\ M_{cz_1} \end{bmatrix} = \begin{bmatrix} 0 \\ -F_{cz_1}^{a} \cdot l_c \\ -F_{cy_1}^{e} \cdot l_c \end{bmatrix} \tag{11-25}$$

式中：l_c 为舵面瞬时压心至弹体质心所在赤道面的距离。

根据弹道坐标系与准弹体坐标系的转换关系，可以得到控制力 $\boldsymbol{M}_c$ 在准弹体坐标系的投影为

$$\begin{bmatrix} M_{cx_4} \\ M_{cy_4} \\ M_{cz_4} \end{bmatrix} = \begin{bmatrix} 0 \\ -F_{cz_4} \cdot l_c \\ -F_{cy_4} \cdot l_c \end{bmatrix} = \begin{bmatrix} 0 \\ -(F_{cy_1}^{e}\sin\gamma + F_{cz_1}^{a}\cos\gamma) \\ F_{cy_1}^{e}\cos\gamma - F_{cz_1}^{a}\sin\gamma \end{bmatrix} l_c \tag{11-26}$$

11.3.3　滚转弹体的等效控制

鸭舵控制力 $\boldsymbol{F}_c$ 对滚转弹体某个方向的作用，既受到舵机换向规律的调制，又受到舵机换向频率的调制。制导弹箭绕纵轴旋转，弹体滚转频率较高，而由于制导弹箭的惯性和气动阻尼特性，弹体在俯仰平面和偏航平面内的角运动响应频率较低，无法跟踪 F_{cy_4} 和 F_{cz_4} 的交替变化。因此，制导弹体的滚转频率远高于弹体固有频率，表现为对舵面偏转所产生控制力的低通滤波特性。所以弹体纵向和侧向角运动响应的是瞬时控制力在绕其纵轴旋转一周内的平均效果，弹体滚转频率越高，这种近似就越准确。

为了定量地描述鸭舵控制力作用的平均效果，引入制导弹箭滚转周期平均控制力的概念。假设不考虑舵片的延迟等因素，设一个大小和方向不变的控制力 $\boldsymbol{F}_{cp}$ 和瞬时控制力 $\boldsymbol{F}_c$ 在弹体滚转一周内产生的冲量相等，则定义 $\boldsymbol{F}_{cp}$ 为周期平均控制力，即

$$\boldsymbol{F}_{cp} = \frac{1}{T}\int_{\tau}^{\tau+T} \boldsymbol{F}_c \mathrm{d}t \tag{11-27}$$

式中：T 为制导弹箭的滚转周期。

假设制导弹箭的滚转角速度 $\dot{\gamma}$ 变化不大，可近似按常数处理，即 $T=2\pi/\dot{\gamma}$，则

$$\boldsymbol{F}_{\text{cp}}=\frac{1}{2\pi}\int_{\gamma_0}^{\gamma_0+2\pi}\boldsymbol{F}_{\text{c}}\text{d}\gamma=\boldsymbol{j}\frac{1}{2\pi}\int_{\gamma_0}^{\gamma_0+2\pi}\boldsymbol{F}_{\text{cy}_4}\text{d}\gamma+\boldsymbol{k}\frac{1}{2\pi}\int_{\gamma_0}^{\gamma_0+2\pi}\boldsymbol{F}_{\text{cz}_4}\text{d}\gamma \tag{11-28}$$

式中：γ_0 为 t 时刻的滚转角；$\boldsymbol{j}$、$\boldsymbol{k}$ 分别为指向准弹体坐标系 Oy_4 轴和 Oy_4 轴的单位矢量。

（1）左、右舵片偏转规律如图 11－6 所示，绕弹体纵轴滚转一周换向 4 次时的周期平均控制力为

$$\boldsymbol{F}_{\text{cp}}^{\text{e}}=\begin{bmatrix}F_{\text{cp}x_4}^{\text{e}}\\F_{\text{cp}y_4}^{\text{e}}\\F_{\text{cp}z_4}^{\text{e}}\end{bmatrix}=\frac{2}{\pi}F_{\text{c}}^{\text{e}}\begin{bmatrix}0\\-\sin\varphi\sin\theta_0\\\sin\varphi\cos\theta_0\end{bmatrix} \tag{11-29}$$

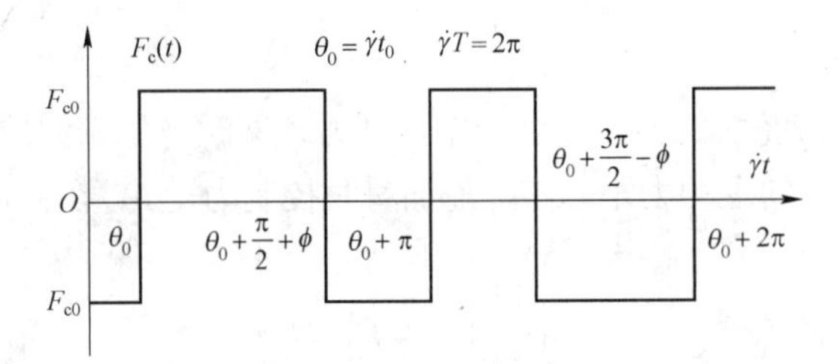

图 11－6　滚转弹箭控制机理

（2）上、下舵片偏转规律仍然采用图 11－6 所示的波形，而相位超前左右舵片 $\pi/2$，则左、右舵片的周期平均控制力为

$$\boldsymbol{F}_{\text{cp}}^{\text{a}}=\begin{bmatrix}F_{\text{cp}x_4}^{\text{a}}\\F_{\text{cp}y_4}^{\text{a}}\\F_{\text{cp}z_4}^{\text{a}}\end{bmatrix}=\frac{2}{\pi}F_{\text{c}}^{\text{a}}\begin{bmatrix}0\\-\sin\varphi\cos(\theta_0-\pi/2)\\-\sin\varphi\sin(\theta_0-\pi/2)\end{bmatrix}=\frac{2}{\pi}F_{\text{c}}^{\text{a}}\begin{bmatrix}0\\-\sin\varphi\text{in}\,\theta_0\\\sin\varphi\cos\theta_0\end{bmatrix} \tag{11-30}$$

左、右舵片和上、下舵片的合成周期平均力为

$$\boldsymbol{F}_{\text{cp}}=\boldsymbol{F}_{\text{cp}}^{\text{e}}+\boldsymbol{F}_{\text{cp}}^{\text{a}}=\begin{bmatrix}F_{\text{cp}x_4}\\F_{\text{cp}y_4}\\F_{\text{cp}z_4}\end{bmatrix}=\frac{4}{\pi}qSC_{y\text{c}}^{\delta_{\text{a}}}\delta_{\text{a}}\begin{bmatrix}0\\-\sin\varphi\sin\theta_0\\\sin\varphi\cos\theta_0\end{bmatrix}=\frac{4}{\pi}qSC_{y\text{c}}^{\delta_{\text{a}}}\begin{bmatrix}0\\\delta_{\text{cp}z}\\-\delta_{\text{cp}y}\end{bmatrix} \tag{11-31}$$

式中：周期平均控制力的方向为 $\gamma_{\text{c}}=\arctan(F_{\text{cp}z_4}/F_{\text{cp}y_4})=\pi/2+\theta_0$。

为了方便设计控制律，定义 $\delta_{\text{cp}z}=-\delta_{\text{a}}\sin\varphi\sin\theta_0$ 为俯仰等效舵偏，$\delta_{\text{cp}y}=-\delta_{\text{a}}\sin\varphi\cos\theta_0$ 为等效偏航舵偏。这两个新定义的舵偏角对应控制输入，在建立制导弹箭均态数学模型时，其右端函数的表达式均采用等效舵偏表示控制力和控制力矩。因此，由等效舵偏角产生的控制力矩可表示为

$$\begin{bmatrix}M_{\text{c}x_4}\\M_{\text{c}y_4}\\M_{\text{c}z_4}\end{bmatrix}=\frac{4}{\pi}qSC_{y\text{c}}^{\delta_{\text{a}}}\cdot l_{\text{c}}\begin{bmatrix}0\\\delta_{\text{cp}y}\\\delta_{\text{cp}z}\end{bmatrix} \tag{11-32}$$

根据以上分析可以看出，在采用周期平均控制力后，引入俯仰、偏航等效舵偏角的

概念，是控制器对该类滚转弹箭实施有效控制的本质所在。

11.4　制导弹箭飞行动力学模型

11.4.1　动力学方程

1. 制导弹箭质心的动力学方程

对于在大气层内飞行的弹箭，把地面坐标系视为惯性坐标系，并视地面为平面。在此条件下，分析弹箭作为刚体的质心运动，采用弹道坐标系 $Ox_2y_2z_2$ 描述弹箭质心运动。根据动量定理，有

$$m\dot{\boldsymbol{V}} = m\left(\frac{\partial \boldsymbol{V}}{\partial t} + \boldsymbol{\Omega} \times \boldsymbol{V}\right) = \boldsymbol{P} + \boldsymbol{F} \tag{11-33}$$

式中，$\boldsymbol{\Omega} = \dot{\psi}_v + \dot{\theta}$ 为弹道坐标系的转动角速度；$\boldsymbol{P}$ 为推力；$\boldsymbol{F}$ 为除推力以外其他的力（气动力、重力、控制力）。

将推力 $\boldsymbol{P}$、总空气动力 $\boldsymbol{R}$、重力 $\boldsymbol{G}$ 代入方程（11－33），并向弹道坐标系分解，得到质心运动动力学方程组为

$$\begin{cases} m\dot{V} = P_{x_2} + R_{x_2} + G_{x_2} \\ mV\dot{\theta} = P_{y_2} + R_{y_2} + G_{y_2} \\ -mV\cos\theta\dot{\psi}_v = P_{z_2} + P_{z_2} + G_{z_2} \end{cases} \tag{11-34}$$

2. 制导弹箭绕质心转动的动力学方程

由于制导弹箭弹体滚转，通常在准弹体坐标系描述制导弹箭绕心转动的动力学方程。设准弹体坐标系 $Ox_4y_4z_4$ 相对于地面坐标系的转动角速度为

$$\omega' = \dot{\theta} + \dot{\psi} \tag{11-35}$$

于是，弹体坐标系相对于地面坐标系的转动角速度 ω 可以写为

$$\omega = \omega' + \dot{\gamma} \tag{11-36}$$

根据动量矩定理，有

$$\dot{\boldsymbol{H}} = \frac{\partial \boldsymbol{H}}{\partial t} + \omega' \times \boldsymbol{H} = \boldsymbol{M} + \boldsymbol{M}_{\mathrm{p}} \tag{11-37}$$

式中：$\boldsymbol{H} = \boldsymbol{J} \times \omega'$ 为弹箭的动量矩，$\boldsymbol{J}$ 为惯性张量；ω' 为准弹体坐标系相对于地面坐标系的转动角速度；动量矩 $\boldsymbol{H}$ 在准弹体坐标系各轴上的分量为 H_{x_4}、H_{y_4}、H_{z_4}。

外弹道学或飞行动力学中，将制导弹箭当作“轴对称”飞行器处理，并且不考虑质量分布的不对称，这时可认为准弹体坐标系就是它的惯性主轴系。在此条件下，弹箭对准弹体坐标系各轴的惯量积为零。

动量矩 $\boldsymbol{H}$ 在准弹体坐标系各轴上的分量可表示为

$$\begin{bmatrix} H_{x_4} \\ H_{y_4} \\ H_{z_4} \end{bmatrix} = \begin{bmatrix} J_{x_4} & J_{x_4y_4} & J_{x_4z_4} \\ J_{y_4x_4} & J_{y_4} & J_{y_4z_4} \\ -J_{z_4x_4} & -J_{x_4y_4} & J_{z_4} \end{bmatrix} \begin{bmatrix} \omega'_{x_4} \\ \omega_{y_4} \\ \omega_{z_4} \end{bmatrix} \tag{11-38}$$

式中：J_{x_4}、J_{y_4}、J_{z_4} 为弹箭对于弹体坐标系各轴的转动惯量，且有 $J_{y_4}=J_{z_4}$。

将弹体转动角速度 ω、动量矩 $\boldsymbol{H}$、外力矩 $\boldsymbol{M}$ 均向弹体坐标系三个坐标轴上分解，得到弹箭在弹体坐标系下围绕质心转动的动力学方程组为

$$\begin{cases} J_{x_4}\dot{\omega}_{x_4}=(J_{y_4}-J_{z_4})\omega_{y_4}\omega_{z_4}+M_{x_4}+M_{cx_4} \\ J_{y_4}\dot{\omega}_{y_4}=(J_{z_4}-J_{x_4})\omega_{x_4}\omega_{z_4}-J_{z_4}\omega_{z_4}\dot{\gamma}+M_{y_4}+M_{cy_4} \\ J_{z_4}\dot{\omega}_{z_4}=(J_{x_4}-J_{y_4})\omega_{y_4}\omega_{x_4}+J_{y_4}\omega_{y_4}\dot{\gamma}+M_{z_4}+M_{cz_4} \end{cases} \tag{11-39}$$

式中：M_{x_4}、M_{y_4}、M_{z_4} 为除控制力矩之外的所有气动力矩之和在准弹体坐标系上的投影；M_{cx_4}、M_{cy_4}、M_{cz_4} 为控制力矩在准弹体坐标系上的投影。

11.4.2 运动学方程

1. 弹箭质心运动的运动学方程

为了确定弹箭质心相对于地面坐标系 $Axyz$ 的运动轨迹，即飞行弹道，需要在地面坐标系 $Axyz$ 中建立其质心运动方程。根据弹道坐标系 $Ox_2y_2z_2$ 和地面坐标系（平动坐标系 $Oxyz$）之间的转换关系，经推导得到弹箭质心运动的运动学方程组为

$$\begin{cases} \dot{x}=V\cos\theta\cos\psi_v \\ \dot{y}=V\sin\theta \\ \dot{z}=-V\cos\theta\sin\psi_v \end{cases} \tag{11-40}$$

2. 弹箭绕质心转动的运动学方程

为了确定制导弹箭在空间的飞行姿态，需要建立描述制导弹箭弹体相对地面坐标系姿态变化的运动学方程，即建立姿态角 ϑ、ψ、γ 变化率与制导弹箭相对于地面坐标系转动角速度分量 ω_{x_4}、ω_{y_4}、ω_{z_4} 之间的关系式。

制导弹箭在空间的旋转角速度为

$$\omega=\omega'+\dot{\gamma}=\dot{\vartheta}+\dot{\psi}+\dot{\gamma} \tag{11-41}$$

式中：$\dot{\vartheta}$ 为俯仰角速度；$\dot{\psi}$ 为偏航角速度；$\dot{\gamma}$ 为滚转角速度。

旋转角速度 ω 在准弹体坐标系中各轴上的分量可以写为 $\omega=[\omega_{x_4}\quad\omega_{y_4}\quad\omega_{z_4}]^{\mathrm{T}}$，由坐标系定义可知，$\dot{\psi}$、$\dot{\gamma}$ 分别与平动坐标系 Oy 轴和弹体坐标系纵轴重合，而 $\dot{\vartheta}$ 与 Oz' 轴重合，根据坐标系之间的转换关系，可得

$$\begin{bmatrix}\omega_{x_4}\\ \omega_{y_4}\\ \omega_{z_4}\end{bmatrix}=\boldsymbol{L}(\vartheta,\psi)\begin{bmatrix}0\\ \dot{\psi}\\ 0\end{bmatrix}+\begin{bmatrix}0\\ 0\\ \dot{\vartheta}\end{bmatrix}+\begin{bmatrix}\dot{\gamma}\\ 0\\ 0\end{bmatrix} \tag{11-42}$$

制导弹箭绕质心转动的运动学方程组为

$$\begin{cases} \dot{\theta}=\omega_{z_4} \\ \dot{\psi}=\omega_{y_4}/\cos\theta \\ \dot{\gamma}=\omega_{x_4}-\omega_{y_4}\tan\theta \end{cases} \tag{11-43}$$

11.4.3 质量变化方程

制导弹箭在火箭助推段，由于火箭助推发动机不断地消耗燃料，其质量在发动机工作

时间段内是不断减小的。所以，在运动方程组中，还需要补充描述弹箭质量变化的过程：

$$m(t) = m_0 + \int_0^t \dot{m}\mathrm{d}t \tag{11-44}$$

式中：$\dot{m}$ 为质量变化率，与飞行时发动机工作状态有关；m_0 为发动机点火前质量。

值得注意的是，火箭助推发动机点火之前和工作完之后滑翔增程弹箭的质量视为定值，即质量为常量；这期间转动惯量 J_{x_4}、J_{y_4}、J_{z_4} 近似认为是线性变化的。

11.4.4　控制关系方程

要控制弹箭按所需的弹道飞行，弹箭应具有相应的操纵机构，在运动方程组中需加入对应的控制关系方程。制导弹箭采用俯仰等效舵偏、偏航等效舵偏来控制弹体的飞行，所以在弹箭的运动方程组中含有舵偏角 δ_z 和 δ_y。只有给出它们随时间和运动状态变化的方程（控制方程）时才能使方程组封闭，加上控制方程后的运动方程组就是制导弹箭的有控飞行动力学模型。

设 x_i^* 为飞行弹道要求的运动参数值（如姿态控制回路的攻角指令 α_c、侧滑角指令 β_c），x_i 为同一瞬时运动状态的实际值（如 α、β），e_i 为运动状态误差，则

$$e_i = x_i - x_i^* \quad (i = 1, 2) \tag{11-45}$$

在一般情况下，e_i 不可能总等于零，此时控制系统根据误差的大小和正负调节舵面，改变弹体的姿态和质心运动，力图消除这些误差。探测系统所测的运动参量不同及控制系统选取的控制器类型不同，其控制关系方程也不同，把控制方程写成通用的控制关系方程，即

$$\begin{cases} \phi_1(\cdots, e_i, \cdots, \delta_i, \cdots) = 0 \\ \phi_2(\cdots, e_i, \cdots, \delta_i, \cdots) = 0 \end{cases} \tag{11-46}$$

在制导弹箭进行弹道设计的初步阶段，为了避免涉及控制系统的组成和工作，使问题处理简单化，假设控制系统实现理想控制，即控制系统能够随时随刻将产生的运动参数误差 e_i 消除，这样，弹体运动参量就能随时保持按所需弹道要求的规律变化。

11.4.5　制导弹箭刚体外弹道方程组

综合前面所得到的方程，可以组成描述制导弹箭的全弹道刚体运动方程组，即

$$\begin{cases} \dot{V} = P_{x_2} + R_{x_2} + G_{x_2},\ mV \bullet \dot{\theta} = P_{y_2} + R_{y_2} + G_{y_2} \\ (-mV\cos\theta)\dot{\psi}_v = P_{z_2} + R_{z_2} + G_{z_2} \\ \dot{x} = V\cos\theta\cos\psi_v,\ \dot{y} = V\sin\theta,\ \dot{z} = -V\cos\theta\sin\psi_v \\ J_{x_4}\dot{\omega}_{x_4} = (J_{y_4} - J_{z_4})\omega_{y_4}\omega_{z_4} + M_{x_4} + M_{cx_4} \\ J_{y_4}\dot{\omega}_{y_4} = (J_{z_4} - J_{x_4})\omega_{x_4}\omega_{z_4} - J_{z_4}\omega_{z_4}\dot{\gamma} + M_{y_4} + M_{cy_4} \\ J_{z_4}\dot{\omega}_{z_4} = (J_{x_4} - J_{y_4})\omega_{y_4}\omega_{x_4} + J_{y_4}\omega_{y_4}\dot{\gamma} + M_{z_4} + M_{cz_4} \\ \dot{\theta} = \omega_{z_4},\ \dot{\psi} = \omega_{y_4}/\cos\vartheta,\ \dot{\gamma} = \omega_{x_4} - \omega_{y_4}\tan\vartheta \\ \dot{m} = -m_c \\ \phi_1(\cdots, e_i, \cdots, \delta_i, \cdots) = 0,\ \phi_2(\cdots, e_i, \cdots, \delta_i, \cdots) = 0 \end{cases} \tag{11-47}$$

为了表述方便，略去相应角度、角速度和转动惯量的上标和下标，后面无特殊说明，

弹体角速度、转动惯量均为准弹体坐标系下的分量。常用坐标系之间的关系可用 8 个角参数 $\vartheta, \psi, \gamma, \theta, \psi_v, \gamma_v, \alpha, \beta$ 联系起来，但这 8 个角参数并不完全独立，其中 5 个角参数是独立的，另外 3 个角参数可用这 5 个独立的角参数来表示，这 3 个表达式即为几何关系式。为便于确定 α、β、γ_v 的正负号，取如下 3 个正弦表达式描述姿态角几何关系：

$$\begin{cases}\alpha = \vartheta - \arcsin(\sin\theta / \cos\beta) \\ \sin\beta = \cos\theta\sin(\psi - \psi_v) \\ \sin\gamma_v = \tan\beta\tan\theta\end{cases} \tag{11-48}$$

式（11－47）和式（11－48）共有 18 个方程，当制导弹箭的舵面未展开或舵面控制规律已知时，共有 16 个未知数 $V, \psi_v, \theta, \vartheta, \psi, \gamma, \gamma_v, \omega_x, \omega_y, \omega_z, \alpha, \beta, x, y, z, m$。因此，给定了这 16 个量的初始值就可求解制导弹箭无控或有控段的飞行弹道。

11.4.6 纵向平面内的质点弹道方程组

在初步设计阶段，为能简捷地得到制导弹箭可能的飞行弹道及其主要飞行特性，可将制导弹箭看作一个可操纵质点，通过一定的假设建立其质点运动方程。在此过程中，暂不考虑弹箭绕质心的转动运动以及外界的各种干扰，并基于下列假设：

（1）忽略弹体的转动惯性，即忽略了操纵机构偏转后弹体转动时的过渡过程。

（2）控制系统准确、理想无延迟工作。

（3）大气为标准气象条件，略去飞行中外界干扰对弹箭的影响。

（4）弹箭在飞行过程中无侧滑。

根据假设条件可化简得到制导弹箭在纵向平面内的质点弹道方程组如下：

$$\begin{cases}\dot{V} = qSC_x / m - g\sin\theta \\ \dot{\theta} = qSC_y / mv - g\cos\theta / V \\ \dot{x} = V\cos\theta \\ \dot{y} = V\sin\theta \\ \varepsilon_1 = 0\end{cases} \tag{11-49}$$

第12章 弹箭射表的编拟与使用

12.1 射表的基本知识

12.1.1 射表的作用与用途

对于特定的弹药，在实际条件下使用的、包含所需要射击诸元的数字表或图表称为射表。

射表是指挥射击所必需的基本文件。当目标位置及射击条件等已知时，利用射表即可查取命中目标所必需的射角和射向，射表中还包含其他一些指挥射击所必需的基础数据。射表精确与否直接影响射击效果，特别是在现代战争对炮兵提出首发命中要求的情况下，提高射表精度并正确使用射表具有更加重要的意义。

射表也是设计指挥仪或火控计算机的依据。因为指挥仪和火控计算机都是以射表的数据为基础设计出来的，没有精确的射表，就不可能有良好的设计。对于指挥仪和火控计算机的设计人员，不但需要了解射表的内容及其含义，而且为了更方便合理地处理射表数据，对射表编拟方法及其所需要的原始数据也应有所了解。

直接利用电子计算机根据当时实际条件计算射击开始诸元，摒弃射表，无疑是最理想的，是今后发展的方向。目前，有不少单位已经或正在研制这种炮兵专用计算机，不同型号的这类计算机已普遍装备到每个炮兵连。但是，即使装备了计算机，也应考虑到战斗条件的复杂性和艰苦性，也不能完全依赖计算机而必须有手工作业的第二手准备。因此，利用射表决定射击开始诸元仍然是不可缺少的手段。另外，在设计、研制炮兵专用的电子计算机时，也必须利用编拟射表的一些基本原理。所以，不断研究和改进编拟射表的理论和方法，不论现在还是将来，都是提高射击效果所不可忽视的问题。

对射表一般有三个基本要求：第一，数据要完备精确；第二，篇幅不能太大，要便于携带和翻阅；第三，计算使用要方便。上述三个要求往往是相互制约的。目前，射表的格式还有一些自编的适合本单位使用习惯的简易射表或简明射表，都是企图较好地适应上述一些要求，但往往只能侧重其中某一个基本要求。因此，从射表的格式来说也仍然有必要进行研究，以便较好地达到上述三个基本要求。

12.1.2 标准射击条件

影响弹道的因素很多，包括火炮、弹药以及气象等各方面的因素。实际射击条件的组合是无穷无尽的，这就给编拟射表造成了困难。射表不可能按实际一切可能的射击条件组合提供相应的数据，所以必须确定一个标准射击条件（也称为表定条件）作为编表的依据。在这个表定条件下的弹道称为表定弹道，其中的各种诸元称为表定诸元。当射击时的实际条件与标准条件不一致时，再根据其偏差大小进行修正。

标准射击条件包括标准气象条件、标准弹道条件及标准地球和地形条件。

标准气象条件就是前面章节中所介绍的炮兵标准气象条件，这里不再重述。

标准弹道条件的内容包括表定弹箭质量、表定药温、表定初速和表定跳角。

由于生产中存在加工误差，每发弹的质量都不相同，其数值在一定范围内变化。为此，必须选取一个适当的数值作为标准值，并按弹箭质量的变化范围分为若干等级。在标准值附近的为正常级，射击时不需要修正。比标准弹重的弹箭分为四个等级，根据其与标准值偏差的大小分别在弹上标有“＋”“++”“+++”或“++++”；比标准弹轻的弹箭也分为四个等级，根据其与标准值偏差的大小分别在弹上标有“－”“--”“---”或“----”。射击时根据弹箭上的标志进行修正。

火药的温度对初速有明显的影响，在确定表定初速之前必须先确定表定药温。表定药温统一规定为 15 ℃，当射击时的实际药温不标准时需要进行药温修正。

同一种火炮，其各门炮的初速并不完全相同，而且同一门火炮随着射击发数的增加，其初速也是缓慢变化的。在表定药温下，火炮初速随射击发数的变化规律如图 12－1 所示。表定初速应该选在曲线比较平的部分，以便使火炮在使用过程中尽可能长的时间内不需要进行初速修正。每一门火炮在执行作战任务前都必须测出其实际初速，在测定实际初速时应注意所使用的弹药的质量和药温必须符合表定值。如果该炮的实际初速与表定初速不相等，在对目标射击时必须进行初速修正。

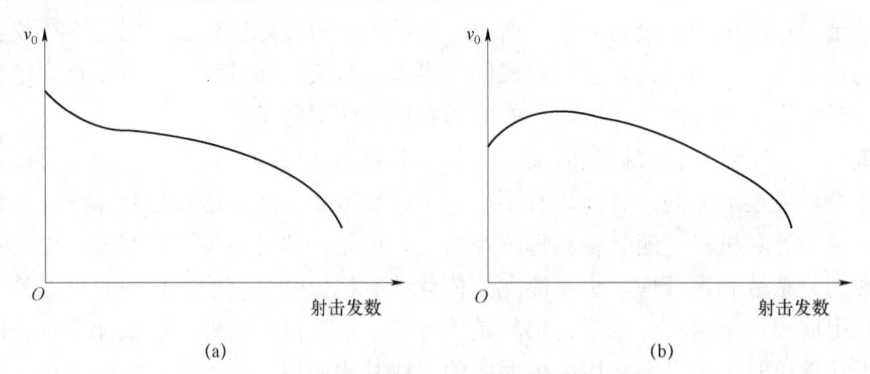

图 12－1　初速随射击发数的两种变化规律

（a）变化规律一；（b）变化规律二

跳角是射角的组成部分。发射前身管的轴线称为仰线，仰线与水平面的夹角称为仰角。由于发射过程中火炮震动等原因，弹箭出炮口时初速的方向并不完全与仰线重合，而是有一个小的夹角。初速矢量与仰线的夹角称为跳角，此跳角可分解为纵向分量和横向分量：横向分量使射击方向发生变化；纵向分量则构成射角的一部分。射角即为仰角与跳角纵向分量之和，跳角的纵向分量也称为定起角。跳角的随机性比较大，每门炮的跳角都不相等，每发弹的跳角也不完全相同，但它也有系统分量。表定跳角是若干门火炮的系统分量的平均值。在编拟射表中，计算弹道时所用的射角为仰角与表定纵向跳角之和。对于直接瞄准的反坦克炮，为了提高射击精度，应采用校炮的方法修正本门火炮的平均跳角与表定跳角之差。特别是无坐力炮的平均跳角是随射击发数的增加而逐渐变化的，因此在射击比较多的发数后还应重新校炮，以修正该炮变化后的平均跳角与表定跳角之差。

所谓标准地球和地形条件，是指不考虑科氏惯性力的影响，地面是平坦的，或者说目标在炮口水平面上。当目标不在炮口水平面上时，则需要进行修正；还有一点即重力加速度取标准值，目前我国炮兵采用的重力加速度标准值为 9.80 m/s^2。实际上，不同纬度的重力加速度还略有不同，但是由于变化较小，射表中一般不考虑此项修正；如果需要修正，可在对科氏惯性力的修正项中一并进行。

12.1.3 射表的内容与格式

射表的内容及格式见表 12－1 和表 12－2。射表的内容包括基本诸元、修正诸元、散布诸元、辅助诸元和射表说明等。

表 12－1 射表的内容及格式

海拔/m	0	500	1 000	距离改变量高角变化 1 mil	高低修正量炮－目高差 10 m	飞行时间	落角	落速	公算偏差			最大弹道高	偏流
气压/mmHg	750	707	666						距离	高低	方向		
气温/℃	15	12	9										
射距离	表尺	表尺	表尺										
m	mil	mil	mil	m	mil	s	(°)	m·s^{-1}	m	m	m	m	mil
200	4.0	4	4	54.3		0.4	0.2	502	16	0.1	0.1	0.2	0.1
400	7.7	8	8	53.0		0.8	0.5	493	16	0.1	0.1	0.8	0.2
600	11.5	11	11	51.7		1.2	0.7	484	16	0.2	0.2	1.8	0.3
800	15.4	15	15	50.5		1.6	0.9	476	15	0.3	0.3	3.2	0.4
1 000	19.4	19	19	49.2		2.0	1.2	467	15	0.3	0.3	5.1	0.5
200	23.5	23	23	48.0		2.5	1.5	458	15	0.4	0.4	7.6	0.6
400	27.7	28	27	46.8		2.9	1.8	450	15	0.5	0.4	10	0.8
600	32.0	32	32	45.6		3.4	2.1	442	15	0.5	0.5	14	0.9
800	36.5	36	36	44.4		3.8	2.4	433	15	0.6	0.6	18	1.0
2 000	41.0	41	41	43.3	4.78	4.3	2.8	425	15	0.7	0.6	23	1.1
200	45.7	45	45	42.1	4.35	4.8	3.1	417	15	0.8	0.7	28	1.2
400	50.5	50	50	41.0	4.00	5.3	3.5	409	15	0.9	0.8	34	1.3
600	55.5	55	55	39.9	3.69	5.8	3.9	402	15	1.0	0.8	41	1.5
800	60.6	60	59	38.8	3.43	6.3	4.3	394	15	1.2	0.9	48	1.7
3 000	65.8	65	65	37.7	3.21	6.8	4.7	386	16	1.3	1.0	57	1.8
200	71.2	70	70	36.6	3.01	7.3	5.2	379	16	1.5	1.0	66	1.9
400	76.7	76	75	35.6	2.84	7.9	5.7	372	16	1.6	1.1	76	2.0

续表

海拔/m	0	500	1 000	距离改变量 高角变化 1 mil	高低修正量 炮/目高差 10 m	飞行时间	落角	落速	公算偏差			最大弹道高	偏流
气压/mmHg	750	707	666						距离	高低	方向		
气温/℃	15	12	9										
射距离	表尺	表尺	表尺										
m	mil	mil	mil	m	mil	s	（°）	m·s^{-1}	m	m	m	m	mil
600	82.4	81	80	34.6	2.68	.8.4	6.2.	365	17	1.8	1.2	87	2.2
800	88.3	87	86	33.6	2.55	9.0	6.7	359	17	2.0	1.2	99	2.4
4 000	94.4	93	92	32.7	2.42	9.5	7.2	353	17	2.2	1.3	112	2，6
200	100.6	99	98	31.7	2.31	10	7.8	347	18	2.4	1.4	126	2.7
400	107.0	105	104	30.8	2.21	11	8.4	341	18	2.7	1.4	142	2.9
600	113.6	112	110	30.0	2.12	11	9.0	336	19	3.0	1.6	158	3.0
800	120.5	118	116	29.1	2.04	12	9.6	331	19	3.3	1.6	176	3.2

表 12－2　修正量算成表

单位：横风单位为 mil，其余为 m

射击条件	偏差量		1	2	3	4	5	6	7	8	9	10	20	30
射程 200 m 冲帽弹重未涂漆	0	横风	0	0	0	0	0	0	0	0	0	0	0	0
		纵风	0	0	0	0	0	0	0	0	0	0	0	0
		气压	0	0	0	0	0	0	0	0	0	0	0	0
	+1	气温	0	0	0	0	0	0	0	0	0	0	$\frac{0}{0}$	$\frac{0}{0}$
	0	药温	0	0	0	0	1	1	1	1	1	1	2	4
		初速	0	1	1	2	2	2	3	3	4	4	8	12
射程 1 000 m 冲帽弹重未涂漆	1	横风	0	0	0	0	0	1	1	1	1	1	2	3
		纵风	0	0	0	1	1	1	1	1	1	2	3	5
		气压	0	0	0	0	0	0	1	1	1	1	2	2
	+5	气温	0	0	0	1	1	1	1	1	1	2	$\frac{3}{3}$	$\frac{5}{5}$
	1	药温	1	1	2	2	3	3	4	5	5	6	11	17
		初速	2	4	6	8	10	11	13	15	17	19	38	58
射程 2 000 m 冲帽弹重未涂漆	3	横风	0	0	1	1	1	1	1	1	2	2	4	5
		纵风	1	1	2	3	3	4	5	5	6	7	13	20
		气压	0	1	1	1	2	2	2	2	3	3	6	9

续表

射击条件	偏差量		1	2	3	4	5	6	7	8	9	10	20	30
射程 2 000 m 冲帽 弹重 未涂漆	+9	气温	1	1	2	3	3	4	4	5	6	6	$\frac{12}{14}$	$\frac{18}{21}$
	4	药温	1	2	3	4	5	7	8	9	10	11	22	33
		初速	4	7	11	15	18	22	25	29	33	36	73	110
射程 3 000 m 冲帽 弹重 未涂漆	6	横风	0	1	1	1	1	2	2	2	3	3	6	9
		纵风	2	3	5	6	8	9	11	13	14	16	32	48
		气压	1	1	2	3	3	4	5	5	6	7	14	20
	+11	气温	1	3	4	6	7	9	10	12	13	14	$\frac{28}{31}$	$\frac{42}{47}$
	8	药温	2	3	5	6	8	9	11	12	14	15	31	46
		初速	5	10	15	21	26	31	36	41	46	52	104	156
射程 4 000 m 冲帽 弹重 未涂漆	10	横风	0	1	1	2	2	2	3	3	4	4	8	12
		纵风	3	6	9	12	15	18	21	24	27	30	59	90
		气压	1	2	4	5	6	7	8	9	11	12	23	35
	+12	气温	3	5	8	10	13	16	18	21	23	26	$\frac{51}{55}$	$\frac{75}{84}$
	14	药温	2	4	6	8	10	12	14	16	17	19	39	58
		初速	6	13	19	26	32	39	45	52	58	65	130	196

基本诸元是在标准条件下计算得到的射程与仰角的关系；当实际射击条件与表定条件不符时，再按修正原理进行修正，这就要提供修正诸元；此外，为了计算射击的命中率和修正炸点偏差，射表还必须提供射弹散布的数值表征，称为散布诸元。所以，任何一种射表都必须有表定条件下的基本诸元、修正诸元和散布诸元，这就构成了射表的主体。除主体外，射表中还包含一些射击中所需要的其他数据（辅助诸元），如飞行时间、落角、落速、最大弹道高和偏流等。

射表的格式不是一成不变的，确定射表格式的原则是计算准确、使用方便，可以根据实际情况进行调整。

为了说明射表的内容和格式，作为一个示例，表 12－1 和表 12－2 列出了某榴弹炮射表的一部分。表 12－1 中左面第一列中的“射距离”就是射程，当目标不在炮口水平面内时指的是炮－目距离；第二、三、四列中的“表尺”，即为与各射程对应的火炮仰角，其中第二列为当炮位海拔高度为零时的情况，其地面标准气温和气压即为 t_{on} 和 p_{on}；第三、四列为炮位海拔高度分别为 500 m 和 1 000 m 情况，其炮位标准气压和气温按炮兵标准气象条件规定的标准定律确定，其数值已在表中标出。当射击时的实际气压和气温与表中所标数值不符时，需要进行气压和气温的修正。当海拔高于 1 500 m 时，另外编有相应的射表。

表 12－2 中所列的即为修正诸元。表 12－2 中的左面给出了对应的射程，此射程间隔比表 12－1 大 5 倍。表 12－1 中的修正量分两类：第一类包括弹箭质量修正量和带冲帽及未涂漆的修正量，列在表 12－1 的左面；第二类包括横风、纵风、气压、气温、药温和初速修正量，第二类给出了不同大小的偏差量所对应的修正量。这样可以使修正计算更方便，同时也便于考虑偏差量与射程修正量之间的非线性关系。所有修正量中，横风修正量的单位为 mil，其余修正量的单位为 m，为了换算成射角的修正量，可利用表 12－1 左面第五列所列的数据进行转换。此外，表 12－1 中左面第六列为目标不在炮口水平面时仰角的修正量（炮－目高差 10 m 高低修正量）。当目标偏离炮口水平面更多时，另有专门的修正量表。关于地球自转（科氏惯性力）的修正量也另有修正量表。以上都属于修正诸元的范围。

12.1.4 射表体系

目前，我国的射表体系一般是每种火炮有 4 个高程的完整射表。这 4 个高程是海拔 0 m、1 500 m、3 000 m 和 4 500 m，一般称为基本高程。海拔每相差 500 m 的高程称为使用高程，基本高程当然也属于这种使用高程。在每一个基本高程的完整射表中给出了邻近的 3～4 个使用高程上的表尺分划表（射程每隔 200 m 所相应的射角），而这些使用高程上的其他诸元也仍然借用基本高程上的数值。

各个不同高程上的射表数据之所以不同，就是因为在起点的标准气压和标准虚拟温度不同。根据气压和虚拟温度随高度变化的标准定律，可以推算出各种使用高程上的标准地面气压和地面虚拟温度。

采用这种射表体系的意图是避免不同高程上的气压和虚拟温度相对于海拔 0 上标准值的偏差量太大，如果采用射击条件修正的方法就可能由于非线性误差和从属误差而使开始诸元产生较大误差，其他的基本诸元和散布诸元的数据也会因为射击条件相对于海拔 0 的标准条件相差过大而不准确。

但是，这种射表体系并不是令人满意的。由于使用高程过多，如果用器材决定开始诸元，器材的件数或体积就必须增大，而其精度也并不令人满意，并且使用中也容易发生错误。这种射表体系也不能解决有时产生射击条件偏差过大的情况。例如，我国北方冬季，气温和药温偏差量可能达到－40 ℃以上，射击条件的距离修正量超过 1 000 m 的情况并不少见，它有时甚至比海拔 4 500 m 相对于海拔 0 m 的修正量更大。因此，1958 年哈尔滨军事工程学院在研究我国炮兵标准气象条件时曾建议增编了东北冬季射表，但这一建议并未付诸实施。

原北京军区炮兵曾研究认为，各项射击条件修正量对初速偏差的从属误差最大，他们已编成了以初速偏差－12%、－8%、－4%、0 和＋4%为头标的射击条件修正量算成表，以减少由于药温很低使初速偏差很大（负值）而导致的从属误差和非线性误差。但是，因其篇幅较大也未能解决气温过低时的从属误差和非线性误差情况，也未能在全国推广。

为了减少使用高程数目，还有采用海拔高修正量的方式。把使用高程只保留完整射表的 4 个基本高程，然后采用修正海拔高的方法。首先求出阵地高程所相应的标准气压和气温对较接近的射表基本高程的标准气压和气温的偏差量；然后用求差法求出其距离修正量即为海拔高修正量。目前，这种方法已得到广泛运用。

所以，对于射表体系的研究，从射击角度来说，也应是研究外弹道学的重要目的之一。

12.2　射表的编拟方法

12.2.1　概述

如果完全靠射击试验来编拟射表，不仅需要消耗过多的弹药，而且由于无法进行各方面条件的修正，射表误差也必然很大。外弹道学为射表编拟奠定了理论基础。前面各章分别建立了各种质点弹道方程和刚体弹道方程，这些都为计算射表创造了有利条件。但是，完全靠理论计算还不能编出精确的射表。其原因是：一方面由于数学模型还不够精确，在建立运动方程时曾做了一些假设；另一方面，即使使用精确的数学模型，由于原始数据不够精确也会造成很大的射表误差。例如，对于初速等于 500 m/s，最大射程为 11 500 m 的弹道，如果阻力系数有 5%的误差，就能产生 250 m 的射程误差；当初速增大 1 倍时，上述阻力系数误差引起的射程误差就能达到 800 m。

单纯靠试验或理论计算都不可能编出精确的射表，故射表编拟一般都采用理论计算与射击试验相结合的办法。我们知道，弹道是由初速、掷角、弹道系数和当时的气象条件决定的。气象条件由气象准备来解决，初速是由火炮装药设计时确定的。掷角等于射角加定起角，射角可以任意装定，要决定掷角实质上就是决定定起角。虽然从理论上说，弹道系数可以根据弹形系数、弹箭直径和弹重计算，而弹形系数可用风洞试验求出。但是，这样求出的弹道系数对编拟射表来说精度是很不够的，求得的弹道系数只能在火炮弹药研制设计过程中大致估计能否达到预定技术指标时使用。因为实际射击的情况毕竟与风洞试验时不同，其不同点表现为实际射击中不可避免地要产生章动角，而且章动角又是不断变化的。弹道倾角和飞行速度也是不断变化的，所以在一条弹道上弹道系数实际上也在不断变化。但是，在弹道计算时却把弹道系数当作常数处理，这就与实际情况不符，所以必须通过实弹射击试验，求得在一条弹道上平均的弹道系数。对该平均弹道系数的基本要求就是使实际射击获得的射程（要换算到标准条件下）与根据给定的初速、掷角和某一个弹道系数计算所获得的射程相符合，那么这个弹道系数就可作为这一条具体弹道上的平均弹道系数。这个符合过程也就把在建立弹道方程时其他一些与实际不完全一致的假设，以及忽略的一些次要因素统统符合进去了。例如，重力加速度随高度变化的影响、地球表面曲率的影响、章动角的影响等，都在符合的弹道系数中间接地修正了。所以求符合的弹道系数是编拟射表中的一个核心问题。此外，确定火炮装药的定起角以便决定掷角也是编拟射表必须先行解决的问题。

上述符合方法的实质是采用调整某些原始数据的办法使计算结果与试验结果相一致，这项工作在射表编拟中就称为“符合计算”。被调整的原始数据称为符合系数或符合参数。采取这一步骤的目的之一是修正某些不够精确的原始数据，同时对由于数学模型的不完善所造成的误差也进行了补偿。符合计算的方法可以有多种，选取更合理的符合方法是改善射表编拟方法和提高射表精度的重要环节。

在确定起始参量以后求射表的基本诸元，就是一个求解空气弹道的问题。这时可采用两种方法：一种是利用弹道表；另一种是利用计算机。目前，编拟射表一般使用计算机。但有时要研究射表上的个别问题或是为了检验计算机程序是否正确，因此利用弹道表求基本诸元仍然有一定的使用价值。

12.2.2 数学模型与试验方案

既然编拟射表的基本方法是理论计算与试验相结合，所以确定射表编拟方法时考虑的问题应包括以下三个方面：一是根据计算工具的发展及所编射表的类型选取与之相适应的数学模型；二是根据测试技术的发展水平制定合理的试验方案，以便提高关键数据的测试精度；三是合理地选择符合方法，以便使理论计算与试验有机地结合起来。

1. 数学模型的选取

弹箭在标准条件和非标准条件下的质点弹道方程组，是在攻角恒等于零度的假设下建立的，因而有较大的误差。考虑攻角影响的刚体弹道方程以及降阶的刚体弹道方程，显然比质点弹道方程精确得多。但方程越精确，则数值积分时的步长越小，所需要的计算时间越长，而且需要的原始数据也越多。

在过去测试技术和计算工具不发达的年代，只能使用质点弹道方程，数学模型不精确，编拟射表时必然要消耗大量弹药，而且编拟周期很长，射表精度也不高。目前，计算机技术已高度发展，可以使用更精确的弹道方程改进编拟方法。但是，也并非所用方程越精确越好，使用刚体弹道方程计算时间长，需要的原始数据多，延长编拟周期，因而需要根据所编射表的类型选取适当的数学模型。

例如，对于穿甲弹射表，由于弹道低伸，攻角对弹道影响较小，有可能继续使用质点弹道方程。对于弹箭主动段，其攻角对弹道有很大影响，此时使用刚体弹道方程更为适宜。其他各种射表必须根据其弹道特点选取合适的数学模型，以便为改进编拟方法打下良好基础。

2. 试验方案的制定

试验的目的是获取所需数据。这些数据包括两方面：一是原始数据；二是射击结果数据。原始数据包括计算弹道所需要的一切数据，数据的范围与选取的数学模型有关，例如，初速、射角（包括仰角和跳角）、弹箭质量、尺寸和空气阻力系数（使用刚体弹道方程时还有弹箭的转动惯量、质心位置及其他空气动力系数等）。此外，还有射击时的气温、气压、风速、风向及其随高度的分布。射击结果数据包括落点坐标和飞行时间等。如果弹着点不在炮口水平面内，还需要测量出弹着点与炮口的高差。对火箭弹还有主动段终点参数，如最大速度等。

为了提高所测数据的精度和可靠性，应当随时注意把测试技术方面的新成果、新设备应用到弹道测试中去，对于一些关键性数据还应制定计划研制专门的测试设备。有时由于采用某种新的测试设备，有可能使编拟方法得到重大革新。

在现有条件下为了提高射表的精度，应注意合理、巧妙地制定试验方案。例如，为了避免跳角的随机性对射程的影响，可采用与最大射程对应的射角射击，因为在此情况下射角误差对射程的影响最小。

在使用弹箭数量方面应该既要保证射表精度，也要节约用弹。

3. 符合方法的选择

符合计算是联系数学模型和试验结果的纽带。符合方法是否合理对于整个编拟方法的优劣起着关键作用。但是，这三个方面是相互联系又相互制约的，应该通盘考虑。

符合方法的选择包括两方面的问题：一是选择哪些射击结果作为符合对象；二是选择哪些原始数据作为符合参数。

符合对象应该是射击结果中对命中目标起决定作用的量（如地面火炮榴弹的射程、装甲弹的立靶弹道高、高射火炮的空中坐标），以及对这些量起重要作用的量或中间结果（如火箭弹的主动段终点速度）。符合系数应该是对符合对象起作用的参数中影响最大的那些参数，符合系数的个数应该与符合对象个数相等。

12.2.3　射表编拟过程

1. 准备工作和静态测试

编拟试验之前的准备工作包括火炮弹药、场地及测试设备等方面的准备，有关资料的收集及靶场试验以外的数据的获取，如风洞试验数据、空气动力计算结果、火箭发动机静止试验数据等。

静态测试是指对射击试验之前应测数据的测试，如弹箭的质量和尺寸等。

2. 射击试验

射击试验分两大类，即弹道射和距离射。

所谓弹道射，是指为了获取弹道计算所需原始数据而进行的射击试验，即测定初速和跳角的试验。所谓距离射，是指为了获取射击结果数据而进行的试验，如地面火炮的落点数据和高射火炮的空中坐标的测试都称为距离射。

由于过去没有在大射角条件下测初速的设备，必须在平射条件下利用测速靶来测定初速，因而必须组织专门的测初速的试验。现在有了测初速的多普勒雷达，可以在距离射时同时测初速，所以现在的弹道射中已不再进行测初速的试验。将来如果能研制出在大射角条件下测跳角的设备，则跳角也可以在距离射时同时测定，那时就可以取消弹道射了。

取消弹道射的意义不仅是节约了一部分弹药，更重要的是，在距离射时同时测初速和跳角，可以提高距离射结果的使用价值，使射表精度得到提高。实际上，利用弹道射时所测量的初速和跳角代替距离射时的初速和跳角是存在很大误差的，特别是由于跳角的随机性大，不同组之间相差较大，此种代替误差更大。况且大射角时和小射角时的跳角从理论上讲也未必相等，所以这种代替本来就是不合理的，只是由于条件所限，不得已才这样做的。

为了减小随机性的影响，试验应分组进行，将被测量的组平均值作为试验结果。每组发数多少取决于所测数据的离散程度，即散布大小。散布越大则每组发数应越多。

为了减小试验条件对射击结果的影响，同一个试验项目应在不同时间重复试验数次。

因为如在同一天一次试验完毕，则当天的试验条件误差（如气象条件的测试误差等）就可能使射击结果产生系统误差，此误差即为当日误差。如果在不同日期重复试验，则由于试验条件的变化，当日误差就变成了随机误差。将几天试验结果平均后，此误差就减小了。

3. 符合计算

以地面火炮榴弹射表为例，结合我国原有编拟方法说明符合计算的方法和应考虑的问题。

对地面火炮榴弹来说，符合对象当然是射程。由于对射程影响最大的是阻力系数，因而原有编拟方法选取弹道系数为符合系数，即通过调整弹道系数使计算出的射程与试验结果一致，这些显然都是合理的。但是，由于原有方法采用的是质点弹道的数学模型，而且阻力系数又用的是43年阻力定律，所以计算误差很大。显然经符合计算后，在试验射角下计算的射程能与试验结果一致，但是用符合后的弹道系数计算其他射角下的射程时，必然存在很大的误差，这就是模型误差。为了减小这个误差，原有方法需要在5个射角下进行距离射并进行符合计算。将所求5个射角下的符合系数当支撑点作 $C_b-\theta_0$ 曲线，然后用曲线上的弹道系数计算弹道。这样不仅需要消耗大量弹药，而且在试验射角以外的其他射角下计算弹道时，仍将产生较大的插值误差。

在远距离多普勒雷达用于弹道试验后，测量阻力系数已经很方便了，因而现在编拟射表可以不再使用43年阻力定律，这无疑是一个进步。但是，如果不改进数学模型，编拟方法仍然很难有大的提高。因为质点弹道方程假设攻角时刻保持为零度，这与实际情况是不相符合，特别在大射角时将造成较大误差。采用质点弹道模型条件，尽管用多普勒雷达测阻力系数，如果只在一个射角下进行距离射和符合计算，仍将造成很大的模型误差。所以仍然需要在多射角下进行距离射和符合计算，仍然需要作 $C_b-\theta_0$ 曲线。既然要作曲线，如果支撑点的点数太少，曲线的准确度不高，因而比原有方法不可能有很大的改进。要想使编拟方法有大的提高，必须采用更精确的数学模型。

原有的方法在符合计算之前还需进行标准化计算，即根据距离射时的试验条件与标准条件之差对试验结果进行修正，将试验结果换算到标准条件下。这是由于原有方法最早是由弹道表计算弹道的，而弹道表是在标准条件下编出的。在采用计算机计算弹道后，标准化计算对编拟射表已不是必需的了。符合计算也可在距离射时的实际条件下进行。

4. 射表计算

在符合计算之后，首先利用所得到的符合系数在标准条件下计算弹道可得射表的基本诸元；然后再分别在各种非标准条件下计算弹道，求出该条件下的射程与标准条件下射程之差，可得修正诸元。

12.2.4 射表编拟的一般程序

1. 射表射击

为了编拟射表而进行的实弹试验射击称为射表射击。

射表射击一般包括下列项目：

（1）弹道性能试验。弹道性能试验是运用测速仪器测速，试验目的：① 选择满足编拟射表要求的炮身和装药；② 测定火炮和装药的实际初速（有时要确定表定初速）和初速散布的公算偏差；③ 测定药温系数和弹重系数。

（2）跳角试验。跳角试验的目的是测定火炮定起角（跳角的垂直分量）和方向跳角（跳角的水平分量）以及掷角和方向角散布的公算偏差。

（3）立靶射击试验。立靶射击试验的目的是求取小射角上符合弹道系数及射弹散布的高低和方向公算偏差，并且求出相应的弹道系数散布的公算偏差和偏流散布系数（用来衡量方向散布大小的一种基础数据）。

（4）射程射击试验。射程射击试验的目的是通过数个射角上的实际射程求出符合的弹道系数及射弹散布的距离和方向公算偏差，并且求出相应的弹道系数散布公算偏差和偏流散布系数。同时，可以通过对比射击求出引信带冲帽、弹箭不涂漆（或涂漆）和其他弹箭对常用榴弹炮的弹道系数改变量。

（5）偏流试验。偏流试验的目的是求取理论公式计算的偏流与实际偏流的符合系数，有时可在射程射击试验时同时获得。

2. 确定基础技术数据

通过整理试验射击的成果，求出下列各项基础技术数据：

（1）弹重系数；

（2）药温系数；

（3）初速散布的公算偏差；

（4）定起角；

（5）掷角散布的公算偏差；

（6）方向角散布的公算偏差；

（7）各个射角上的符合弹道系数；

（8）弹道系数散布的公算偏差；

（9）偏流符合系数；

（10）偏流散布系数；

（11）引信带冲帽时的弹道系数改变量；

（12）弹体不涂漆（或涂漆）时的弹道系数改变量。

各号装药的基础技术数据一般是不同的，要分别求取各号装药。若某些药号装药数未进行试验射击，则可根据相邻装药号数求得的数据用内插法求得（一般不允许用外插法求取）。

3. 射表计算

（1）计算基本诸元。通常是以射程（射距离）为头标求出相应的射角（表尺）、落角、飞行时间、落速和最大弹道高。

（2）计算修正诸元。求出各项射击条件的表定修正量或编出修正量算成表，同时还要求出偏流、高角修正量或高低修正量和地球自转修正量等。

（3）计算散布诸元。求出各距离上的射弹散布的距离、高低和方向公算偏差。

此外，还有一些附表，如高差函数表、弹道风速分化表等，有时需要计算，有时则可转抄。

4. 编排射表

根据使用单位的要求，按照数据完整、使用方便、篇幅适当的原则，编排射表。

12.3 射表使用方法

为了决定火炮射击诸元，就一定要使用射表。

1. 完整射表的使用

完整射表是按海拔 0 m、1 500 m、3 000 m、4 500 m 四个高程编制并分成两册。实际使用时，根据阵地高程（营、群的平均阵地高程），选用与其接近的完整射表查取所需要的表定诸元，具体规定如表 12－3 所列。

表 12－3 射表使用条件

<table>
<tr><th>区分</th><th>完整射表海拔高度/m</th><th>阵地高程/m</th></tr>
<tr><td rowspan="2">上册</td><td>0</td><td>750</td></tr>
<tr><td>1 500</td><td>750～2 250</td></tr>
<tr><td rowspan="2">下册</td><td>3 000</td><td>2 250～3 750</td></tr>
<tr><td>4 500</td><td>>3 750</td></tr>
</table>

2. 表定诸元的查取

射表中的表定诸元都是在标准射击条件下求得的，当实际射击条件不符合标准射击条件时，就不能从射表中查得精确的数据，此时只能根据与实际弹道特性相接近的标准弹道去查取。通过分析，一般认为射击时实际弹道与目标开始距离相应的表定弹道接近。所以，当未明确规定根据测地距离查取时，表定诸元一般都根据开始距离或计算距离查取（开始距离和计算距离的概念参见炮兵射击学相关内容）。常用诸元的具体规定如表 12－4 所列。

表 12－4 利用射表查取常用诸元的具体规定

<table>
<tr><th colspan="2">区分</th><th>具体规定</th></tr>
<tr><td rowspan="2">查取弹道基本诸元时</td><td>1</td><td>落角、飞行时间、高变量、高角修正量通常根据开始距离查取</td></tr>
<tr><td>2</td><td>最大弹道高一般根据开始距离查取，当射验计算时，根据成果射角查取；当山地射击时，根据开始射角查取</td></tr>
<tr><td>查取散布诸元时</td><td>3</td><td>距离、高低、方向公算偏差根据开始距离查取</td></tr>
<tr><td rowspan="3">查取修正诸元时</td><td>4</td><td>各项表定修正量通常根据计算距离查取</td></tr>
<tr><td>5</td><td>直接计算目标修正量的简易法，各项表定修正量根据测地距离(取整千米数)查取</td></tr>
<tr><td>6</td><td>射击试验计算射击条件修正量时，各项表定修正量根据成果距离内插查取或根据其远、近整千米查取，然后用内插法求出成果距离的修正量</td></tr>
</table>

续表

区分		具体规定
查取偏流时	7	直接计算目标修正量的简易法，根据测地距离查取
	8	成果法计算目标与试射点偏流时，分别根据目标和试射点的测地距离查取
	9	精密法和预先计算修正量的简易法，根据计算距离查取
查取或计算高低修正量时	10	$\lvert\Delta H_{PM}\rvert \leqslant 200$ m，直接查取 ΔGD 或 Δgd 时，一般根据测地距离查取；$\lvert\Delta H_{PM}\rvert > 200$ m，计算 ΔGD 时，其中利用密位公式或三角函数公式 ε_M 求应使用测地距离，$\Delta\alpha$ 根据开始距离（开始高角）查取

3. 海拔高修正量的查取

同一个射角在不同高程上的标准射程之差，称为海拔高修正量。它等于使用完整射表的某个射角的标准射程减去相应炮阵地高程的该射角的标准射程。海拔高修正量实质上是炮阵地高程与所使用的完整射表高程的标准气压和气温之差所引起的距离修正量。

当炮阵地的高程和所用射表的高程不同时，即使炮阵地的气温、气压是标准的，但对所用射表而言仍然属于非标准情况。这时用于计算修正量的气温偏差和气压偏差分别为

$$\begin{cases}\Delta T_v = \Delta T_{v0} + \Delta T_{vTv} \\ \Delta P = \Delta P_0 + \Delta P_{Tv}\end{cases} \tag{12-1}$$

式中：ΔT_{v0}、ΔP_0 分别为炮阵地的气温偏差、气压偏差；ΔT_{vTv} 为炮阵地标准气温与所用射表的标准气温之差；ΔP_{Tv} 为炮阵地标准气压与所用射表的标准气压之差。

射击中把 ΔT_{vTv} 和 ΔP_{Tv} 引起的修正量称为海拔高修正量。

海拔高修正量根据阵地高程与所使用完整射表高程之差、计算距离和装药号数，从《海拔高修正量表》中内插查取。

4. 射击条件偏差及其修正

实际射击条件的测定值与射击条件的标准值之差，称为射击条件偏差量，即

偏差量＝测定值－标准值

射击条件不标准时，将影响射弹飞行的距离和方向，因而射击时要修正射击条件偏差对射弹的影响。弹道、气象条件偏差对射击的影响及修正可参见表 12－5。

表 12－5　弹道、气象条件偏差对射击的影响及修正

射击条件	方向		距离									
	横风		纵风		气温		气压		药温		初速	
偏差符号	向左吹	向右吹	顺风	逆风	+ 高	− 低	+ 高	− 低	+ 高	− 低	+ 大	− 小
影响	偏左	偏右	远	近	远	近	近	远	远	近	远	近

续表

射击条件	方向		距　离									
	横风		纵风		气温		气压		药温		初速	
修正符号	+	−	−	+	−	+	+	−	−		−	+
	向右	向左	减	加	减	加	加	减	减	加	减	加

5. 射表应用举例

例 1　152 mm 加榴炮，阵地高程 250 m，用榴弹、全号装药射击，射击方向为 15－00，计算距离为 12 000 m。测得射击条件为：气压 765 mmHg，气温 24 ℃，装药批号初速偏差－0.6%v_0，药温 21 ℃，顺风 10 m/s，横风（从右向左吹）4 m/s，带冲帽，弹重为“＋＋”，弹体未涂漆。试求：各项射击条件偏差量及其相应的修正量。

解：根据阵地高程海拔 250 m，选用 0 完整射表。计算结果如表 12－6 所列。

表 12－6　各项射击条件偏差量及其相应的修正量

射击条件	测定值	标准值	偏差量	修正量
横风			向左吹 4	＋4 mil
纵风		0	顺风 10	－212 m
气压/mmHg	765	750	＋15	＋103 m
气温/℃	24	15	＋9	－153 m
药温/℃	21	15	＋6	－127 m
初速/（m·s^{-1}）			－0.6	＋85 m
海拔高/m			＋2.5	－135 m
偏流				－7.4 mil
地球自转				距离：－37 m 方向：－1 mil
冲帽	带冲帽	不带冲帽		＋42 m
弹重	“＋＋”	“±”		－20 m
涂漆	未涂漆	涂漆		＋115 m

12.4　射表误差分析

1. 射表误差的来源

从射表的编拟过程中，可以看出射表编拟的许多环节都有误差。现将射表误差产生的原因及其性质分几方面简述如下。

由于射表符合计算的依据是距离射的结果，因而距离射结果的可信程度直接影响射表的可信程度。影响弹道的因素很多，这些因素中很多都是随机的，因而射击结果本身是一个随机量。即便在相同射击条件下射击，每发弹的射程也皆不相同，很难肯定该射击条件下的准确射程究竟是多少。在射击试验中通常取该射击条件下所有各发弹射程的平均值作为射击结果，但这只是一种估值方法。结果的可信程度取决于射程散布的大小和射击发数的多少。散布越大，则该结果的误差越大；而射击发数越多，则结果误差越小。所以散布越大，所需射击的发数越多。设相同条件下射击 n 发弹，其散布（射程的概率误差）为 B_x，则其平均值作为射程的估值误差为 $\sqrt{B_x^2/n}$，此误差是结果的随机性引起的，称为随机误差。

设不同条件下射击 m 组，每组 n 发，则射击总发数为 $m\times n$，若弹药平均散布为 B_x，则 m 组总平均值的随机误差为

$$B_{x_1}=\sqrt{B_x^2/(m\times n)} \tag{12-2}$$

式中：B_{x_1} 为由随机误差引起的射表误差。

除了射击结果的随机误差外，初始条件的测量误差也是随机的。例如，由于初速测量的随机误差，使所测出的初速不能完全反映真实的初速，这也会影响符合计算的结果，因而影响表定初速下的射程。仰角测量的随机误差也有同样的作用，这些误差的大小都与射击发数的多少有关。

2. 当日误差

如前所述，试验条件的误差对当天的试验结果能产生系统误差。例如，试验时气压测量偏高，而实际气压低于测量值，则实际射程将大于计算射程。如果将实测射程换算到标准条件下，将使射程产生一个正误差。因为这次试验气压测量都偏高，所以这个误差是系统误差，不能靠增加射击发数减小当日误差。但是，如果在不同日期反复试验，每次试验条件的测试误差不可能是相同的，所以当日误差就成了随机的。求出不同日期试验结果的总平均值作为试验结果，即可减小当日误差的影响。

设在不同日期共试验 m 组，每次的当日误差为 ε_x，则由当日误差引起的射表误差为

$$B_{x_2}=\sqrt{\varepsilon_x^2/m} \tag{12-3}$$

引起当日误差的因素除气象条件的测试误差外，还包括跳角的误差等。

跳角的大小与很多因素有关。由于每次试验时火炮的支撑情况不可能完全相同，因而跳角必然有差别。目前还无法在距离射的同时测跳角，只能用弹道射时的跳角来代替，因而将产生系统误差。如果在不同日期反复试验，即可减小跳角的系统误差。此外，初速测量除了有随机误差外，也存在当日误差。

3. 模型误差

数学模型的误差主要来自于建立运动方程时所做的假设，这些假设都将不同程度地造成弹道计算误差。

如果距离射只在一个射角下进行，经过符合计算后，在该试验射角下模型误差已不存在。但是，在利用符合计算结果计算其他射角时，模型误差就会出现。这时模型的优劣将起到很大作用。

如果距离射在几个射角下进行，这时模型误差主要体现在 $C_b-\theta_0$ 曲线的拟合误差

上。模型误差越大，则 C_b 随 θ_0 的变化越大，变化的规律性也越差，因而曲线拟合误差越大。经验表明，利用同样的符合计算结果作为支撑点，用不同的拟合方法所得到的 $C_b-\theta_0$ 曲线计算出的射程是有明显差别的。这一误差也应归属于模型误差，此误差的大小与射击的组数和发数都没有关系。

4. 射表误差的结合计算

通过以上分析，可对射表误差有一个初步了解。实际上，误差来源可能还不止于此。概括起来射表的误差源有三种类型：第一种是与距离射总发数有关的误差，统称为随机误差，用 B_x 表示；第二种是与射击组数有关的误差，统称为当日误差，用 ε_x 表示；第三种是与距离射的射击组数和发数皆无关的误差，统称为模型误差，用 η_x 表示。例如，运动方程中某些原始数据，有的来自理论计算，有的来自地面试验（如推力试验台所测推力），它们都有误差。此误差与距离射的组数和发数皆无关系，也可以列入模型误差的范围。

综上所述，由式（12－2）和式（12－3）可得射表总误差为

$$B_{x\Sigma}=\sqrt{B_x^2/(m\times n)+\varepsilon_x^2/m+\eta_x^2} \tag{12-4}$$

第13章
弹箭飞行试验及测试方法

13.1　弹箭飞行速度的测量

确定弹箭沿弹道运动速度的一种最通常的方法是测量弹箭通过一定弹道长s所需的时间t，然后以

$$v = s/t \tag{13-1}$$

求得s中点的速度v。一般都用电子测时仪记时，在两端提供测时仪启动和停止信号的装置，称为区截装置。区截装置的种类很多，有铜丝网靶、线圈靶、天幕靶、光幕靶，如图13-1所示。

（a）

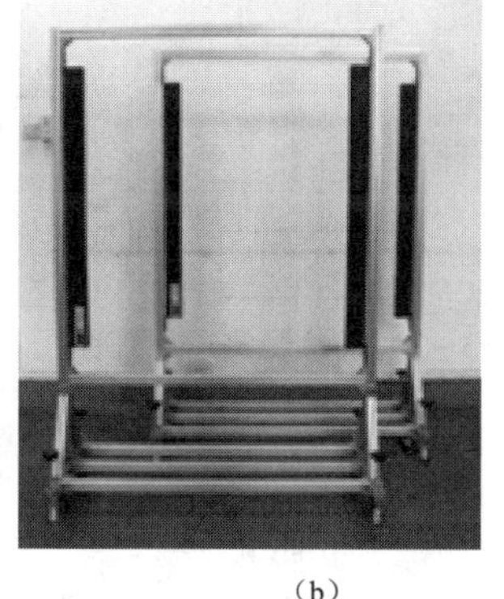

（b）

图13-1　天幕靶和光幕靶

（a）天幕靶；（b）光幕靶

天幕靶实质上是一种光电区截装置，其测速原理如图13-2所示。从区截装置1和2中发出有一定作用范围的光幕，弹箭通过光幕时由于光通量的变化，光电管产生一个电脉冲信号，该信号经过放大器输入到测时仪，作为测时仪启动和停止的信号，即可测出弹箭通过两个光幕间弹道的时间，从而可得到弹箭的运动速度。天幕靶作用距离一般在20 m以内，只能测直射武器低伸弹道上某点的速度或仰角射击时炮口附近的速度。由于天幕靶作用范围较大，架设方便，所以在大射角射击时经常被使用。

由于区截装置的尺寸、架设方法、射击瞄准、基线测量和射弹散布等方面的限制，对弹道上任意点速度的测量，目前多采用多普勒测速雷达。

多普勒测速雷达是利用多普勒效应测定弹箭飞行速度的。由物理学可知，以一定频

率发射的波，被运动物体反射之后，其反射波的频率要发生改变，频率变化与物体运动速度有关。

若雷达发射出波长为λ，频率为f_0的电磁波；反射波的频率为f_r，则

$$f_D = f_0 - f_r \tag{13-2}$$

式中：f_D为多普勒频率。

f_D与物体运动速度v的关系为

$$v = \frac{\lambda}{2} f_D \tag{13-3}$$

根据式（13－3）可求得弹箭的运动速度。多普勒初速测量雷达如图 13－3 所示，多普勒雷达测速原理如图 13－4 所示。

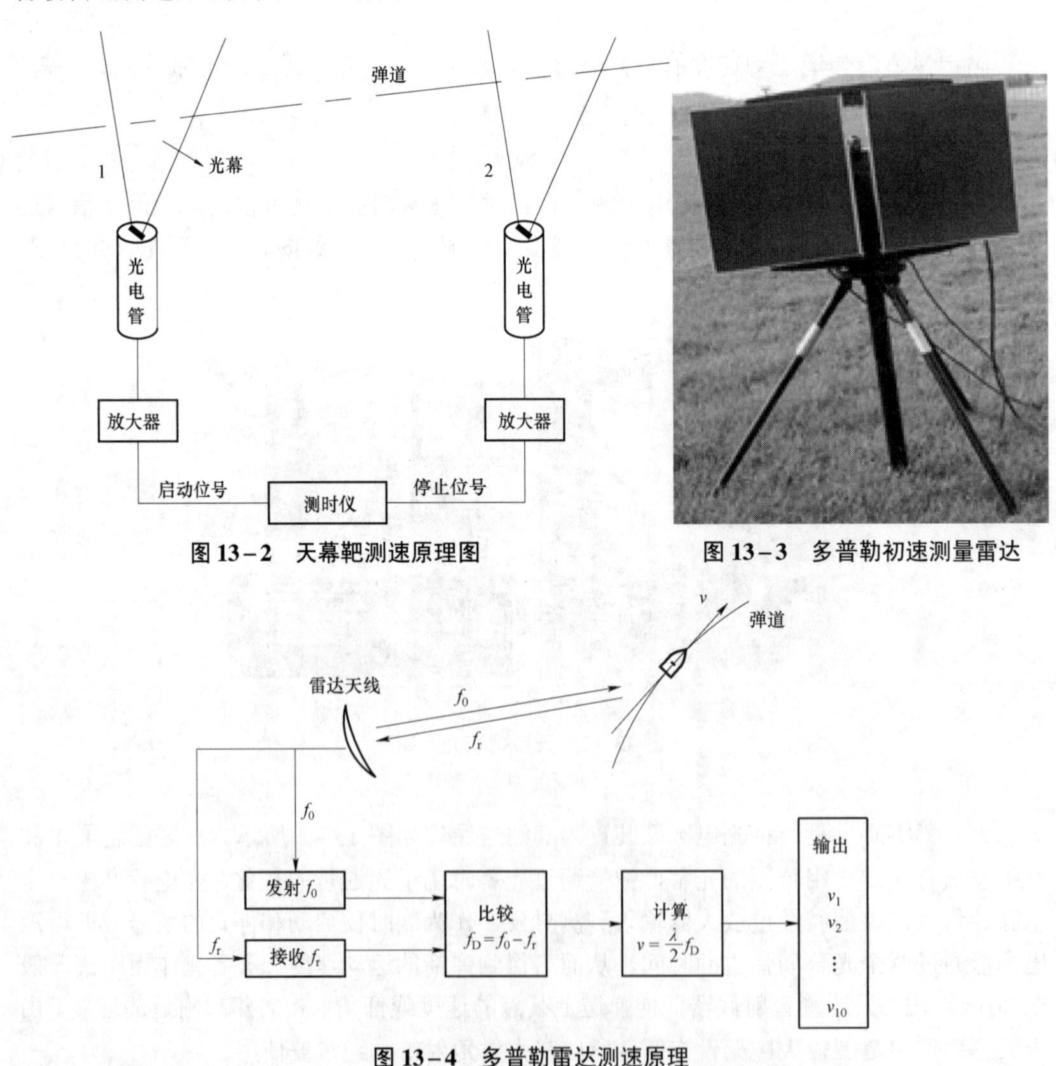

图 13－2　天幕靶测速原理图

图 13－3　多普勒初速测量雷达

图 13－4　多普勒雷达测速原理

多普勒测速雷达可连续测定多个点的速度，第一点开始时间及两点间隔时间可根据需要改变。另外，还有数据处理系统，可给出速度时间、速度距离的关系数据，并给出

对应点的阻力系数。

另外，在试验中也经常用高速录像的图像处理方法得到弹箭的速度。

13.2 阻力系数的试验测量

射击法和风洞法是测试空气动力及其力矩的基本方法。射击法的原理是，弹箭在飞行过程中动能的减少，等于克服空气阻力所做的功。由此原理可知，应使弹箭飞行距离较短且接近水平飞行，才能近似认为重力与弹箭运动方向垂直、不做功，只有空气阻力做功。

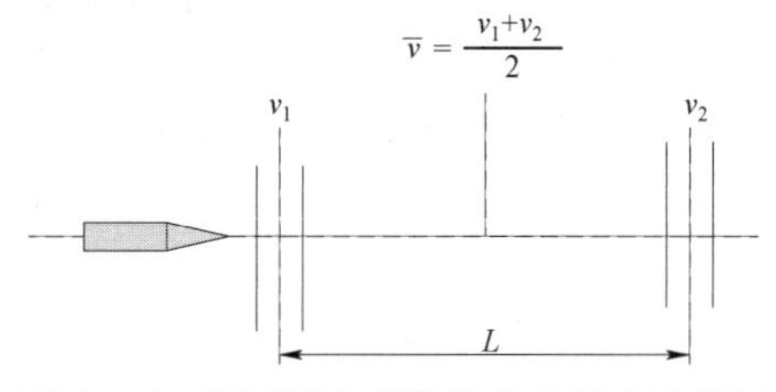

图 13－5　迎面阻力系数的射击测定示意图

如图 13－5 所示，枪炮身管接近水平放置，测量出弹箭在 1、2 两点的速度 v_1 和 v_2，由于 L 不是很大，故可用 L 中点的平均速度 $\bar{v}=(v_1+v_2)/2$ 所对应的迎面阻力平均值，作为 L 路程上的弹箭所受的阻力，即

$$\overline{R_x}=\frac{1}{2}\rho\bar{v}^2SC_{x0}\left(\frac{\bar{v}}{c}\right) \tag{13－4}$$

根据动能原理，有

$$\overline{R_x}L=\frac{m}{2}\left(v_1^2-v_2^2\right) \tag{13－5}$$

将式（13－4）和式（13－5）化简整理，可得

$$C_{x0}\left(\frac{\bar{v}}{c}\right)=\frac{4m}{\rho SL}\frac{v_1-v_2}{v_1+v_2} \tag{13－6}$$

测量并计算出

$$c=\sqrt{kR\tau_0}$$

和

$$\rho=p_0/R\tau_0$$

查 43 年阻力定律表中 $\bar{v}/c$ 所对应的阻力系数，则可以计算出弹形系数

$$i=C_{x0}\left(\frac{\bar{v}}{c}\right)\bigg/C_{x43}\left(\frac{\bar{v}}{c}\right) \tag{13－7}$$

和弹道系数

$$c=\frac{id^2}{m}\times10^3 \tag{13－8}$$

一般情况下，实际射击中弹箭攻角 $\delta\neq0^\circ$，但是，对于一般枪弹攻角通常很小，可忽略其影响，近似认为 C_{x0} 对应的是零攻角时的阻力系数。如果试验中弹箭攻角较大，则需要进行修正。

为了保证试验的准确性，应要求 v_1 和 v_2 的差值必须比速度测量误差要大得多，另外，L 的值要保证 v_1 和 v_2 的差值较大。对于弹道系数较大即速度衰减较快的弹箭，如枪弹等，L=50～100 m；对于大中口径弹箭，L 可取 300 m 左右。但 L 值不能过大，以免受重力影响过大。因此，对于小初速或空气阻力影响小的弹箭不宜使用本试验方法。

13.3 弹箭空间坐标与飞行时间的测量

摄影经纬仪、电影经纬仪、高速摄影机等，都可用来确定弹箭空间坐标。目前，测量火箭弹主动段和高炮弹道多用摄影经纬仪。

如图 13-6 所示，在一定长度的基线两端，放置具有一定仰角 ε 的两架照相机，照相机镜头前装有周期开闭器，在夜间把快门打开，利用弹箭尾部曳光剂或火箭发动机燃气的火光，可摄出点线（或虚线）弹道，利用照相底片上弹道坐标与弹箭空间坐标的几何关系，便可以求出各点坐标与时间。

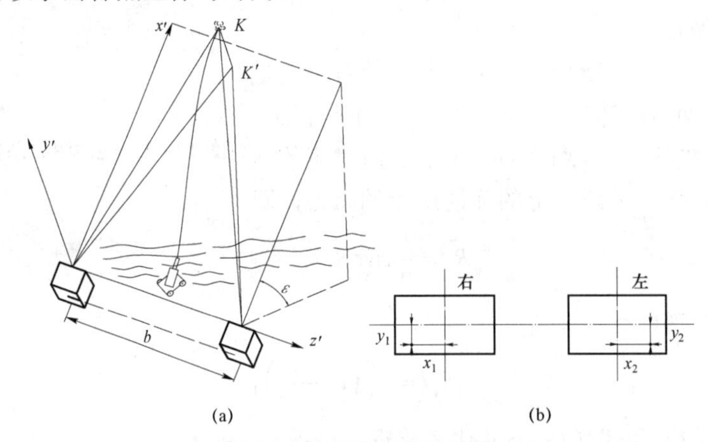

图 13-6　空间坐标的测量

（a）摄影经纬仪原理；（b）摄影底片上弹道坐标

目前，可以用多种方法测定弹箭飞行时间，前面介绍的弹箭速度测量方法也是时间测量方法。这里介绍一种较长飞行时间的测定方法。如图 13-7 所示，光电管 1 和 2 分别对准炮口和炸点，利用炮口闪光产生的电脉冲，经过放大器 3 输入到测时仪 4，启动测时仪；光电管 2 利用炸点火花产生的电脉冲，经放大器 3 输入到测时仪 4，使测时仪停止工作。这样就可测出炮口至炸点（或落点）的弹箭飞行时间。

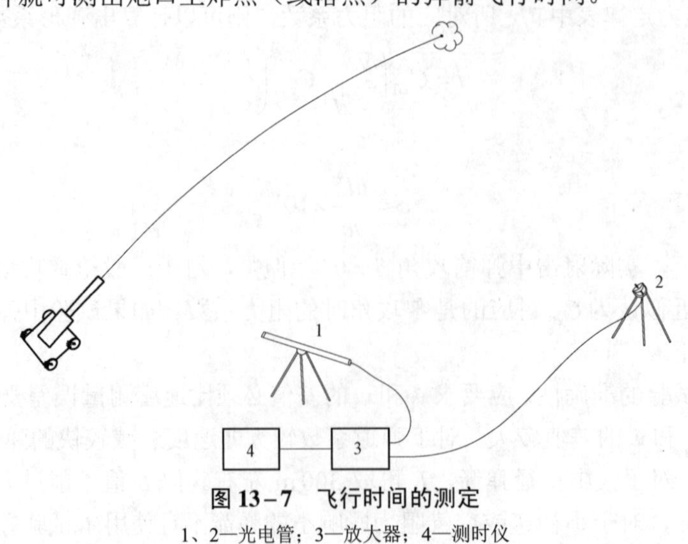

图 13-7　飞行时间的测定

1、2—光电管；3—放大器；4—测时仪

13.4　弹箭转速的测量

转速的测量方法有很多种，归纳起来有机械法、电子法、电磁法和摄影法等。测量方法虽多，但是测量原理都是测出两个相邻位置上弹箭的转角及所需的时间，然后计算出转速。与测速方法相比，两相邻位置可认为是测量转角的区截装置，各种测量方法的区别，也就是区截装置不同所致。

机械法测量弹箭的转速，对旋转稳定弹箭或同口径尾翼弹多用擦印法。如图 13－8 所示，在弹箭某一个部位涂以慢干漆，弹箭通过纸靶Ⅰ、Ⅱ时，油漆将附在纸靶弹孔的某一个位置上，以铅直线为基准，测出对应油漆位置的转角 φ_1、φ_2，则两靶间的转角为

$$\Delta\varphi = \varphi_2 - \varphi_1 \tag{13-9}$$

如果同时测量通过两靶的时间 Δt，则得转速为

$$\omega = \frac{\Delta\varphi}{\Delta t} \tag{13-10}$$

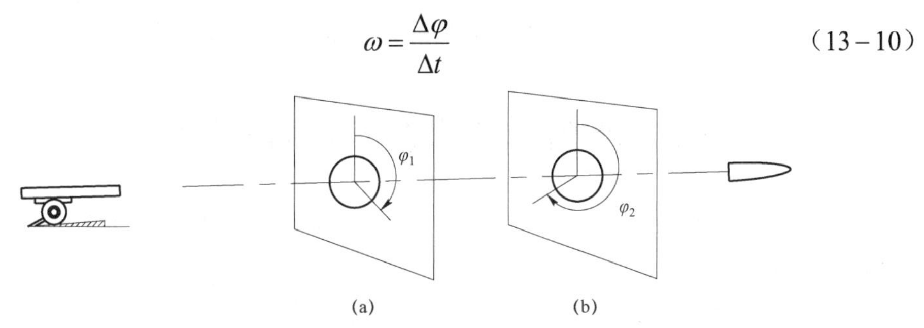

图 13－8　擦印法测量弹箭的转速

（a）纸靶Ⅰ示意图；（b）纸靶Ⅱ示意图

对于超口径尾翼弹，多用销子法测量弹箭的转速，也就是在某一片尾翼上装上销子，当弹箭通过纸靶时会出现销子的痕迹，如图 13－9 所示。具体测量方法与擦印法相同。

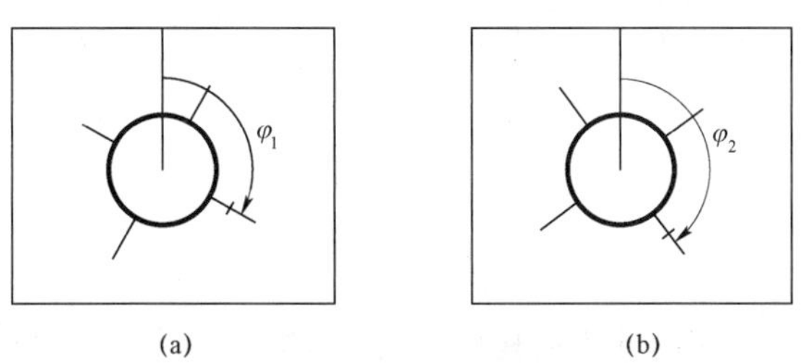

图 13－9　销子法测量弹箭的转速

（a）纸靶Ⅰ与销子痕迹示意图；（b）纸靶Ⅱ与销子痕迹示意图

摄影法测量弹箭的转速只不过把纸靶对弹箭转动的记录，换成高速摄影机而已。在弹箭外表面涂上标记，弹箭飞行时，高速摄影机连续拍摄弹箭照片，在照片上可测量出标记的转角和对应的时间，从而可求出弹箭的转速。

电子法测量弹箭的转速是在弹上装有能产生脉冲信号的装置，它所产生的信号与弹箭的转动周期有关，也就是每转动一周时产生一个脉冲信号，同时又可以给出两个脉冲信号的时间，因此可测量出转速。

电磁法测量弹箭的转速是在射击前把弹箭横向磁化，并在弹道侧方设置测量回路（线圈）。当弹箭从回路侧方通过时，弹箭的磁力线切割回路产生电动势，由于弹箭在旋转，因此电动势的大小在周期变化，因此可测出转速。电磁法测量弹箭的转速原理如图 13－10 所示。

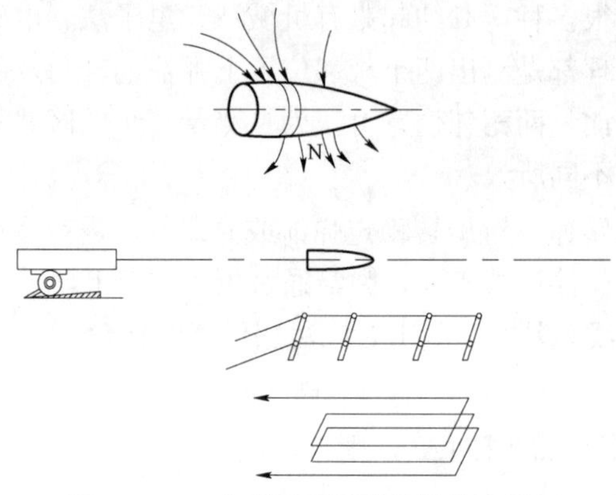

图 13－10　电磁法测量弹箭的转速原理

13.5　立靶密集度试验与地面密集度试验

为了确定武器系统，特别是高射弹药、反坦克武器在垂直射向平面上的散布，要进行立靶密集度试验。

如图 13－11 所示，根据武器的直射距离或有效射程，在距炮口一定距离上，设置与射向垂直的立靶，以不变的射击诸元对立靶进行一组射击，然后测量出立靶上弹孔的高低和方向坐标 y_i、z_i，则一组弹箭散布的高低和方向中间偏差分别为

$$E_y = 0.674\,5\sqrt{\frac{\sum_{i=1}^{n}(y_i - y_{cp})^2}{n-1}},\quad E_z = 0.674\,5\sqrt{\frac{\sum_{i=1}^{n}(z_i - z_{cp})^2}{n-1}} \tag{13-11}$$

式中：n 为一组弹发数；y_{cp} 和 z_{cp} 表达式为

$$y_{cp} = \frac{\sum_{i=1}^{n} y_i}{n},\quad z_{cp} = \frac{\sum_{i=1}^{n} z_i}{n} \tag{13-12}$$

试验时，气象条件特别是风速及其变化范围、弹重级和每组的射击时间均要符合试验法或图纸上的规定。

对曲射武器要进行地面密集度试验。如图 13－12 所示，武器系统以不变的射击诸元对某

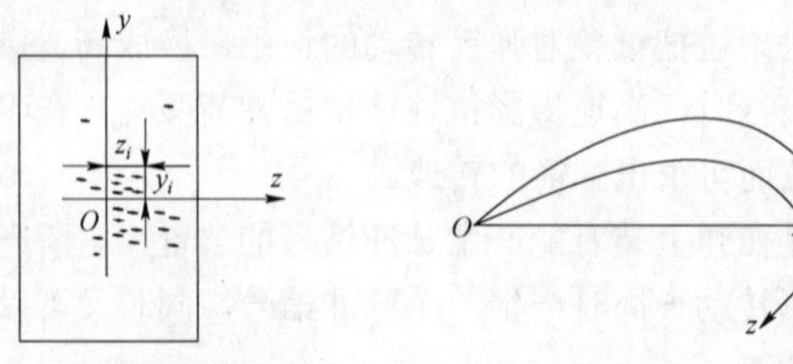

图 13－11　立靶密集度试验　　　　图 13－12　地面密集度试验

一个区域进行射击，测出一组弹箭各发弹着点的距离和方向坐标 x_i 、 z_i ，则一组弹箭散布的距离和方向中间偏差分别为

$$E_x = 0.674\,5\sqrt{\frac{\sum_{i=1}^{n}(x_i - x_{\text{cp}})^2}{n-1}}, \quad E_z = 0.674\,5\sqrt{\frac{\sum_{i=1}^{n}(z_i - z_{\text{cp}})^2}{n-1}} \tag{13-13}$$

式中：n 为一组弹的发数； x_{cp} 和 z_{cp} 的表达式为

$$x_{\text{cp}} = \frac{\sum_{i=1}^{n} x_i}{n}, \quad z_{\text{cp}} = \frac{\sum_{i=1}^{n} z_i}{n} \tag{13-14}$$

同理，在试验中，气象条件特别是风速及其变化范围、弹质量级和每组射击的时间均要符合试验法或图纸上的规定。

附　　表

附表 1　饱和水蒸汽气压表

T/℃	p/Pa	T/℃	p/Pa	T/℃	p/Pa	T/℃	p/Pa	T/℃	p/Pa
−40	18.9	−20	121.3	0	613.3	20	2 318.5	40	7 319.4
−39	21.0	−19	133.3	1	658.6	21	2 466.5	41	7 761.4
−38	23.2	−18	144.0	2	706.6	22	2 621.1	42	8 180.5
−37	25.7	−17	157.3	3	758.6	23	2 787.8	43	8 619.0
−36	28.4	−16	170.7	4	813.3	24	2 957.1	44	9 077.5
−35	31.4	−15	185.3	5	870.6	25	3 139.7	45	9 556.8
−34	34.6	−14	200.0	6	933.3	26	3 331.7	46	10 057.6
−33	38.2	−13	217.3	7	998.6	27	3 534.4	47	10 580.8
−32	42.1	−12	234.6	8	1 069.2	28	3 746.3	48	11 127.1
−31	46.3	−11	256.0	9	1 142.6	29	3 970.3	49	11 697.3
−30	50.9	−10	277.3	10	1 222.6	30	4 206.3	50	12 292.4
−29	55.9	−9	301.3	11	1 305.2	31	4 454.3		
−28	61.3	−8	328.0	12	1 394.5	32	4 714.3		
−27	67.2	−7	356.0	13	1 487.9	33	4 987.6		
−26	73.7	−6	385.3	14	1 587.9	34	5 275.6		
−25	80.6	−5	417.3	15	1 693.2	35	5 576.9		
−24	88.2	−4	452.0	16	1 805.2	36	5 892.8		
−23	96.4	−3	488.0	17	1 922.5	37	6 224.8		
−22	105.3	−2	528.0	18	2 047.8	38	6 572.8		
−21	115.0	−1	569.3	19	2 179.8	39	6 938.1		

附表 2　虚拟温度随高度变化表

单位：K

h_2/m h_1/m	0	100	200	300	400	500	600	700	800	900
0	288.9	288.3	287.6	287.0	286.4	285.7	285.1	284.5	283.8	283.2
1 000	282.6	281.9	281.3	280.7	280.0	279.4	278.8	278.1	277.5	276.9
2 000	276.2	275.6	275.0	274.3	273.7	273.1	272.4	271.8	271.2	270.5
3 000	269.9	269.3	268.7	268.0	267.4	266.8	266.1	265.5	264.9	264.2
4 000	263.6	263.0	262.3	261.7	261.1	260.4	259.8	259.2	258.5	257.9
5 000	257.3	256.6	256.0	255.4	254.7	254.1	253.5	252.8	252.2	251.6
6 000	250.9	250.3	249.7	249.0	248.4	247.8	247.1	246.5	245.9	245.2
7 000	244.6	244.0	243.3	242.7	242.1	241.4	240.8	240.2	239.5	238.9
8 000	238.3	237.6	237.0	236.4	235.7	235.1	234.5	233.8	233.2	232.6
9 000	231.9	231.3	230.7	230.0	229.4	228.8	228.2	227.7	227.1	226.6
10 000	226.1	225.7	225.3	224.8	224.5	224.1	223.8	223.4	223.1	222.9
11 000	222.6	222.4	222.2	222.0	221.9	221.8	221.6	221.6	221.5	221.5

注：高度 $h=h_1+h_2$。
当 12 000 m≤h<30 000 m 时，虚拟温度为 221.5 K。

附表 3　气压函数表

h_2/m h_1/m	0	100	200	300	400	500	600	700	800	900
0	1.000 0	0.988 2	0.976 6	0.965 0	0.953 6	0.942 3	0.931 0	0.919 9	0.908 9	0.898 1
1 000	0.887 3	0.876 6	0.866 0	0.855 6	0.845 2	0.834 9	0.824 8	0.814 7	0.804 7	0.794 9
2 000	0.785 1	0.775 5	0.765 9	0.756 4	0.747 0	0.737 8	0.728 6	0.719 5	0.710 5	0.701 6
3 000	0.692 8	0.684 0	0.675 4	0.666 9	0.658 4	0.650 0	0.641 7	0.633 5	0.625 4	0.617 4
4 000	0.609 5	0.601 6	0.593 8	0.586 1	0.578 5	0.571 0	0.563 5	0.556 2	0.548 9	0.541 7
5 000	0.534 5	0.527 4	0.520 5	0.513 6	0.506 7	0.500 0	0.493 3	0.486 7	0.480 1	0.473 6
6 000	0.467 2	0.460 9	0.454 7	0.448 5	0.442 4	0.436 3	0.430 3	0.424 4	0.418 5	0.412 8
7 000	0.407 0	0.401 4	0.395 8	0.390 3	0.384 8	0.379 4	0.374 1	0.368 8	0.363 6	0.358 4
8 000	0.353 3	0.348 3	0.343 3	0.338 4	0.333 5	0.328 7	0.324 0	0.319 3	0.314 6	0.310 0
9 000	0.305 5	0.301 0	0.296 6	0.292 3	0.287 9	0.283 7	0.279 5	0.275 3	0.271 2	0.267 2
10 000	0.263 2	0.259 2	0.255 3	0.251 5	0.247 7	0.243 9	0.240 2	0.236 6	0.233 0	0.229 4
11 000	0.226 0	0.222 5	0.219 1	0.215 8	0.212 5	0.209 2	0.206 0	0.202 9	0.199 8	0.196 7
12 000	0.193 7	0.190 8	0.187 8	0.185 0	0.182 1	0.179 3	0.176 6	0.173 9	0.171 2	0.168 6

续表

h_2/m h_1/m	0	100	200	300	400	500	600	700	800	900
13 000	0.166 0	0.163 5	0.161 0	0.158 5	0.156 1	0.153 7	0.151 4	0.149 0	0.146 8	0.144 5
14 000	0.142 3	0.140 1	0.138 0	0.135 9	0.133 8	0.131 7	0.129 7	0.127 7	0.125 8	0.123 9
15 000	0.122 0	0.120 1	0.118 3	0.116 4	0.114 7	0.112 9	0.111 2	0.109 5	0.107 8	0.106 2
16 000	0.104 5	0.102 9	0.101 4	0.099 8	0.098 3	0.096 8	0.095 3	0.093 8	0.092 4	0.091 0
17 000	0.089 6	0.088 2	0.086 9	0.085 5	0.084 2	0.082 9	0.081 7	0.080 4	0.079 2	0.078 0
18 000	0.076 8	0.075 6	0.074 5	0.073 3	0.072 2	0.071 1	0.070 0	0.068 9	0.067 9	0.066 8
19 000	0.065 8	0.064 8	0.063 8	0.062 8	0.061 9	0.060 9	0.060 0	0.059 1	0.058 2	0.057 3
20 000	0.056 4	0.055 5	0.054 7	0.053 9	0.053 0	0.052 2	0.051 4	0.050 6	0.049 9	0.049 1
21 000	0.048 3	0.047 6	0.046 9	0.046 2	0.045 4	0.044 8	0.044 1	0.043 4	0.042 7	0.042 1
22 000	0.041 4	0.040 8	0.040 2	0.039 6	0.039 0	0.038 4	0.037 8	0.037 2	0.036 6	0.036 1
23 000	0.035 5	0.035 0	0.034 4	0.033 9	0.033 4	0.032 9	0.032 4	0.031 9	0.031 4	0.030 9
24 000	0.030 4	0.030 0	0.029 5	0.029 1	0.028 6	0.028 2	0.027 7	0.027 3	0.026 9	0.026 5
25 000	0.026 1	0.025 7	0.025 3	0.024 9	0.024 5	0.024 1	0.023 8	0.023 4	0.023 1	0.022 7
26 000	0.022 4	0.022 0	0.021 7	0.021 3	0.021 0	0.020 7	0.020 4	0.020 1	0.019 8	0.019 5
27 000	0.019 2	0.018 9	0.018 6	0.018 3	0.018 0	0.017 7	0.017 5	0.017 2	0.016 9	0.016 7
28 000	0.016 4	0.016 2	0.015 9	0.015 7	0.015 4	0.015 2	0.015 0	0.014 7	0.014 5	0.014 3
29 000	0.014 1	0.013 9	0.013 6	0.013 4	0.013 2	0.013 0	0.012 8	0.012 6	0.012 4	0.012 2

注：高度 $h=h_1+h_2$。

附表 4 空气密度函数表

h_2/m h_1/m	0	100	200	300	400	500	600	700	800	900
0	1.000	0.990	0.981	0.971	0.962	0.953	0.943	0.934	0.925	0.916
1 000	0.907	0.898	0.889	0.881	0.872	0.863	0.855	0.846	0.838	0.829
2 000	0.821	0.813	0.805	0.797	0.789	0.781	0.773	0.765	0.757	0.749
3 000	0.741	0.734	0.726	0.719	0.711	0.704	0.697	0.689	0.682	0.675
4 000	0.668	0.661	0.654	0.647	0.640	0.633	0.627	0.620	0.613	0.607
5 000	0.600	0.594	0.587	0.581	0.575	0.568	0.562	0.556	0.550	0.544
6 000	0.538	0.532	0.526	0.520	0.514	0.509	0.503	0.497	0.492	0.486
7 000	0.481	0.475	0.470	0.465	0.459	0.454	0.449	0.444	0.438	0.433
8 000	0.428	0.423	0.418	0.414	0.409	0.404	0.399	0.394	0.390	0.385
9 000	0.381	0.376	0.371	0.367	0.363	0.358	0.354	0.349	0.345	0.341

续表

h_2/m h_1/m	0	100	200	300	400	500	600	700	800	900
10 000	0.336	0.332	0.327	0.323	0.319	0.314	0.310	0.306	0.302	0.297
11 000	0.293	0.289	0.285	0.281	0.277	0.273	0.269	0.265	0.261	0.257
12 000	0.253	0.249	0.245	0.241	0.238	0.234	0.230	0.227	0.223	0.220
13 000	0.217	0.213	0.210	0.207	0.204	0.200	0.197	0.194	0.191	0.188
14 000	0.186	0.183	0.180	0.177	0.174	0.172	0.169	0.167	0.164	0.162
15 000	0.159	0.157	0.154	0.152	0.150	0.147	0.145	0.143	0.141	0.138
16 000	0.136	0.134	0.132	0.130	0.128	0.126	0.124	0.122	0.121	0.119
17 000	0.117	0.115	0.113	0.112	0.110	0.108	0.107	0.105	0.103	0.102
18 000	0.100	0.099	0.097	0.096	0.094	0.093	0.091	0.090	0.089	0.087
19 000	0.086	0.085	0.083	0.082	0.081	0.079	0.078	0.077	0.076	0.075
20 000	0.074	0.072	0.071	0.070	0.069	0.068	0.067	0.066	0.065	0.064
21 000	0.063	0.062	0.061	0.060	0.059	0.058	0.057	0.057	0.056	0.055
22 000	0.054	0.053	0.052	0.052	0.051	0.050	0.049	0.049	0.048	0.047
23 000	0.046	0.046	0.045	0.044	0.044	0.043	0.042	0.042	0.041	0.040
24 000	0.040	0.039	0.038	0.038	0.037	0.037	0.036	0.036	0.035	0.035
25 000	0.034	0.033	0.033	0.032	0.032	0.031	0.031	0.031	0.030	0.030
26 000	0.029	0.029	0.028	0.028	0.027	0.027	0.027	0.026	0.026	0.025
27 000	0.025	0.025	0.024	0.024	0.023	0.023	0.023	0.022	0.022	0.022
28 000	0.021	0.021	0.021	0.020	0.020	0.020	0.020	0.019	0.019	0.019
29 000	0.018	0.018	0.018	0.018	0.017	0.017	0.017	0.016	0.016	0.016

注：高度 $h=h_1+h_2$。

附表 5　声速随高度数值表

单位：m/s

h_2/m h_1/m	0	100	200	300	400	500	600	700	800	900
0	341.1	340.8	340.4	340.0	339.7	339.3	338.9	338.5	338.1	337.8
1 000	337.4	337.0	336.6	336.3	335.9	335.5	335.1	334.7	334.4	334.0
2 000	333.6	333.2	332.8	332.4	332.1	331.7	331.3	330.9	330.5	330.1
3 000	329.7	329.4	329.0	328.6	328.2	327.8	327.4	327.0	326.6	326.3
4 000	325.9	325.5	325.1	324.7	324.3	323.9	323.5	323.1	322.7	322.3
5 000	321.9	321.5	321.1	320.7	320.3	319.9	319.5	319.1	318.7	318.3
6 000	317.9	317.5	317.1	316.7	316.3	315.9	315.5	315.1	314.7	314.3

续表

h_2/m h_1/m	0	100	200	300	400	500	600	700	800	900
7 000	313.9	313.5	313.1	312.7	312.3	311.9	311.5	311.1	310.6	310.2
8 000	309.8	309.4	309.0	308.6	308.2	307.8	307.3	306.9	306.5	306.1
9 000	305.7	305.3	304.8	304.4	304.0	303.6	303.2	302.8	302.5	302.2
10 000	301.8	301.5	301.2	301.0	300.7	300.5	300.2	300.0	299.8	299.6
11 000	299.5	299.3	299.2	299.1	299.0	298.9	298.8	298.8	298.7	298.7
12 000	298.7	298.7	298.7	298.7	298.7	298.7	298.7	298.7	298.7	298.7

注：高度 $h=h_1+h_2$。
当 13 000 m≤h<30 000 m 时，声速为 298.7 m/s。

附表 6　43 年阻力定律 $c_{xon}(Ma)$

Ma_2 Ma_1	0	0.01	0.02	0.03	0.04	0.05	0.06	0.07	0.08	0.09
0.7	0.157	0.157	0.157	0.157	0.157	0.157	0.158	0.158	0.159	0.159
0.8	0.159	0.160	0.161	0.162	0.164	0.166	0.168	0.170	0.174	0.178
0.9	0.184	0.192	0.204	0.219	0.234	0.252	0.270	0.287	0.302	0.314
1.0	0.325	0.334	0.343	0.351	0.357	0.362	0.366	0.370	0.373	0.376
1.1	0.378	0.379	0.381	0.382	0.382	0.383	0.384	0.384	0.385	0.385
1.2	0.384	0.384	0.384	0.383	0.383	0.382	0.382	0.381	0.381	0.380
1.3	0.379	0.379	0.378	0.377	0.376	0.375	0.374	0.373	0.372	0.371
1.4	0.370	0.370	0.369	0.368	0.367	0.366	0.365	0.365	0.364	0.363
1.5	0.362	0.361	0.359	0.358	0.357	0.356	0.355	0.354	0.353	0.353
1.6	0.352	0.350	0.349	0.348	0.347	0.346	0.345	0.344	0.343	0.343
1.7	0.342	0.341	0.340	0.339	0.338	0.337	0.336	0.335	0.334	0.333
1.8	0.333	0.332	0.331	0.330	0.329	0.328	0.327	0.326	0.325	0.324
1.9	0.323	0.322	0.322	0.321	0.320	0.320	0.319	0.318	0.318	0.317
2.0	0.317	0.316	0.315	0.314	0.314	0.313	0.313	0.312	0.311	0.310
Ma_2 Ma_1	0	0.1	0.2	0.3	0.4	0.5	0.6	0.7	0.8	0.9
2	0.317	0.308	0.303	0.298	0.293	0.288	0.284	0.280	0.276	0.273
3	0.270	0.269	0.268	0.266	0.264	0.263	0.262	0.261	0.261	0.260
4	0.260	0.260	0.260	0.260	0.260	0.260	0.260	0.260	0.260	0.260

注：$Ma=Ma_1+Ma_2$。
当 $Ma<0.7$ 时，$c_{xon}=0.157$。

附表 7　*F*(*v*)函数表（43 年阻力定律）

$v_2/(m\cdot s^{-1})$ \ $v_1/(m\cdot s^{-1})$	0	10	20	30	40	50	60	70	80	90
100	0.75	0.90	1.07	1.26	1.46	1.68	1.91	2.15	2.42	2.69
200	2.98	3.29	3.61	3.94	4.29	4.66	5.04	5.43	5.84	6.27
300	7.45	9.66	12.15	14.83	17.57	20.26	22.80	25.07	26.95	28.35
400	29.14	30.61	31.97	33.32	34.68	36.05	37.42	38.79	40.17	41.56
500	42.95	44.35	45.75	47.17	48.59	50.01	51.45	52.90	54.35	55.82
600	57.29	58.78	60.27	61.78	63.30	64.83	66.37	67.92	69.49	71.07
700	72.67	74.28	75.90	77.54	79.20	80.87	82.55	84.26	85.98	87.71
800	89.47	91.24	93.03	94.84	96.67	98.52	100.39	102.28	104.19	106.12
900	108.1	110.0	112.0	114.1	116.1	118.2	120.3	122.4	124.5	126.7
1 000	128.9	131.1	133.3	135.6	137.9	140.2	142.5	144.9	147.3	149.8
1 100	152.2	154.7	157.2	159.8	162.4	165.0	167.6	170.3	173.0	175.8
1 200	178.5	181.3	184.2	187.1	190.0	192.9	195.9	198.9	202.0	205.1
1 300	208.2	211.4	214.6	217.8	221.1	224.4	227.7	231.1	234.6	238.1
1 400	241.6	244.8	248.3	251.8	255.4	258.9	262.5	266.1	269.7	273.4
1 500	277.1	280.8	284.5	288.3	292.1	295.9	299.7	303.6	307.4	311.3
1 600	315.3	319.2	323.2	327.2	331.2	335.3	339.4	343.5	347.6	351.7
1 700	355.9	360.1	364.3	368.6	372.8	377.1	381.5	385.8	390.2	394.6
1 800	399.0	403.5	407.9	412.4	416.9	421.5	426.0	430.6	435.3	439.9
1 900	444.6	449.3	454.0	458.7	463.5	468.3	473.1	477.9	482.8	487.7
2 000	492.6	497.5	502.5	507.5	512.5	517.5	522.6	527.7	532.8	537.9

注：$v=v_1+v_2$。

附表 8　*G*(*v*)函数表（43 年阻力定律）

$v_2/(m\cdot s^{-1})$ \ $v_1/(m\cdot s^{-1})$	0	10	20	30	40	50	60	70	80	90
100	0.007 5	0.008 2	0.008 9	0.009 7	0.010 4	0.011 2	0.011 9	0.012 7	0.013 4	0.014 2
200	0.014 9	0.015 7	0.016 4	0.017 1	0.017 9	0.018 6	0.019 4	0.020 3	0.021 4	0.022 8
300	0.024 8	0.027 7	0.035 4	0.044 6	0.052 0	0.057 9	0.062 3	0.065 7	0.068 5	0.070 8
400	0.072 8	0.074 7	0.076 1	0.077 5	0.078 8	0.080 1	0.081 3	0.082 5	0.083 7	0.084 8
500	0.085 9	0.087 0	0.088 0	0.089 0	0.090 0	0.090 9	0.091 9	0.092 8	0.093 7	0.094 6

续表

v_2/(m·s^{-1}) v_1/(m·s^{-1})	0	10	20	30	40	50	60	70	80	90
600	0.095 5	0.096 4	0.097 2	0.098 1	0.098 9	0.099 7	0.100 6	0.101 4	0.102 2	0.103 0
700	0.103 8	0.104 6	0.105 4	0.106 2	0.107 0	0.107 8	0.108 6	0.109 4	0.110 2	0.111 0
800	0.111 8	0.112 6	0.113 5	0.114 3	0.115 1	0.115 9	0.116 7	0.117 6	0.118 4	0.119 2
900	0.120 1	0.120 9	0.121 8	0.122 6	0.123 5	0.124 4	0.125 3	0.126 2	0.127 0	0.128 0
1 000	0.128 9	0.129 8	0.130 7	0.131 6	0.132 6	0.133 5	0.134 5	0.135 4	0.136 4	0.137 4
1 100	0.138 4	0.139 4	0.140 4	0.141 4	0.142 4	0.143 5	0.144 5	0.145 6	0.146 6	0.147 7
1 200	0.148 8	0.149 9	0.151 0	0.152 1	0.153 2	0.154 3	0.155 5	0.156 6	0.157 8	0.159 0
1 300	0.160 1	0.161 3	0.162 5	0.163 8	0.165 0	0.166 2	0.167 5	0.168 7	0.170 0	0.171 3
1 400	0.172 6	0.173 6	0.174 9	0.176 1	0.177 3	0.178 6	0.179 8	0.181 0	0.182 3	0.183 5
1 500	0.184 7	0.186 0	0.187 2	0.188 4	0.189 7	0.190 9	0.192 1	0.193 3	0.194 6	0.195 8
1 600	0.197 0	0.198 3	0.199 5	0.200 7	0.202 0	0.203 2	0.204 4	0.205 7	0.206 9	0.208 1
1 700	0.209 4	0.210 6	0.211 8	0.213 0	0.214 3	0.215 5	0.216 7	0.218 0	0.219 2	0.220 4
1 800	0.221 7	0.222 9	0.224 1	0.225 4	0.226 6	0.227 8	0.229 1	0.230 3	0.231 5	0.232 8
1 900	0.234 0	0.235 2	0.236 4	0.237 7	0.238 9	0.240 1	0.241 4	0.242 6	0.243 8	0.245 1
注：$v=v_1+v_2$。当 $v<100$ m/s 时，$G(v)=0.007\,4v$，声速取 341.1 m/s。										

附表 9　火炮直射距离表（43 年阻力定律）

单位：m

c v_0/(m·s^{-1})	0.5	1	1.5	2	2.5	3	3.5	4	5	6
100	127	127	127	126	126	126	125	125	125	124
200	254	253	252	251	250	248	247	246	244	242
300	380	377	375	372	369	367	364	362	357	352
400	499	489	479	469	460	452	445	439	427	417
500	622	605	590	576	562	549	537	525	504	486
600	744	722	702	683	665	648	632	617	588	563
700	866	839	814	790	767	746	726	707	672	641
800	987	954	923	895	868	843	819	796	754	717
900	1 108	1 068	1 032	998	966	936	908	882	834	791

续表

c / v_0/(m·s^{-1})	0.5	1	1.5	2	2.5	3	3.5	4	5	6
1 000	1 127	1 181	1 138	1 099	1 062	1 028	996	966	911	862
1 100	1 347	1 293	1 243	1 198	1 156	1 117	1 081	1 047	985	930
1 200	1 464	1 403	1 346	1 295	1 247	1 203	1 162	1 124	1 056	995
1 300	1 581	1 510	1 446	1 388	1 335	1 286	1 241	1 199	1 123	1 057
1 400	1 697	1 616	1 544	1 479	1 420	1 366	1 316	1 270	1 188	1 116
1 500	1 811	1 720	1 639	1 567	1 502	1 442	1 388	1 338	1 249	1 172
1 600	1 925	1 822	1 732	1 652	1 581	1 516	1 458	1 404	1 308	1 225
1 700	2 039	1 923	1 824	1 736	1 658	1 588	1 525	1 467	1 364	1 276
1 800	2 151	2 023	1 914	1 818	1 733	1 658	1 589	1 527	1 418	1 324
1 900	2 262	2 122	2 002	1 898	1 807	1 725	1 652	1 586	1 470	1 371
2 000	2 373	2 220	2 089	1 977	1 878	1 791	1 713	1 643	1 520	1 416

附表 10　火炮直射射角表（43 年阻力定律）

单位：mil

c / v_0/(m·s^{-1})	0.5	1	1.5	2	2.5	3	3.5	4	5	6
100	59.9	59.9	60.0	60.0	60.1	60.1	60.2	60.2	60.3	60.4
200	29.9	30.0	30.0	30.1	30.1	30.2	30.2	30.3	30.4	30.5
300	20.0	20.0	20.1	20.1	20.2	20.2	20.3	20.3	20.4	20.5
400	15.1	15.2	15.3	15.4	15.5	15.6	15.7	15.8	16.0	16.2
500	12.1	12.2	12.3	12.4	12.5	12.6	12.7	12.8	13.0	13.3
600	10.1	10.2	10.3	10.4	10.5	10.6	10.7	10.8	11.0	11.2
700	8.6	8.7	8.8	8.9	9.0	9.1	9.2	9.3	9.5	9.7
800	7.6	7.6	7.7	7.8	7.9	8.0	8.1	8.2	8.3	8.5
900	6.7	6.8	6.9	7.0	7.1	7.1	7.2	7.3	7.5	7.6
1 000	6.1	6.1	6.2	6.3	6.4	6.5	6.5	6.6	6.8	6.9
1 100	5.5	5.6	5.7	5.7	5.8	5.9	6.0	6.1	6.2	6.4
1 200	5.1	5.1	5.2	5.3	5.4	5.5	5.6	5.7	5.8	5.9
1 300	4.7	4.7	4.8	4.9	5.0	5.1	5.2	5.3	5.4	5.5
1 400	4.3	4.4	4.5	4.6	4.6	4.7	4.8	4.9	5.0	5.1
1 500	4.1	4.1	4.2	4.3	4.4	4.4	4.5	4.6	4.7	4.8

续表

$v_0/(m \cdot s^{-1})$ \ c	0.5	1	1.5	2	2.5	3	3.5	4	5	6
1 600	3.8	3.9	4.0	4.0	4.1	4.2	4.3	4.3	4.5	4.6
1 700	3.6	3.7	3.7	3.8	3.9	4.0	4.0	4.1	4.2	4.4
1 800	3.4	3.5	3.5	3.6	3.7	3.8	3.8	3.9	4.0	4.2
1 900	3.2	3.3	3.4	3.4	3.5	3.6	3.7	3.7	3.9	4.0
2 000	3.1	3.1	3.2	3.3	3.4	3.4	3.5	3.6	3.7	3.8

附表 11　最大射程表（43 年阻力定律）

单位：m

$v_0/(m \cdot s^{-1})$ \ c	0.2	0.4	0.6	0.8	1	2	3	4	5	6
100	1 008.6	997.1	986.0	975.1	946.6	915.7	872.6	834.1	799.5	768.2
200	3 907.3	3 750.0	3 607.1	3 476.7	3 357.1	2 880.2	2 538.6	2 279.8	2 075.7	1 910.1
300	8 389.1	7 739.8	7 179.7	6 736.9	6 339.8	4 955.0	4 156.2	3 546.5	3 130.8	2 812.3
400	13 067.6	11 125.9	10 011.0	9 080.0	8 344.0	6 100.9	4 907.4	4 146.2	3 611.7	3 212.7
500	17 793.7	14 406.4	12 343.5	10 917.3	9 852.9	6 877.7	5 420.5	4 526.1	3 911.9	3 460.2
600	22 981.9	17 704.8	14 698.8	12 721.5	11 227.5	7 590.7	5 883.4	4 865.7	4 179.1	3 679.9
700	29 302.1	21 017.5	17 133.0	14 542.2	12 742.3	8 266.4	6 315.8	5 180.7	4 425.6	3 882.0
800	37 414.0	25 012.3	19 664.6	16 395.8	14 177.3	8 911.6	6 722.8	5 475.9	4 655.4	4 070.3
900	46 859.7	29 967.7	22 296.9	18 281.6	15 610.4	9 527.3	7 105.8	5 750.9	4 869.8	4 244.8
1 000	58 129.3	35 348.1	25 313.1	20 213.8	17 055.4	10 074.8	7 468.5	6 010.5	5 071.5	4 409.4
1 100	70 936.8	42 430.2	28 862.5	22 194.3	18 509.4	10 682.6	7 810.3	6 253.5	5 259.2	4 561.8
1 200	85 063.6	50 696.0	32 502.9	24 501.5	19 969.7	11 222.0	8 133.0	6 482.0	5 434.8	4 704.4
1 300	100 417.6	59 985.0	37 323.4	27 036.4	21 440.6	11 736.7	8 436.6	6 695.2	5 599.6	4 837.4
1 400	116 830.4	70 130.3	43 043.0	29 448.1	23 100.1	12 230.2	8 721.9	6 896.0	5 753.3	4 962.8
1 500	134 224.0	80 988.7	49 496.4	32 564.5	24 972.0	12 700.6	8 992.2	7 083.7	5 896.5	5 078.1
1 600	152 580.0	92 461.9	56 544.2	36 144.3	26 608.8	13 152.9	9 247.7	7 260.9	6 031.2	5 187.1
1 700	171 999.5	104 515.4	64 097.7	40 269.8	28 441.4	13 588.2	9 489.8	7 427.7	6 259.1	5 290.1
1 800	192 524.2	117 137.7	72 134.4	44 922.6	30 685.4	14 010.0	9 720.6	7 585.8	6 279.1	5 386.8
1 900	214 187.9	130 321.2	80 529.6	50 024.1	33 226.8	14 419.3	9 941.4	7 737.2	6 393.5	5 479.0
2 000	237 006.3	144 102.3	89 296.3	55 493.1	36 060.5	14 817.8	10 153.0	7 880.8	6 502.3	5 566.5

附表 12　最大射角表（43 年阻力定律）

单位：(°)

v_0/(m·s^{-1}) \ c	0.2	0.4	0.6	0.8	1	2	3	4	5	6
100	44.883	44.805	44.727	44.602	44.586	44.180	43.812	43.453	43.180	42.867
200	44.688	44.438	44.250	44.023	43.766	42.711	41.758	40.977	40.367	39.711
300	44.625	44.187	43.758	43.422	43.055	41.492	40.211	39.117	38.273	37.586
400	45.359	44.859	44.344	43.758	43.320	41.281	39.680	38.555	37.516	36.750
500	46.328	45.422	44.680	43.922	43.305	40.961	39.203	37.977	36.945	36.117
600	47.500	46.125	44.945	44.117	43.367	40.602	38.812	37.500	36.414	35.539
700	47.328	47.109	45.484	44.383	43.445	40.359	38.422	37.047	35.953	35.094
800	47.289	50.023	46.258	44.914	43.727	40.172	38.141	36.688	35.547	34.656
900	49.820	50.844	47.500	45.531	44.242	40.102	37.906	36.320	35.172	34.289
1 000	50.680	51.930	51.688	46.453	44.820	40.133	37.648	36.078	34.922	33.953
1 100	51.063	53.375	49.453	47.453	45.562	40.180	37.609	35.875	34.633	33.641
1 200	51.180	54.109	54.516	52.109	46.312	40.375	37.406	35.664	34.398	33.391
1 300	51.195	54.602	55.539	49.719	47.219	40.437	37.406	35.500	34.273	33.211
1 400	51.188	54.734	56.297	54.352	51.516	40.742	37.445	35.430	34.094	33.016
1 500	51.047	54.922	56.828	56.578	50.922	40.898	37.445	35.336	33.961	32.820
1 600	50.961	54.773	57.180	57.898	48.484	41.203	37.383	35.258	33.766	32.703
1 700	50.938	54.766	57.391	58.359	55.000	41.438	37.414	35.258	33.703	32.625
1 800	50.906	54.625	57.438	58.875	56.758	41.836	37.594	35.164	33.633	32.461
1 900	50.938	54.625	57.391	59.141	58.242	42.281	37.516	35.266	33.562	32.281
2 000	50.930	54.547	57.398	59.352	59.492	42.562	37.734	35.102	33.523	32.305

习 题

第1章

1. 从弹箭飞行运动的空间自由度维度来看，弹箭飞行力学可以分为哪两大部分？

2. 质点弹道理论的假设和特点是什么?

3. 刚体弹道理论的假设和特点是什么?

4. 弹箭所受重力和地心引力有什么差别？

5. 重力加速度随着纬度和海拔高度有什么变化规律？

6. 虚拟温度概念的由来和物理意义是什么？

7. 气压随着海拔高度如何变化？

8. 根据温度变化规律，大气是如何分层的？

9. 声速的物理意义是什么？随着海拔高度有什么变化规律？

10. 什么是标准气象条件？为什么要建立标准气象条件？

11. 我国炮兵、空军、海军的标准气象条件中有哪些规定？三者之间有什么差异？

12. 弹箭飞行力学在表述弹箭飞行轨迹和姿态时有哪些特定的术语？分别是什么含义？

13. 密位是什么含义？密位与角度、弧度之间如何换算？

14. 综合题：在海拔 8 450 m 的高空，其气压相当于海平面气压的多少倍？其空气密度相当于海平面密度的多少倍？其声速是多少？

第2章

1. 弹箭的常见气动外形有哪两种？依据什么稳定原理而设计？

2. 获得弹箭气动力特性有哪几种途径？

3. 攻角的含义是什么？

4. 零升阻力的含义是什么？

5. 弹箭阻力表达式中每一项的物理含义是什么？

6. 弹箭阻力由哪几部分构成？

7. 摩擦阻力产生的机理是什么？减小摩擦阻力的工程措施有哪些？

8. 涡阻产生的机理是什么？减小涡阻的工程措施有哪些？

9. 波阻产生的机理是什么？减小波阻的工程措施有哪些？

10. 弹道波包含哪几种波？分别是什么含义？

11. 尾翼弹的零升阻力曲线和旋转弹可能会有什么差异？

12. 层流附面层的含义是什么？

13. 高速旋转弹箭的阻力系数曲线有什么特点？

14. 有哪两种常见的阻力定律？

15. 阻力系数、阻力定律、弹形系数和弹道系数的含义分别是什么？

16. 如何用经验公式估算旋转弹的弹形系数？

17. 弹道系数的物理意义是什么？

18. 弹道系数如何影响弹道曲线？

19. 枪弹以及小口径、中口径、大口径炮弹的弹道系数有什么特点和差异？

20. 弹箭质心运动方程基于哪些基本假设而建立？

21. 笛卡儿坐标系中的弹箭质心运动方程是如何构建的？每个公式的含义是什么？

22. 自然坐标系中的弹箭质心运动方程是如何构建的？每个公式的含义是什么？

23. 综合题：某 152 mm 口径的炮弹质量为 43.5 kg、$i_{43}=0.96$，假设在标准气象条件下，估算该炮弹在海拔 7 600 m 的高空、飞行速度为 623 m/s 时所受的空气阻力和空气阻力加速度。如果该炮弹初速为 700 m/s，估算该炮弹的最大射程。假设炮弹的落点方向偏离目标 85 m，则应该将射击方向大概修正多少密位才能接近目标?

第 3 章

1. 抛物线弹道有哪几个最基本的特点？计算公式是什么？

2. 抛物线弹道在什么条件下可以用来近似估算弹箭外弹道？

3. 空气弹道中速度沿全弹道变化的规律是什么？

4. 空气弹道不对称性的三个主要特征是什么？

5. 弹箭的空气弹道是由哪些参数确定的？

6. 历史上的外弹道表有哪几种？

7. 什么是弹道刚性原理？

8. 炮－目高低角对瞄准角有什么影响？

9. 什么是直射射程和有效射程？

10. 直射射程对武器系统的应用有什么意义？

11. 如何应用外弹道表来插值求解外弹道数据？

12. 求解外弹道方程组有哪些数值方法？

13. 综合题：炮弹 A 和炮弹 B 的弹道系数 $c_A < c_B$，假设用相同的初速和射角发射这两种炮弹，试比较两者的落角 $|\theta_C|$、全飞行时间 T、落速 v_C、全水平射程 X 的大小。

第 4 章

1. 所谓弹道条件非标准是指哪三个因素？

2. 非标准弹道条件时如何修正弹箭质心运动方程？

3. 非标准气象条件主要是指哪几个因素？

4. 非标准气温条件时如何修正质点弹道方程？

5. 非标准气压条件时如何修正质点弹道方程？

6. 在质点弹道方程中如何修正风的影响？
7. 考虑科氏效应时，如何修正质点弹道方程？
8. 考虑地球表面曲率时，如何修正质点弹道方程？
9. 考虑重力加速度随着纬度和海拔高度变化时，如何修正质点弹道方程？

第5章

1. 影响弹箭飞行的诸因素中，随机因素和系统因素分别对飞行弹道造成什么影响？
2. 影响弹箭飞行侧偏有哪些因素？
3. 科氏惯性力对弹箭飞行产生什么影响？是系统因素还是随机因素？
4. 最大射程角随弹道系数及射角有什么变化规律？
5. 射程对射角在什么条件下敏感？在什么条件下不敏感？
6. 同等速度下，枪弹和炮弹哪一个射程远？为什么？
7. 射程对弹道系数的敏感因子有什么特性？
8. 射程对初速的敏感因子有什么特性？
9. 射程对纵风与横风的敏感因子有什么特性？
10. 射程对气温的敏感因子有什么特性？
11. 重力加速度随纬度的变化对射程有什么影响？
12. 重力加速度随海拔高度的变化对射程有什么影响？
13. 考虑地球表面曲率时，对射程有什么影响特性？

第6章

1. 无风条件下，作用在弹箭的力和力矩有哪些？
2. 何为压力中心？何为静力矩？何为稳定力矩？何为翻转力矩？何为升力？
3. 有攻角时的阻力系数与零升阻力系数在表达式上有什么联系？
4. 何为升力系数导数？何为攻角平面？
5. 在弹箭空气动力学中，力和力矩的表达式有什么规律？有什么差别？
6. 如何估算旋转稳定弹箭的压力中心位置？
7. 与自转和角运动有关的力和力矩有哪些？
8. 弧形翼产生导转力矩的机理是什么？
9. 赤道阻尼力矩产生的机理是什么？
10. 极阻尼力矩产生的机理是什么？
11. 马格努斯力和马格努斯力矩产生的机理是什么？
12. 什么是火箭的推力偏心、推力偏心距、推力侧分力？

第7章

1. 如何区分地面坐标系、基准坐标系、速度坐标系、弹轴坐标系、弹体坐标系、第二弹轴坐标系？

2. 解释方向余弦表或者方向余弦矩阵的意义和应用。

3. 在六自由度弹道方程组中，弹箭质心运动建立在哪个坐标系中？
4. 在六自由度弹道方程组中，弹箭绕质心运动建立在哪个坐标系中？
5. 弹箭绕质心运动的动量矩如何计算？
6. 有动不平衡时的惯性张量和动量矩如何表达？
7. 在有风的情况下，弹箭的力和力矩的各个分量如何表示？
8. 完整的弹箭六自由度弹道方程组中包含哪些变量？

第 8 章

1. 弹箭稳定飞行是什么含义？
2. 李雅普诺夫稳定性是什么含义？
3. 为什么说李雅普诺夫稳定性是一个局部概念？
4. 炮弹和无控火箭弹分别依靠什么原理保证飞行稳定？
5. 弹箭设计采用尾翼结构的优缺点是什么？
6. 尾翼弹稳定飞行的必要条件是什么？
7. 如何计算尾翼弹的稳定储备量？
8. 稳定储备量取值为多少比较合适？
9. 为什么尾翼弹要有足够的稳定储备量？
10. 尾翼的稳定储备量过大会导致什么问题？
11. 陀螺力矩的物理本质是什么？
12. 陀螺力矩的大小与哪些因素有关？
13. 弹箭飞行的陀螺稳定原理是什么？
14. 高速旋转稳定弹箭的飞行姿态如何表述？有什么特点？
15. 章动角是什么含义？
16. 陀螺稳定因子如何计算？有什么物理意义？
17. 工程上如何通过稳定因子保证弹箭的陀螺稳定性？
18. 弹箭飞行的动态稳定条件如何表示？
19. 动态稳定因子与哪些因素有关？
20. 讲述动态稳定区域图中每一个区域的含义。
21. 动力平衡角产生的机理是什么？
22. 动力平衡角用公式如何表示？其大小与哪些因素有关？
23. 偏流的物理意义是什么？
24. 追随稳定性的物理意义是什么？
25. 如何判断弹箭飞行是否满足追随稳定性？
26. 为什么低速旋转尾翼弹会产生共振不稳定性？

27. 综合题：对于旋转稳定的炮弹，先分别介绍其陀螺稳定原理和追随稳定原理，再分析这两种稳定性分别对炮弹的设计、火炮的设计乃至火炮的射击这三个方面提出了哪些要求或建议。

第 9 章

1. 什么是弹箭的散布？
2. 中间偏差和均方差之间有什么关系？
3. 如何以中间偏差和均方差的方式表示弹箭落点的分布区域和对应的概率？
4. 哪些因素可能导致火炮跳角的变化？
5. 弹道系数的变化如何影响弹箭的散布？
6. 造成初速误差的原因有哪些？
7. 气象条件中气温、气压和风如何影响弹箭的散布？
8. 计算射程散布主要考虑哪几个因素？如何计算？
9. 如何得到射角、初速和弹道系数的中间偏差值？
10. 影响弹箭方向散布（横向散布）的因素有哪些？
11. 横向跳角引起的方向散布与射程有什么关系？
12. 散布随着射程的增大呈现什么规律？
13. 炮弹与火箭弹的纵向和横向散布有什么不同的规律？
14. 初速的误差对立靶的高低散布有什么影响？
15. 弹道系数的误差对立靶的高低散布有什么影响？
16. 射击误差是什么含义？
17. 射击误差与弹箭散布之间有什么关系？

第 10 章

1. 解释弹道修正弹的由来和特点。
2. 一维弹道修正的原理是什么？
3. 如何计算一维弹道修正弹的最佳射程扩展量？
4. 如何计算一维弹道修正弹的射程修正量？
5. 解释固定鸭舵式二维弹道修正弹的工作原理。
6. 解释脉冲式末段二维弹道修正弹的工作原理。
7. 解释滑翔增程弹的增程与控制的工作原理。

第 11 章

1. 区分制导弹箭飞行力学中的几个坐标系。
2. 制导弹箭飞行力学坐标系之间如何换算？
3. 作用在制导弹箭上有哪些力？如何向坐标系投影？
4. 作用在制导弹箭上有哪些力矩？如何向坐标系投影？
5. 作用在制导弹箭上有哪些控制力和力矩？如何向坐标系投影？
6. 对制导弹箭而言，纵向平面内的质点弹道方程组基于哪些基本假设？

第 12 章

1. 什么是射表？
2. 对射表一般有哪三个基本要求？
3. 射表编制中标准射击条件包括哪些？
4. 射表编制中标准弹道条件包括哪些？
5. 射表中对弹箭质量的误差是如何分级的？
6. 火炮初速随着火炮射击发数如何变化？
7. 射表中的表定跳角是什么含义？
8. 射表的内容包括哪些参数？
9. 什么是射表的基本诸元、修正诸元和散布诸元？
10. 我国射表体系中的 4 个基本高程是多少？
11. 射表编制一般采用什么方法？
12. 射表编制中求符合的弹道系数有什么意义？
13. 编制射表时如何选择数学模型？
14. 射表编制中的弹道射和距离射分别是什么目的？
15. 射表编拟的一般程序包括哪几个步骤？
16. 射表中的表定诸元如何查取？
17. 以 152 mm 加榴炮为例，解释如何计算射击条件的偏差量和修正量。
18. 射表误差的来源有哪些？
19. 如何计算射表的总误差？

第 13 章

1. 测量弹箭飞行速度的基本原理是什么？
2. 常见的弹箭速度测量仪器有哪些？其原理是什么？
3. 多普勒雷达测速的原理是什么？
4. 如何用射击法测量弹箭迎面阻力系数？
5. 用射击法测量弹箭迎面阻力系数要注意哪些应用条件？
6. 弹箭空间飞行的坐标如何测量？
7. 弹箭的飞行时间如何测量？
8. 测量弹箭转速的方法有哪几种？
9. 如何用机械法测量弹箭转速？
10. 如何用摄影法测量弹箭转速？
11. 如何用电磁法测量弹箭转速？
12. 立靶密集度试验的数据如何处理？
13. 地面密集度试验的数据如何处理？

参 考 文 献

[1] 韩子鹏. 弹箭外弹道学 [M]. 北京：北京理工大学出版社，2008.

[2] 徐明友. 火箭外弹道学 [M]. 北京：兵器工业出版社，1989.

[3] 德米特里耶夫斯基，雷申科，波哥吉斯托夫. 外弹道学 [M]. 韩子鹏，薛晓中，张莺，译. 北京：国防工业出版社，2000.

[4] 郭锡福. 底部排气弹外弹道学 [M]. 北京：兵器工业出版社，1995.

[5] 杨绍卿. 火箭弹散布与稳定性分析 [M]. 北京：国防工业出版社，1979.

[6] 宋丕极. 枪炮与火箭外弹道学 [M]. 北京：兵器工业出版社，1993.

[7] 邵大燮. 火箭外弹道学 [M]. 南京：华东工程学院，1982.

[8] 浦发. 外弹道学 [M]. 北京：国防工业出版社，1980.

[9] 郭锡福，赵子华. 火控弹道模型理论及应用 [M]. 北京：国防工业出版社，1997.

[10] 赵新生，舒敬荣. 弹道解算理论与应用 [M]. 北京：兵器工业出版社，2006.

[11] 苙国才，李树常. 弹箭空气动力学 [M]. 北京：兵器工业出版社，1989.

[12] 董亮，赵子华. 弹箭飞行稳定性理论及其应用 [M]. 北京：兵器工业出版社，1990.

[13] 张有济. 战术导弹飞行力学设计 [M]. 北京：宇航出版社，1996.

[14] 曾颖超，陆毓峰. 战术导弹弹道与姿态动力学 [M]. 西安：西北工业大学出版社，1990.

[15] 钱杏芳，林瑞雄，赵亚男. 导弹飞行力学 [M]. 北京：北京理工大学出版社，2000.

[16] 袁子怀，钱杏芳. 有控飞行力学与计算机仿真 [M]. 北京：国防工业出版社，2001.

[17] 王儒策，刘荣忠. 灵巧弹药的构造及作用 [M]. 北京：兵器工业出版社，2001.

[18] 祁载康. 制导弹药技术 [M]. 北京：北京理工大学出版社，2002.

[19] 郭锡福. 远程火炮武器系统射击精度分析 [M]. 北京：国防工业出版社，2004.

[20] 郭锡福. 火炮武器系统外弹道试验数据处理与分析 [M]. 北京：国防工业出版社，2013.

[21] 曲延禄. 外弹道气象学概论 [M]. 北京：气象出版社，1987.

[22] 金达根，任国民，苏根良. 实验外弹道学 [M]. 北京：兵器工业出版社，1991.

[23] 刘世平. 弹丸速度测量与处理 [M]. 北京：兵器工业出版社，1994.

[24] 刘世平. 实验外弹道学 [M]. 北京：北京理工大学出版社，2016.

[25] 弹箭技术丛书编辑部. 弹箭试验场测试技术实践 [M]. 北京：国防工业出版社，1994.

[26] 闫章更，祁载康. 射表技术 [M]. 北京：国防工业出版社，2000.

[27] McShane E J, Kellye J L, Reno F V. Exterior Ballistics [M] . University of Denver

Press, 1953.
[28] Robert L McCoy. Modern exterior ballistics: the launch and flight dynamics of symmetric projectiles (the 2nd edition) [M]. Schiffer Publishing Ltd., 2012.
[29] Murphy C H. Free flight motion of symmetric missiles [R]. Ballistic Research Laboratories Report, 1963, 1216.
[30] Murphy C H. The measurement of non-linear forces and moments by means of free flight tests [R]. Ballistic Research Laboratories Report, 1963, 974.
[31] Celmins I. Projectile supersonic drag characteristics[R]. Ballistic Research Laboratories Memorandum Report, 1990, BRL-MR-3842.
[32] Robert L McCoy. Estimation of the static aerodynamic characteristics of ordnance projectiles at supersonic speeds [R]. Ballistic Research Laboratories Report, 1973, 1682.
[33] Lieske R F, Reiter M L. Equations of Motion for a Modified Point Mass Trajectory [R]. Ballistic Research Laboratories Report, 1966, 1314.
[34] Bradley J W. An Alternative Form of the Modified Point-Mass Equation of Motion [R]. Ballistic Research Laboratories Memorandum Report, 1990, BRL-MR-3875.
[35] Robert L McCoy. Aerodynamic and Flight Dynamic Characteristics of the New Family of 5.56mm NATO Ammunition [R]. Ballistic Research Laboratories Memorandum Report, 1985, BRL-MR-3476.
[36] Robert L McCoy. MCDRAG - A Computer Program for Estimating the Drag Coefficients of Projectiles[R]. Ballistic Research Laboratories Technical Report, 1981, ARBRL-TR-02293.
[37] 王毅，宋卫东，佟德飞. 固定鸭舵式弹道修正弹二体系统建模[J]. 弹道学报，2014，26（4）：36-41.
[38] 史金光，王中原，易文俊，等. 滑翔增程弹弹道特性分析 [J]. 兵工学报，2006，27（3）：210-214.
[39] 曹小兵，王中原，史金光. 末制导迫弹脉冲控制建模与仿真 [J]. 弹道学报，2006，18（4）：76-79.
[40] 王毅，宋卫东，郭庆伟，等. 固定鸭舵式二维弹道修正弹稳定性分析 [J]. 军械工程学院学报，2015，27（3）：16-23.
[41] 高旭东，姬晓辉，武晓松. 应用 TVD 格式数值分析低阻远程弹丸绕流场 [J]. 兵工学报，2002，23（2）：180-183.
[42] 高旭东，武晓松，鞠玉涛. 分区算法数值模拟弹丸绕流流场 [J]. 弹道学报，2000，12（4）：45-48.
[43] 姚文进，王晓鸣，高旭东. 脉冲力作用下弹道修正弹飞行稳定性研究 [J]. 弹箭与制导学报，2006，26（1）：248-250.
[44] 姚文进，王晓鸣，高旭东，等. 弹道修正防空弹药飞行最优控制方法研究 [J]. 南京理工大学学报，2006，30（4）：517-520.

[45] Clancy J A, Bybee T D, Fridrich W. Fixed canard 2D guidance of artillery projectile[P]. US: 6981672B2，2006-01-03.

[46] Wernert P. Stability analysis for canard guided dual-spin stabilized projectiles [C]// Atmospheric Flight Mechanics Conference,Chicago: AIAA, 2009: 1-24.